红壤坡耕地氮素损失过程与水土保持调控

郑海金　聂小飞　刘　昭　等　著

科学出版社

北　京

内 容 简 介

坡耕地是我国南方红壤丘陵区重要的农业生产资源，也是该区水土流失的主要策源地。在南方红壤丘陵区特有的地形、土壤、气候等条件下，侵蚀和渗漏共同影响下的红壤坡耕地氮素损失途径、贡献及其机理尚不完全清楚。本书通过定位观测、模拟试验和数学模型等研究手段，深刻阐明了鄱阳湖区红壤坡耕地氮素侵蚀流失和渗漏淋失过程特征，定量解析了侵蚀和渗漏在红壤坡耕地氮素损失中的占比，深入探究了红壤坡耕地氮素水体损失影响因子及其作用机理，系统研发了源头削减-过程阻控-末端治理“三位一体”梯级协同调控技术体系，为维系鄱阳湖“一湖清水”和红壤坡耕地农业健康可持续发展提供决策依据和理论支撑。

本书可供水土保持、农学、环境保护、土地利用和水利工程等相关专业的科研、设计、规划和教学人员参考。

图书在版编目（CIP）数据

红壤坡耕地氮素损失过程与水土保持调控/郑海金等著. —北京：科学出版社，2023.9

ISBN 978-7-03-056142-8

Ⅰ. ①红… Ⅱ. ①郑… Ⅲ. ①红壤－耕地－土壤氮素－养分流失 ②红壤－耕地－水土保持 Ⅳ. ①S153.6 ②S157

中国版本图书馆 CIP 数据核字（2021）第276590号

责任编辑：郭允允　赵　晶 / 责任校对：邹慧卿
责任印制：徐晓晨 / 封面设计：蓝正设计

科学出版社出版
北京东黄城根北街16号
邮政编码：100717
http：// www.sciencep.com
北京天宇星印刷厂印刷
科学出版社发行　各地新华书店经销
*
2023年9月第　一　版　开本：787×1092　1/16
2025年2月第三次印刷　印张：14 3/4
字数：370 000

定价：158.00元

《红壤坡耕地氮素损失过程与水土保持调控》作者名单

主 笔 人　郑海金　聂小飞　刘　昭

其他作者　左继超　王凌云　方少文　汪邦稳
郑文琦　杨　洁　奚同行　涂安国
黄鹏飞　张利超　胡小丹　尤昆明
姚成慧　赵黎雯

前言

活性氮污染已成为仅次于气候变暖和生物多样性衰减的全球性环境威胁。随着全球对氮问题关注度的大幅度提升，中国作为世界上氮排放量最大的国家，面临着环境外交的巨大压力，农田生态系统氮素损失过程机理成为近年来农业与环境领域最受关注的研究议题。

由于农田氮素利用效率普遍不高，大量的氮肥施用及不合理的耕作管理容易导致土壤氮素盈余并以各种形式损失，如通过侵蚀流失（地表径流和泥沙）和渗漏淋失（壤中流和深层渗漏）进入环境，造成严重的环境风险或直接的环境污染。全球氮素超载问题已被国际科联环境问题科学委员会视为一颗化学定时炸弹。加强农业氮素等面源污染防治是习近平总书记提出的“加快生态文明体制改革，建设美丽中国”的重要内容；连续18年中央一号文件均聚焦“三农”问题，保供给、保收入、保生态是新时期中国农业高质量发展的重要目标。

红壤坡耕地为我国南方丘陵区重要的耕地资源，占区域旱地面积的70%以上，是我国油菜、花生等粮油作物的主产区，如江西省油菜、花生、芝麻三大油料作物种植面积常年达1200万亩[①]，总产量达120万t。然而，红壤坡耕地氮肥超量投入十分普遍，氮素盈余迅速增加，成为水-土-养分流失的主要策源地。因此，提高红壤坡耕地氮素利用效率、减少氮肥损失对防治河湖污染、保障粮油作物高质量发展具有重要的现实意义。

项目组从2014年开始，在2项国家自然科学基金、4项省部级科技项目的支持下，紧紧围绕红壤坡耕地氮素损失调控的重点难题和关键技术，实行水利、农业、高校等单位协同创新模式，开展了产学研用联合科技攻关。本书在项目组多年研究成果的基础上提炼而成，选择红壤坡耕地集中分布的鄱阳湖区为研究区域，在分析红壤坡耕地及其水土流失特征的基础上，深刻阐明了红壤坡耕地氮素侵蚀流失和渗漏淋失过程特征，定量解析了侵蚀和渗漏在红壤坡耕地氮素损失中的占比，深入探究了红壤坡耕地氮素水体损失影响因子及其作用机理，系统研发了源头削减-过程阻控-末端治理“三位一体”梯级协同阻控技术体系，并因地制宜进行示范推广，以期实现红壤坡耕地作物稳产增产、降低环境影响、维系土地生产力的多赢目标。

全书共9章，第1章绪论，由郑海金执笔；第2章鄱阳湖区坡耕地及其水土流失特征，由郑海金、方少文、汪邦稳执笔；第3章鄱阳湖区降雨-入渗-产流机制与特征，由郑海金、

① 1亩≈666.7 m^2，下同。

聂小飞执笔；第4章氮素随侵蚀和渗漏迁移输出特征与模拟，由郑海金、刘昭、王凌云执笔；第5章侵蚀和渗漏对氮素损失的影响及机制，由郑海金、左继超、聂小飞执笔；第6章侵蚀和渗漏对活性氮损失的影响与贡献，由郑海金、刘昭、王凌云执笔；第7章侵蚀和渗漏对肥料氮去向的^{15}N示踪，由郑海金、郑文琦执笔；第8章红壤坡耕地氮素侵蚀和渗漏损失协同调控关键技术，由郑海金、聂小飞、王凌云执笔；第9章鄱阳湖区坡耕地氮素侵蚀和渗漏损失防治示范，由郑海金、左继超执笔。全书由郑海金、聂小飞和刘昭统稿，最终由郑海金审定。

本书的出版得到国家自然科学基金项目“壤中流和地表径流耦合下红壤坡耕地氮素迁移机制”（41401311）、“耕作对红壤坡耕地活性氮侵蚀和渗漏损失过程的影响”（41761060），江西省青年科学基金资助项目“基于^{15}N稳定同位素示踪的侵蚀和渗漏对红壤旱坡地氮素损失贡献的定量解析”（20171ACB21072），江西省“双千计划”项目（JXSQ2023201069）以及江西省杰出青年人才资助计划（20171BCB23080）的资助。参加的主要研究人员还有杨洁、奚同行、涂安国、黄鹏飞、张利超、胡小丹、尤昆明、姚成慧、赵黎雯等。在研究期间，作者得到了江西水土保持生态科技园和江西省各县（区、市）水利水保部门的大力支持，以及项目组全体研究人员的密切配合，圆满完成了研究任务。在此对他们的辛勤劳动表示诚挚的感谢。此外，感谢科学出版社郭允允编辑在本书出版过程中的辛勤付出。

限于作者水平，加之时间仓促，书中难免存在疏漏之处，恳请读者批评指正。

作　者

2023年8月

目 录

第1章

绪　论

我国山丘区面积大、坡耕地分布广。据统计，全国现有坡耕地3.6亿亩，约占耕地总面积的1/5，涉及30个省（自治区、直辖市）的2187个县（区、市）。作为耕地资源的重要组成部分，坡耕地既是山丘区群众赖以生存的基本生产用地，也是水土流失的重要策源地。我国坡耕地面积虽仅占全国水土流失面积的6.7%，但产生的土壤流失量却占到全国总量的28.3%，在坡耕地集中的部分地区其贡献率甚至达到50%以上①。坡耕地水土流失不仅导致土壤质量退化，土地生产力下降，而且导致土壤养分随径流进入各种水体，容易加速地表水体富营养化和地下水污染（Zottl，1998；叶静等，2011）。

氮是造成水体富营养化的主要限制影响因子（Mandal et al.，2015；Rashmi et al.，2014），已经越来越多地受到人们的重视。土壤氮素迁移和损失过程与流域水文过程密切相关，径流是坡耕地土壤氮素等养分迁移传输的重要途径与载体。降雨条件下，坡耕地土壤氮素迁移损失过程是土壤与降雨、径流相互作用的结果（Zheng et al.，2014），它可以通过降雨-地表径流泥沙挟带进入水体，或者以壤中流和淋溶水等形式通过土壤剖面下渗到地下水进而运移到受纳水体中，成为水体中氮的重要补给源（Sharpley et al.，2001；何淑勤等，2014）。我国是全球第一大氮肥生产和消费大国，以世界上8%的耕地养活了20%的人口，但消耗了世界上30%的氮肥。随着全球农业生产的大发展，坡耕地氮肥的施用量越来越大。由于植物对土壤和外源添加氮素的利用效率普遍不高，过量氮肥的施用及不合理的农业管理措施容易导致氮素以各种形式损失，造成严重的环境风险或直接的环境污染（Sutton et al.，2011；Steven，2019）。全球氮素超载问题已经被国际科联环境问题科学委员会视为一颗化学定时炸弹。其中，侵蚀和渗漏被认为是坡耕地农田生态系统氮素损失的主要途径（Baker and Laflen，1983；Zheng et al.，2004）而备受关注（王巧兰等，2007）。农业面源污染事关水生态环境安全和农业高质量发展，国务院印发的《水污染防治行动计划》强调了“控制农业面源污染”，科技部启动的国家重点研发计划“农业面源和重金属污染农田综合防治与修复技术研发”亦提出重点开展“农田氮磷淋溶损失污染与防控机制研究”项目。

南方红壤丘陵区是我国重要的农业生产区，以占全国总面积36%的耕地生产了全国产量50%以上的粮食和油料等（黄国勤和赵其国，2014；黄国勤，2017）。该区域地形起伏较大，人均耕地比全国少1/3，人地矛盾突出，坡耕地仍是该地区重要的耕地资源之一，其中6°以上坡耕地面积为3.30万km^2，占该地区旱地面积的70%以上。同时，南方红壤丘陵区水系发达，湖泊众多，受季风气候的影响，雨量丰沛，土壤水分饱和度高，加之红壤坡耕地具有典型的“上松（耕作层）-下紧（犁底层）”二元土体构型，降雨产流较为发育，土壤淋溶与壤中流现象明显。丰富的土壤水分运动不仅改变了降雨-径流关系，使地表侵蚀状况发生相应变化，而且加大了氮素等养分随土壤水迁移传输的概率。红壤坡耕地是水土流失的主要策源地（梁音等，2008），也是氮肥大量投入、氮素盈余迅速增加的区域，氮素随地表径流泥沙流失和土壤水分渗漏淋洗，不仅造成资源浪费，而且污染环境。因此，坡耕地氮素的损失过程机理及其防治技术是国内外农业和环境领域长期关注和研究的重要问题。一般降雨条件下坡耕地土壤养分迁移途径主要包括：一是随地表径流和侵蚀泥沙横

① 陈雷. 2011. 认真贯彻中央水利工作会议精神 扎实推进坡耕地水土流失综合治理工作[R].

向迁移（本书称为侵蚀流失），二是随土壤水分下渗以壤中流或淋溶水形成纵向迁移（本书称为渗漏淋失）。国内外对氮素随地表径流泥沙迁移流失的研究较为成熟（蔡崇法等，1996；袁东海等，2002；陈晓安等，2015），对氮素随土壤水分渗漏淋失的研究也较为丰富（Ebid et al.，2008；Chen and Lian，2010；孟维伟等，2011；朱波等，2013），但通常把氮素渗漏淋失与侵蚀流失分开研究，这对评估农田氮素损失及其对水体污染的影响不够全面。此外，径流小区是研究土壤侵蚀最传统、最经典的方法，而土壤水分渗漏计又是研究农田渗漏最准确、最直接的手段，将这两种实验方法和手段相结合，进行氮素渗漏淋失和侵蚀流失同步观测研究，摸清红壤坡耕地氮素多途径损失规律，定量解析其对农田氮素损失的贡献，研发氮素侵蚀和渗漏损失协同调控的关键技术，并进行技术集成与示范推广，有助于深化对坡耕地氮素损失规律的理解，同时采取科学合理的调控措施，提高氮素的利用效率，维系红壤坡耕地的可持续利用，保障区域乃至全国粮油安全，具有重要的现实意义。

因此，本书以典型红壤坡耕地为研究对象，利用坡耕地水量平衡试验装置（国家发明专利号：ZL 2013 1 0279510.2，是大型土壤渗漏计与径流小区的集成）等实验设施，结合稳定同位素 ^{15}N 示踪试验等实验手段，开展红壤坡耕地氮素损失过程与水土保持调控研究，旨在揭示侵蚀和渗漏在红壤坡耕地氮素损失中的作用，明确红壤坡耕地氮素迁移途径与载体，并提出适宜的计算工具和防治思路，为全面认识红壤坡耕地氮素养分迁移规律、从源头控制坡耕地氮素损失、防治土壤肥力下降和农业面源污染提供理论基础和技术支撑。研究结果有助于深化侵蚀和渗漏对红壤坡耕地氮素损失规律的理解，为该地区采取科学合理的措施、提高农田氮素的利用效率、减少农业面源污染物流失、保障流域水环境安全提供参考。

1.1　坡耕地农田生态系统氮素损失

1.1.1　氮素损失途径与特征

土壤中本身的氮素以及人为施入肥料中的氮素的基本归宿主要有3个，即作物吸收、土壤固定和以各种形式损失，其损失途径除了以氨挥发（NH_3）或硝化-反硝化形成气态氮（如 N_2O）的形式进入大气环境外，还有随地表径流、侵蚀泥沙以溶解态或颗粒态流失以及随土壤水分垂直下渗和水平侧流（壤中流）进入水体环境（Wang and Zhu，2011；Zhou et al.，2012）。侵蚀（包括地表径流和侵蚀泥沙）、渗漏（如壤中流和深层渗漏）、NH_3 挥发、N_2O 排放被认为是坡耕地农田氮素损失的主要途径。其中，随侵蚀和渗漏迁移损失的大量氮素进入水体累积后，容易引发水体富营养化，对地表和地下水环境造成严重影响。

1. 氮素随侵蚀迁移损失

随地表径流和侵蚀泥沙流失是坡耕地氮素损失的一个重要途径，因易引起水体富营养化，自20世纪80年代开始受到国内外学者的普遍关注（Vries et al.，2011）。国内外对坡耕地氮素随地表径流与侵蚀泥沙的流失规律、流失形态，以及降雨特征（雨量、雨强、雨型、降雨时间等）、地形条件（坡度、坡长、坡型等）、土壤性质（质地、孔隙度、含水量和土层厚度等）、耕作方式（翻耕、免耕等）、水土保持措施（植物篱、秸秆敷盖等）、农事活动（肥料用量、土地利用等）和植被状况（植被覆盖度、植被配置等）对产流产沙和氮素流失的影响进行了深入研究，并建立了许多模拟模型（Liu et al.，2014；王全九等，2016），得出了相对明确的研究结论，主要成果表现为：①地表径流水相和侵蚀泥沙相是土壤氮素迁移的主要途径与形态，在不同降雨、地形、土地利用方式等条件下有所不同（马琨等，2002），侵蚀泥沙具有养分富集的特性。②在降雨径流过程中，地表径流氮素迁移浓度均表现为降雨初期较高而后逐渐趋于稳定的特征。③地表径流氮素迁移主要受降雨特征、地形条件、土壤性质、耕作方式、水土保持措施、农事活动、植被状况等多种因素影响。合理的耕作方式如横坡垄作可有效控制地表径流并减少径流溶解态无机氮（主要为硝态氮和铵态氮）的输出率（于兴修等，2011），水土保持措施如植物篱和植被覆盖如乔灌草配置等对地表径流过程中的氮素流失起到明显的控制作用（梁娟珠，2015）。④氮素典型形态（硝态氮和铵态氮等）的流失途径和变化规律历来是研究重点。研究发现，与侵蚀泥沙相比，硝态氮更倾向于随地表径流流失，而地表径流和侵蚀泥沙是坡面铵态氮流失的两种主要途径（刘泉等，2017）；在降雨径流过程中，硝态氮和铵态氮流失浓度主要表现为径流前期浓度较高、之后浓度逐步降低并最终趋于稳定（钱婧等，2012）。⑤国外在 20 世纪 80 年代左右氮素随地表径流迁移的模型就已经发展得比较成熟，从早期的经验性或统计性的模型过渡到基于过程的机理模型。国内对氮素的研究起步较晚，相应的模型虽然不多，但也取得了比较重要的进展，比较有代表性的有王全九等（2010）建立的黄土坡面土壤溶质随径流迁移的数学模型。尽管如此，这些研究大部分仅考虑地表径流与侵蚀泥沙对氮素流失的影响而忽视了土壤水分的渗漏运移，因此难以全面认识坡耕地氮素损失规律（林超文等，2011）。当前，测定氮素侵蚀流失的方法主要有定位试验法（坡面径流场试验和小流域控制站试验）和水力侵蚀模拟试验法（人工模拟降雨试验和径流冲刷试验）等。其中，坡面径流场试验主要是用于观测在自然状况下试验坡面的地表径流量、土壤流失量及其养分流失量，即研究坡面小地形（坡度、坡长、坡向、坡形等）、土地利用类型、植被状况等各种自然因素和人类生产活动因素等，以及这些因素综合作用对水-土-养分流失的影响（刘宝元等，2013）。小流域控制站试验主要是对小流域的地质、地形、土壤、植被、降水、土地利用、水土流失、治理措施以及人类经济生产活动等进行长期观测，探索人类经济生产活动影响下小流域水土流失与综合治理措施之间的相互作用，为小流域水土保持措施优化设计及其土壤侵蚀预报模型的建立提供基础资料（刘宝元等，2013；张洪江和程金花，2014；张建军和朱金兆，2013）。随着试验模拟设备的改进、观测技术的发展和相关理论的完善，人工模拟试验成为科学研究必不可少的手段和重要的组成部分。由于它具有人为地控制试验条件和参变量，突出主要矛盾和影响因子，缩短试验研究周期以及促使人们从物理角度理解现象等优点，因而人工模拟试验已经成为土壤侵蚀与水土保持科学研究领域重要的支撑，发挥着越来越重要的作用（李书钦，2009）。目前，水力侵蚀模拟试验方法主要有人工模拟降雨试验和径流冲刷试验（杨春霞等，2004）。尽管如此，当前世界各地仍将径流场尤其是径流小区试验法作为土壤侵蚀领域中一种普遍而重要的研究方法（蔡崇法等，1996；梁志权，2015；刘宝元等，2013；张建军和朱金兆，2013）。

2. 氮素随渗漏迁移损失

氮素随土壤水分垂直下渗（淋失）和水平侧流（壤中流流失）是坡耕地氮素损失的另一个重要途径（Wilson et al.，2008）。在氮素随土壤水分垂直下渗迁移（即淋失）研究方面，早在1905年，英国科学家Warrington就注意到土壤中氮素淋失的问题，此后一直未中断对氮素淋失的研究，近年来更是受到广泛关注。国外采用剖面氮素变化、渗漏计、接水盘、陶土管和同位素示踪等技术研究土壤氮素淋失机理，在氮素淋失过程和规律以及肥料施用、降雨和灌溉、土壤类型、耕作方式、作物种类和种植方式、轮作制度、作物残留等的影响效应方面进行了广泛而深入的研究（Vaje et al.，1999；Yagioka et al.，2015；Per et al.，1999；朱波等，2013），取得了丰硕的研究成果；并于20世纪60～70年代开始采用室内模拟（包括扰动土和原状土）等方法进行氮素淋失的数学模拟研究（Amoozengar et al.，1982；Celia et al.，1990），相继提出许多描述土壤氮素运移的数学模型（Dagan and Nguyen，1989；Gelhar，1993；Celia et al.，1990；Beaudoin et al.，2016），如MODFLOW 模型、FEEFLOW 模型和Groundwater 模型等，但关于渗漏淋失和侵蚀流失相结合的研究成果较少。国内对农田氮素淋失的研究虽然晚于国外，但发展迅速（纪雄辉等，2006；朱波等，2008；蒋锐等，2009），在北方主要集中在对种植小麦、玉米、水稻农田的氮素淋失规律的研究（林立等，2011；丁燕等，2015），以及降水、施肥和灌溉等条件对土壤氮素淋失影响的研究（张文等，2015；Gu et al.，2016）；在南方主要集中在对水稻土（纪雄辉等，2006；姜萍等，2013）、紫色土（蒋锐等，2009；朱波等，2013）和红壤（孙波等，2003）氮素淋失规律的研究。总体上，各国学者对氮素淋失过程的研究主要集中在平地，如对水田、草地、森林等生态系统及室内条件下短时段的模拟（纪雄辉等，2006；林立等，2011；姜萍等，2013；张文等，2015），对坡耕地农田生态系统长时段的野外观测研究还很缺少（张兴昌和邵明安，2000；孙波等，2003）；大部分研究多关注于硝态氮，对其他氮素淋失形态（如有机氮等）关注较少（丁燕等，2015）。

在氮素随壤中流水平侧向迁移传输研究方面，受研究手段和试验条件等的限制，国内外对氮素等养分迁移传输及其污染控制等机理的研究多集中在降雨-地表径流传输上（黄丽等，1998；蒋光毅等，2004），忽视了壤中流对土壤养分流失的影响。近年来，越来越多的研究证实，在降雨径流过程中，地表径流和壤中流迁移特征差异显著；虽然地表径流水相（主要是溶解态和悬浮颗粒态）和侵蚀泥沙相（主要是粗颗粒态）是氮素等养分迁移的主要途径与形态，但随壤中流流失的氮素等养分（主要是溶解态和悬浮颗粒态）对湖泊和河流富营养化的作用也不容忽视（庹刚等，2009）。例如，Jia 等（2007）研究了不同水文机制下紫色土地区的氮素损失，发现壤中流中硝态氮的浓度是地表径流的20多倍；林超文等（2011）多次证明，紫色土农田氮素损失的主要途径是壤中流；贾海燕等（2006）及丁文峰和张平仓（2009）研究认为，壤中流带走的土壤养分占总损失养分的比例大。因此，控制坡面壤中流的形成是减少农业养分流失的关键所在（Baker and Laflen，1983；Zheng et al.，2004；Jia et al.，2007），研究壤中流条件下坡面侵蚀机理及其氮素等养分流失过程有重要的理论和实践意义。然而，由于壤中流发生在土壤内部，其空间动态受土壤质地的影响，整个过程与传输机制尚不完全清楚（Kronvang et al.，1995），加之研究起步较晚，国内对壤中流运动过程及其运移养分的研究还处于探索阶段。

测定氮素田间渗漏淋失量的方法主要包括间接计算法和直接测定法。间接计算法主要有质量平衡法，即基于氮循环的质量平衡计算，通过测定农田氮素的各项输入、输出，采用减差法来间接计算氮素渗漏淋失量。该方法属于研究农田氮素渗漏淋失的普遍方法，但各相关氮素输入输出的测定较烦琐并且决定了计算结果的精确度与准确度（Sexton et al.，1996）。直接测定法主要使用渗漏计（lysimeter）、土壤溶液提取器（suction cup，又称多孔陶土杯）、离子交换树脂包（ion exchange resin）和多孔 PVC 管装置，基于排水采集器和多孔陶土杯测定渗漏液数量以及其中氮素的浓度，结合长期试验，揭示农田氮素渗漏淋失的过程及其影响因子。但土壤溶液提取器、多孔 PVC 管和离子交换树脂包等大多数只能测得浓度，无法得出淋溶水量，进而难以获得准确的氮素淋失量；土壤水分渗漏计能够同时测定水通量和淋溶浓度，因此国际上大多数田间氮素淋失过程与通量研究采用此方法，只是考虑到建造成本等原因，国内采用该大型装置实测氮素淋失的并不多（Zhu et al.，2009）。此外，^{15}N 稳定同位素示踪技术是国际上研究农田氮素循环的有效手段之一，因其具有方法简便、定位定量准确及不干扰自然等优点，被广泛运用于氮素的吸收、利用、分配状况及运移途径等的研究。我国 ^{15}N 稳定同位素示踪技术起步较晚，对坡耕地径流中氮同位素动态和迁移损失的研究还不丰富。将 ^{15}N 稳定同位素示踪技术与土壤水分渗漏计相结合精准研究氮素渗漏淋失及氮肥去向，是今后农田氮素渗漏淋失研究方向的重点。

3. 氮素随侵蚀和渗漏迁移输出的同步观测

在壤中流及其与地表径流耦合运移氮素研究方面，国外学者对壤中流的观测方法（Everts and Kanwar，1990）、产流特征（Kienzler and Naef，2006）、发生机制（Kirkby，1978；Uchida et al.，2005）、预测模拟（Gelhar，1993；Stillman et al.，2006；Samper et al.，2015）、溶质运移（Dagan and Nguyen，1989）以及壤中流与地表径流关系（Itoh et al.，2000）等进行了研究。与国外集中于构建模型不同的是，当前国内侧重于对紫色土、棕壤、红壤等土质坡耕地壤中流的形成过程、产流特征、影响因素、养分输出特征及其与地表径流的差异进行分析（林超文等，2011；李晓娜，2016），围绕不同耕作方式、施肥配方、降雨强度、坡度坡长、植被覆盖、土壤改良剂聚丙烯酰胺等因素对壤中流和地表径流与养分迁移的影响开展了系列工作（吴希媛等，2007；周林飞等，2011；林超文等，2011），其中壤中流特征及其影响因素、土壤养分随地表径流水相和侵蚀泥沙相的迁移转化规律、耕作方式和降雨强度等因素对养分流失的影响，以及壤中流养分浓度垂向变化特征等研究成果较多（尹忠东等，2006；王峰等，2007；褚利平等，2010；郑侃等，2008；丁文峰和张平仓，2009；贾海燕等，2006）。研究证实，在降雨充沛地区，丰富的降雨-壤中流过程极易推动土壤氮素迁移传输，成为农业面源污染的最大来源。因此，土壤水分渗漏运动如壤中流及其与地表径流耦合对养分的运移规律研究仍需进一步的探讨。

近年来，国内外学者针对坡耕地农田生态系统氮素的侵蚀和渗漏损失过程开展了一些同步观测研究。例如，Per 等（1999）利用径流小区和微区试验法研究了坦桑尼亚玉米生长季侵蚀流失和渗漏淋失对土壤-作物系统氮素平衡的影响；姜萍等（2013）采用测坑定位试验的方法研究了不同灌溉条件下稻田系统氮素径流与渗漏特征；桑蒙蒙等（2015）通过田间原位试验同步研究了长江中下游地区夏玉米生长季氮肥施用后的农田氮素随渗漏和径流等不同途径损失的变化。但总体上，国内外的这些同步观测研究侧重于灌溉或降雨引起的地表排水（径流排水）和地下排水（渗漏排水）方面（Olarewaju et al.，2009；于金凤等，2011），对氮素水相（主要是溶解态和悬浮颗粒态）关注较多，对侵蚀泥沙相（主要是粗颗粒态）关注较少。

4. 氮素随侵蚀和渗漏迁移输出的过程模拟

国际上对氮素等溶质在土壤中的运移模型研究始于20世纪60～70年代，在70～80年代文献报道较多。1952年，Lapidus和Amundson首次将一个类似于对流-扩散方程的模拟模型应用于溶质运移问题的研究；1960年，Nielson首次系统地论述了对流-弥散方程（CDE）的科学性和合理性。之后，各国学者根据不同的土壤环境及研究目的，建立了一些描述溶质运移的模拟模型，概括起来大致可分为确定性模型、随机模型和简化模型三类。其中，确定性模型是土壤溶质运移理论研究的经典方程和基本方程，包括对流-弥散传输模型、动水-不动水体模型；随机模型是针对土壤水力特性参数的空间变异性及确定性模型中存在的缺点和不足而逐渐发展起来的，以美国加利福尼亚大学Jury教授1982年提出的随机传递函数模型（也称为“黑箱模型”）最具代表性，该模型是目前模拟大田土壤溶质运移规律的有效模型；简化模型对土壤溶质运移的过程进行了假设和简化，使计算简捷，主要有田间持水量模型和CDE简化模型。尽管这些模型各具特点，但由于不少参数在田间获取困难，因此关于土壤溶质运移的模拟至今仍是一个颇具挑战性的科学问题。我国从20世纪80年代开始进行土壤溶质运移的数学模型研究，建立了一些不同类型的数学模型（王全九等，2010；Liu et al.，2014），但现有的模型缺乏可重复性，限制了其应用推广。在研究方法上，国内外侧重于土壤溶质在土柱中运移的室内试验，而缺乏野外试验长历时观测数据资料的验证。因此，土壤溶质运移模型的研究急需从封闭的室内土柱试验扩展到野外大田观测，以获取足够的数据资料来确切地描述溶质运移过程。

土壤水流、地表径流和泥沙输移具有明确的动力学机制，目前已有大量模型考虑了这些动力学过程。在土壤水流运动方面，以达西定律和质量守恒定律推导的Richards方程具有坚实的物理基础，对于水分通量计算具有较大的优势（van Dam and Feddes，2000），在各种水文模型中得到了广泛应用，如HYDRUS模型（Šimunek et al.，2016）、SWAP模型（Kroes et al.，2009）等，但是这些模型以土壤水流模拟为主，很少详细考虑地表水沙动力学过程。由经典的Navier-Stokes流体运动方程可以得到在坡面地表径流模拟中广泛使用的二维浅水方程、一维Saint-Venant方程，以及更为简化的运动波近似方程；对于泥沙输移模拟，一般结合地表水动力学模拟结果，采用泥沙输移方程求解。目前，也有许多基于这类地表水沙动力学方程的模型，如国外的WEPP模型（Laflen et al.，1991）、EROSEM模型（Morgan et al.，1998）等，国内的雷廷武模型（雷廷武等，2004）、龙满生模型（龙满生和何东健，2010）等。但是这类地表水沙模型往往忽略土壤水分过程或以经验模型进行描述。因此，坡耕地土壤水沙动力学模型构建的关键点之一是如何耦合土壤水流、地表径流和泥沙输移的动力学过程。

1.1.2 肥料氮去向与计量方法

关于农田生态系统中肥料氮转化及去向研究已成为国际氮素研究的一大热点。除侵蚀和渗漏外，气逸（主要为 N_2O 排放和 NH_3 挥发）也是农田生态系统肥料氮损失的主要途径。当前，国内外许多学者针对农田已经开展了许多不同途径（侵蚀、渗漏、气逸等）肥料氮损失的定量评价和研究（Aguilera et al.，2013；桑蒙蒙等，2015）。例如，巨晓棠等（2002）对冬小麦/夏玉米轮作体系的田间试验表明，在将 120～360 kg/hm^2 尿素混施入表层土壤或撒施后立即灌水的条件下，冬小麦/夏玉米轮作体系中氨挥发损失率为 3.8%～7.2%，冬小麦尿素氮肥的硝化-反硝化损失率为 0.21%～0.26%、夏玉米的硝化-反硝化损失率为 1%～5%，氮肥的主要损失途径是淋洗出 0～100 cm 土体在下层土壤中积累；桑蒙蒙等（2015）以长江中下游地区夏玉米为研究对象，通过田间原位试验同步研究了氮肥施用后的农田 N_2O 排放、NH_3 挥发、氮渗漏和地表径流的变化；王桂良等（2015）基于文献数据的研究表明，N_2O 排放、氮淋洗和氮径流主要发生在长江流域单季稻区，损失率分别为 0.8%、3.8%和 5.3%，NH_3 挥发主要发生在华南晚稻，损失率为 35.2%。就我国红壤地区而言，大多数农作物施用氮肥后，土壤氨挥发损失量占施入氮量的 0.02%～14.8%（艾绍英等，1999；曹金留等，2000；刘德林等，2002；周静等，2007），硝化-反硝化损失氮量占施入氮量的 1.0%～18.0%（李辉信等，2000；范晓晖等，2005），淋失损失氮量占施入氮量的 0.91%～25.5%（姚建武等，1999；刘德林等，2002），径流损失氮量占施入氮量的 0.44%～1.17%（周静等，2007）。朱兆良（2008）在总结国内研究结果的基础上，对我国平地农田中化肥氮的去向进行了初步估计：作物利用仅 35%、总损失 52%，以及未知部分 13%（主要包括土壤残留和计算误差）；总损失中表观硝化-反硝化的氮素为 34%，进入环境的氮素为 19%（氨挥发 11%、N_2O 排放 1%、淋洗损失 2%、径流损失 5%）。由于积累的数据不多以及研究方法上存在一些问题，特别是已有研究集中在平地而难以兼顾侵蚀和渗漏综合影响的坡耕地，所以这一估计具有较大的不确定性（桑蒙蒙等，2015），对于侵蚀严重和淋溶作用强烈的红壤坡耕地农田生态系统，该研究结果还有待验证。

国内外农田生态系统中多采用质量平衡法和 ^{15}N 稳定同位素示踪法对氮肥利用率和去向进行分析和评价（巨晓棠和张福锁，2003）。其中，质量平衡法是基于氮循环的质量平衡计算，通过计算土壤氮素的总输入量和总输出量，用差减法得出土壤氮素回收及损失量（王秀斌，2009）。氮素输入项包括肥料投入氮量、大气沉降和灌溉水输入的无机氮量、有机物质矿化氮量、实验开始前土壤中的无机氮量；氮素输出项包括作物收获后土壤残留的无机氮量、作物吸收的氮量、氨挥发损失的氮量和 N_2O 排放损失的氮量及土壤淋溶等途径损失的氮量。质量平衡法属于研究农田氮肥去向的普遍方法，但各相关氮素输入输出的测定较烦琐并决定了计算结果的精确度与准确度（Sexton et al.，1996）。^{15}N 稳定同位素示踪

法是根据标记的 ^{15}N 肥料去向追踪标记氮在系统中的归宿，说明标记氮如何与系统各组分间相互作用和相互影响，阐明肥料氮在农田生态系统中的去向（Ju et al.，2006）。应用 ^{15}N 稳定同位素示踪法测定农田生态系统氮素输入输出，可以大大提高质量平衡法的计算精度。通过 ^{15}N 稳定同位素示踪法可以表明施入的肥料在农田生态系统中的转变和分配，但不能完全阐明整个系统氮的收支和循环特征（Ju et al.，2006）。两种方法各有优缺点，一般来说，从农学的角度评价氮肥的利用效果时多采用质量平衡法，因为它反映了施用氮肥后作物氮素营养的实际提高程度；在研究化肥氮的转化和去向时多采用 ^{15}N 稳定同位素示踪法，以了解化肥氮的利用、残留及损失的真实情况，同时还可以知道化肥氮在植株各器官的累积和分配状况。在大田条件下，直接测定各项氮的去向还存在技术上和成本上的许多限制性因素。因此，将不同方法有机地结合起来，才能更好地反映农田生态系统肥料氮的去向特征。

1.1.3 存在的问题与不足

综上可知，国内外学者对坡耕地氮素渗漏和侵蚀损失开展了大量的研究工作，取得了丰富成果，但也存在一些问题有待深入研究：①受研究对象和试验条件等限制，以往的研究成果多集中在表层地表流失方面，认为地表径流水相和侵蚀泥沙相是氮迁移的主要途径与形态；随着渗漏尤其是壤中流研究的不断深入，关于氮的深层损耗特别是壤中流迁移传输的研究日渐受到关注，但坡面氮素随径流入渗至地下的再分配过程、养分随壤中流等地下径流运动的迁移路径和机理等尚不完全清楚。②各国学者对坡耕地径流氮素运移理论的研究多以短历时的室内模拟研究为主，缺少长历时的野外定量观测，尤其是在野外条件下，坡耕地坡面尺度氮素侵蚀和渗漏迁移输出同步观测的研究和模拟少见报道。③已有农田肥料氮损失去向研究多集中在单一尺度（平地农田）或单一途径（渗漏淋失和侵蚀流失分开）的氮素损失方面，普遍认为进入环境的 NH_3 和 N_2O 占 12%，氮径流和渗漏仅占 7%。由于缺乏对坡耕地多种途径氮损失的田间同步观测研究，这一估计在坡耕地还有待验证。④当前，国内关于侵蚀和渗漏的同步研究主要见于二元结构明显的紫色土和喀斯特地区。而南方红壤丘陵区坡耕地量大面广，氮肥投入量大，在其特有的气候、地形、土壤和种植制度等条件下，阐明红壤坡耕地氮素多途径损失过程与调控技术是值得研究的科学问题。

1.2 研究区概况

1.2.1 鄱阳湖区概况

1. 地理位置

鄱阳湖位于我国南方红壤丘陵区江西省北部、长江中下游的南岸，是我国最大的淡水湖。其水系由赣江、抚河、信江、饶河和修水五大河流组成，流域控制面积 16.22 万 km^2。

鄱阳湖区界定为沿湖 11 个县（区、市），涉及南昌县、新建县（2015 年新建县撤县设区）、进贤县、余干县、鄱阳县、都昌县、湖口县、九江市区、星子县（2016 年撤销星子县设立庐山市）、德安县、永修县（陈文波和赵小敏，2007；赵小敏等，2011）；地理坐标为 115°49′E～117°46′E，28°24′N～29°46′N，土地面积 19760 km^2，占全省面积的 11.85%；11 个县（区、市）的气候、水文、旱涝灾害等，受鄱阳湖水体影响较为直接，具有自然条件、自然资源和社会经济条件的类似性。

2. 地形、地貌

鄱阳湖区地貌类型复杂多样，由丘陵、岗地、平原、水道、洲滩、岛屿、内湖、汊港组成。其地势比较有规律地由湖盆向滨湖、冲积平原、阶地、岗地、低丘、高丘变化，逐步过渡到低山和中低山等地貌。其中，丘陵及岗地面积占 62.2%，水网及水面面积占 23.6%，圩堤面积占 14.2%。山地主要分布于九江庐山和南昌梅岭，最高海拔分别为 1474 m 和 841 m；丘陵主要分布于鄱阳湖东部等地，海拔为 300～500 m；岗地、平原海拔为 20～100 m，湖泊、洼地海拔低于 15 m；洲滩位于五河流尾闾区，由全新世晚期堆积物组成，有沙滩、泥滩、草滩 3 种类型；现有岛屿 41 个，面积最大的莲湖山有近 42 km^2，较大的岛屿还有鞋山、长山、棠荫、泗山、三山、南山、矶山和松门山等，岛屿类型有岩岛和沙岛；汊港多分布于入江水道东岸和主湖区北岸及东北、东南湖隅，全湖主要汊港约 20 处（陈文波和赵小敏，2007；赵小敏等，2011）。

3. 气候、水文

鄱阳湖区地处东亚季风区，气候暖湿，雨量充沛，光照充足，无霜期较长，属于亚热带温暖湿润气候；该地区热量资源丰富，生物生长季较长；年平均气温 16.8～17.8℃，极端最高气温 40.2℃，极端最低气温−11.9℃；该地区＞10℃多年平均积温为 5300～5666℃，＞10℃积温持续期多年平均为 237～249 d；无霜期较长，年平均值为 273 d；该地区光能资源充足，年平均日照 1970 h，风能资源较丰富，主要集中在庐山、湖岛和滨湖，年平均风速为 3.7 m/s；鄱阳湖区气候资源虽较丰富，但因季风气候和其他原因，仍有洪、涝、旱、渍、冷寒和风雹等自然灾害发生（陈文波和赵小敏，2007；赵小敏等，2011）。

鄱阳湖区地势低平，四周小山环绕，鄱阳湖水系汇聚于此，水量充沛，加上该地区气候为亚热带季风气候，降水量大，有着良好的水资源条件；鄱阳湖区多年平均降水量 1426.4 mm，降水年际变幅较大，最大年降水量是最小年降水量的 3.0～4.5 倍；由于受季风气候影响，降水量年内分配也不均匀，4～6 月降水量最多，占全年降水总量的 47.4%，径流量大，因而多洪涝灾害；湖区多年平均蒸发量为 800～1200 mm，有一半集中在温度较高而降水量较少的 7～9 月；鄱阳湖入湖水量主要由“五河”流域组成，多年平均入湖水量 1297 亿 m^3，占出湖水量 1494 亿 m^3 的 86.8%，入、出湖水量的年内变化很大，主要集中在 4～7 月，约占全年总量的 66%。鄱阳湖区浅层地下水主要由大气降水补给，地下天然水资源丰富，年总量为 47 亿 m^3，约为该地区地表径流量的 16.9%；该地区地下水具有年内、年际变化较小的特点，是湖区比较稳定可靠的水资源，这些地下水可作为农田灌溉的补充水源（陈文波和赵小敏，2007；赵小敏等，2011）。

4. 土壤、植被

鄱阳湖区土壤资源丰富、类型繁多，土地自然肥力高、生产潜力大，为农、林、牧、副业的综合发展提供了极为有利的条件，主要土壤类型有红壤、水稻土、草甸土、黄棕壤等（陈文波和赵小敏，2007；赵小敏等，2011）。

鄱阳湖现有已鉴定的浮游植物154属，隶属于8门54科，占前三位的分别是绿藻门、硅藻门和蓝藻门，藻类的年平均数量为47.6万个/L，其中以2月最少，9～10月最多；硅藻类已发展成为湖中的优势种群。鄱阳湖水生维管束植物资源十分丰富，不仅种类多，而且生物量也较大，现已查明有水生维管束植物102种，分属于38科，植被面积达2262 km^2，占全湖总面积2797 km^2（水位高程17.53 m计）的80.87%，总生物量为388万t（鲜重），折合热值4.8987×10^{15} J，全湖单位面积的平均生物量为1208 g/m^2（鲜重）；此外，鄱阳湖湿地有高等植物600余种；鄱阳湖区森林植被已查明的有2403种，其地带性植被是以中亚热带常绿阔叶林与落叶阔叶林为主的混交林植被；由于长期受人为干扰，湖区地带性植被保存很少，基本被破坏殆尽（陈文波和赵小敏，2007；赵小敏等，2011）。

5. 土地利用现状

鄱阳湖区土地利用类型主要为耕地、林地、园地、水面等。据统计，水面占土地总面积的21.7%，耕地占土地总面积的28.7%（其中63.7%为水田），林地占土地总面积的24.5%，园地等其他用地占土地总面积的25.1%；该地区土地利用如其自然景观一样具有环状分布的特征，内环区为水面和枯水季节露出水面的湖滩洲地，以水产生产为主；中环区为圩区河湖冲积平原及低丘岗地，以水稻、棉、麦等生产为主；外环区为丘陵低中山地区，以林业为主，粮、茶、果相结合（陈文波和赵小敏，2007；赵小敏等，2011）。

6. 社会经济状况

2010年底，鄱阳湖区人口为733.9万人，占全省总人口的16.4%，是江西省人口密度最大的区域，鄱阳湖素有“鱼米之乡”的美称，是江西境内农业开发最早的地区，全区粮食总产量约占全省粮食总产量的22.9%，水产品总产量占全省水产品总产量的34.4%。但是，鄱阳湖区整体生产总值和地方财政收入与江西省的比率较全区人口的比率要小；2010年末，全区生产总值为1084.3亿元，占全省的11.5%；全区财政收入为102.2亿元，仅占全省的8.3%；同时，农民人均纯收入为5520.1元，低于全省平均农民纯收入的5788.6元。该地区的经济和农民收入有待进一步发展和提高（陈文波和赵小敏，2007；赵小敏等，2011）。

1.2.2 试验区概况

试验区位于国家级水土保持生态科技示范园区——江西水土保持生态科技园（115°42′38″E～115°43′06″ E，29°16′37″N～29°17′40″ N），总土地面积80 hm^2。园区地处江西省北部的德安县燕沟小流域、鄱阳湖水系博阳河西岸，是我国南方红壤分布的中心地带，地形、土壤、气候等自然条件在鄱阳湖区、江西省和南方红壤丘陵区均具有典型性和代表性。

试验区属亚热带湿润季风气候区，气候温和，四季分明，雨量充沛，光照充足，且雨热基本同期。多年平均气温为16.9±0.4℃，多年平均降水量为1449±257 mm[①]，最大年降水量为1807.7 mm，最小年降水量为865.6 mm；试验区因受季风影响而在季节分配上极不均匀，形成明显的干季和湿季，降水主要集中在4～8月，占全年降水量的62.8%。年日照时数1650～2100 h，无霜期245～260 d，年蒸发量 1400～1800 mm；地貌多为浅丘低岗，坡地广布，坡度主要介于5°～25°，海拔30～100 m；地带性植被为亚热带常绿阔叶林，现存植被以天然次生林和人工林为主，建群种为杉木（*Cunninghamia lanceolata*）、湿地松（*Pinus elliottii* Engelmann）、檵木（*Loropetalum chinense*）等乔木，以及杜鹃（*Rhododendron simsii* Planch）、芭茅（*Miscanthussi nensis* Anderss）、狗尾草［*Setaria viridis*（L.）Beauv.］等植被。

试验区地处鄱阳湖流域鄱阳湖区，坡耕地分布集中，主要农作物为花生、油菜等，一般采取夏花生-冬油菜轮作制度、顺坡种植。其中，花生种植时期一般为4～8月，恰为当地大雨量（4～6月）、强降雨（7～8月）集中时期（图1-1），因坡耕地汛耕同期，水土流失十分严重；据试验区2012～2018年连续7年的野外定位观测：夏花生-冬油菜轮作的坡耕地花生种植期的地表径流量占全年地表产流量的百分比范围为48.1%～90.0%、均值为72.7%；花生种植期土壤侵蚀量占全年土壤侵蚀量的百分比范围为34.5%～97.0%、均值为60.2%（图1-2）。园区土壤主要为第四纪红黏土发育的红壤，呈酸性至微酸性，土壤剖面从上至下典型土体构型为Ah（腐殖质层）-Bs（铁铝淋溶淀积亚层）-Bsv（网纹层亚层）-Csv（网纹层）。其中，Ah层厚度为0～30 cm，土壤容重为1.05～1.32 g/cm^3；Bs层厚度为30～60 cm，土壤容重为1.48 g/cm^3；Bsv层厚度为大于60 cm，土壤容重为1.53 g/cm^3（谢颂华等，2015；Liu et al.，2016），土壤入渗率大小表现为 Ah ＞ Bs ＞ Bsv，故在各分层土壤中存在渗漏水侧向输出与垂向输出并存的现象。

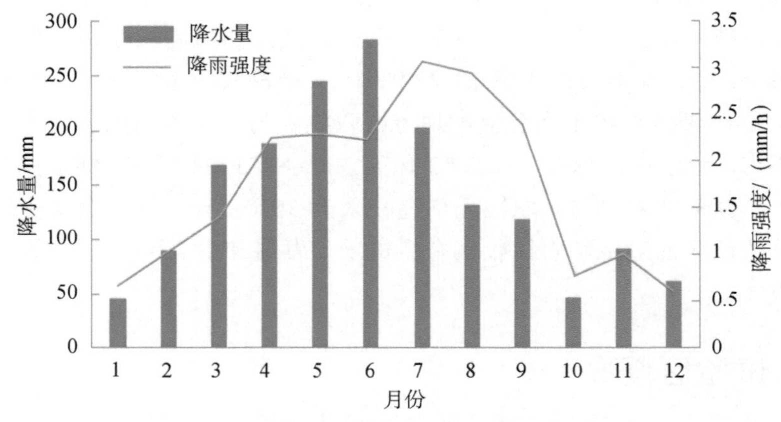

图1-1 试验区降水逐月分配图（2012～2018年）

① 多年平均气温和降水量采用中国气象数据网共享的中国地面累年值年值数据集（1981～2010年）中邻近试验区的德安站数据。

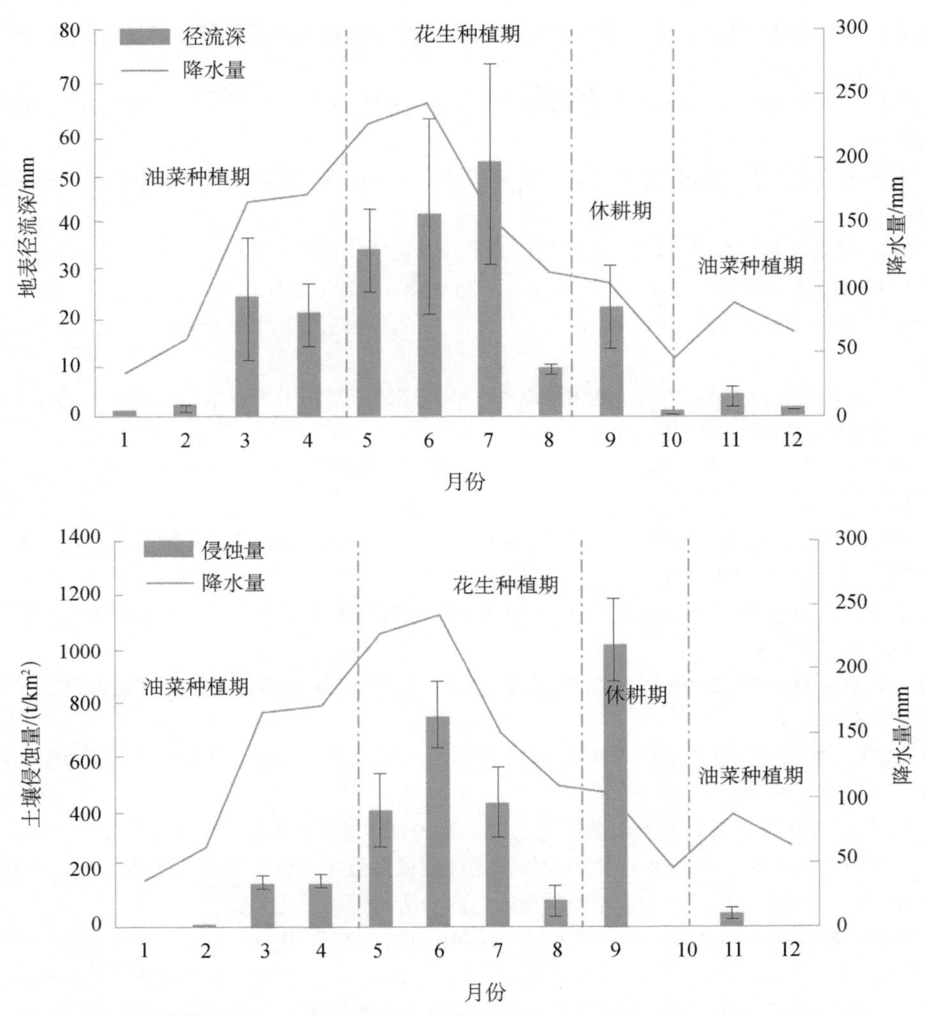

图 1-2 试验区夏花生—冬油菜轮作坡耕地水土流失逐月分配图（2012～2018 年）

参 考 文 献

艾绍英，姚建武，刘国坚，等. 1999. 热带-亚热带多雨湿润区旱地土壤尿素氨挥发研究[J]. 中国农学通报，15（6）：13-17.

蔡崇法，丁树文，张光远，等. 1996. 三峡库区紫色土坡地养分状况及养分流失[J]. 地理研究，15（3）：77-84.

曹金留，田光明，任立涛. 2000. 江苏南部地区稻麦两熟土壤中尿素的氨挥发损失[J]. 南京农业大学学报，23（4）：51-54.

陈文波，赵小敏. 2007. 鄱阳湖区土地利用格局特征与安全格局构建[M]. 北京：中国农业出版社.

陈晓安，杨洁，郑太辉，等. 2015. 赣北第四纪红壤坡耕地水土及氮磷流失特征[J]. 农业工程学报，31（17）：162-167.

褚利平，王克勤，宋泽芬，等. 2010. 烤烟坡耕地壤中流氮、磷浓度的动态特征[J]. 农业环境科学学报，29（7）：1346-1354.

丁文峰，张平仓. 2009. 紫色土坡面壤中流养分输出特征[J]. 水土保持学报，23（4）：15-19，53.

丁燕，杨宪龙，同延安，等. 2015. 小麦-玉米轮作体系农田氮素淋失特征及氮素表观平衡[J]. 环境科学学报，35（6）：1914-1921.
范晓晖，孙永红，林德喜，等. 2005. 长期试验地红壤与潮土的矿化和硝化作用特征比较[J]. 土壤通报，5：34-36.
何淑勤，宫渊波，郑子成. 2014. 紫色土区坡耕地壤中流磷素流失特征研究[J]. 水土保持学报，28（2）：20-24.
黄国勤. 2017. 树立正确生态观 统筹山水林田湖草系统治理[J].中国井冈山干部学院学报，10（6）：128-132.
黄国勤，赵其国. 2014. 红壤生态学[J]. 生态学报，34（18）：5173-5181.
黄丽，丁树文，董舟，等. 1998. 三峡库区紫色土养分流失的试验研究[J].土壤侵蚀与水土保持学报，4（1）：8-15.
纪雄辉，郑圣先，鲁艳红，等. 2006. 施用尿素和控释氮肥的双季稻田表层水氮素动态及其径流损失规律[J]. 中国农业科学，39（12）：2521-2530.
贾海燕，雷阿林，雷俊山，等. 2006. 紫色土地区水文特征对硝态氮流失的影响研究[J]. 环境科学学报，26（10）：1658-1664.
姜萍，袁永坤，朱日恒，等. 2013. 节水灌溉条件下稻田氮素径流与渗漏流失特征研究[J]. 农业环境科学学报，32（8）：1592-1596.
蒋光毅，史东梅，卢喜平，等. 2004. 紫色土坡地不同种植模式下径流及养分流失研究[J]. 水土保持学报，18（5）：54-58.
蒋锐，朱波，唐家良，等. 2009. 紫色丘陵区典型小流域暴雨径流氮磷迁移过程与通量[J]. 水利学报，40（6）：659-666.
巨晓棠，刘学军，邹国元，等. 2002. 冬小麦/夏玉米轮作体系中氮素的损失途径分析[J]. 中国农业科学，35（12）：1493-1499.
巨晓棠，张福锁. 2003. 中国北方土壤硝态氮的累积及其对环境的影响[J]. 生态环境，12（1）：24-28.
雷廷武，姚春梅，张晴雯，等. 2004. 细沟侵蚀动态过程模拟数学模型和有限元计算方法[J]. 农业工程学报，20（4）：7-12.
李辉信，胡锋，刘满强，等. 2000. 红壤氮素的矿化和硝化作用特征[J]. 土壤，（4）：194-197，214.
李书钦. 2009. 黄土坡面水力侵蚀比尺模拟试验研究[D]. 咸阳：中国科学院教育部水土保持与生态环境研究中心.
李晓娜. 2016. 喀斯特地区土壤漏失过程氮素迁移与流失特征分析[J]. 农村经济与科技，27（14）：30.
梁娟珠. 2015. 不同植被措施下红壤坡面径流变化特征[J]. 水土保持通报，35（6）：159-163.
梁音，张斌，潘贤章，等. 2008. 南方红壤丘陵区水土流失现状与综合治理对策[J]. 中国水土保持科学，6（1）：22-27.
梁志权. 2015. 径流小区分流装置的误差分析及校正试验[D]. 广州：中国科学院广州地球化学研究所.
林超文，罗春燕，庞良玉，等. 2011. 不同雨强和施肥方式对紫色土养分损失的影响[J]. 中国农业科学，44（9）：1847-1854.
林立，胡克林，李光德，等. 2011. 高产粮区不同施肥模式下玉米季农田氮素损失途径分析[J]. 环境科学，32（9）：2617-2624.
刘宝元，郭索彦，李智广，等. 2013. 中国水力侵蚀抽样调查[J]. 中国水土保持，（10）：26-34.
刘德林，聂军，肖剑. 2002. ^{15}N 标记水稻控释氮肥对提高尿素氮素利用率的研究[J]. 激光生物学报，11（2）：87-92.
刘泉，李占斌，李鹏，等. 2017. 模拟降雨条件下不同植被覆盖度/格局的坡地土壤铵态氮流失特征[J]. 水土保持研究，24（1）：75-78.
龙满生，何东健. 2010. 坡面水蚀与细沟发育过程模拟研究[J]. 系统仿真学报，22（2）：82-86.
马琨，王兆骞，陈欣，等. 2002. 不同雨强条件下红壤坡地养分流失特征研究[J]. 水土保持学报，16（3）：

16-19.
孟维伟，王东，于振文，等. 2011. ^{15}N 示踪法研究不同灌水处理对小麦氮素吸收分配及利用效率的影响[J]. 植物营养与肥料学报，17（4）：831-837.
钱婧，张丽萍，王小云，等. 2012. 人工降雨条件下不同坡长和覆盖度对氮素流失的影响[J]. 水土保持学报，26（5）：6-10.
桑蒙蒙，范会，姜珊珊，等. 2015. 常规施肥条件下农田不同途径氮素损失的原位研究：以长江中下游地区夏玉米季为例[J]. 环境科学，36（9）：3358-3364.
孙波，王兴祥，张桃林. 2003. 红壤养分淋失的影响因子[J]. 农业环境科学学报，22（3）：257-262.
庹刚，李恒鹏，金洋，等. 2009. 模拟暴雨条件下农田磷素迁移特征[J]. 湖泊科学，21（1）：45-52.
汪庆兵，张建锋，陈光才. 2013. 基于 ^{15}N 示踪技术的植物-土壤系统氮循环研究进展[J]. 热带亚热带植物学报，21（5）：479-488.
王峰，沈阿林，陈洪松，等. 2007. 红壤丘陵区坡地降雨壤中流产流过程试验研究[J]. 水土保持学报，21（5）：15-17，29.
王桂良，崔振岭，陈新平，等. 2015. 南方稻田活性氮损失途径及其影响因素[J]. 应用生态学报，26（8）：2337-2345.
王巧兰，吴礼树，赵竹青. 2007. ^{15}N 示踪技术在植物 N 素营养研究中的应用及进展[J]. 华中农业大学学报，26（1）：127-132.
王全九，王辉，郭太龙. 2010. 黄土坡面土壤溶质随地表径流迁移特征与数学模型[M]. 北京：科学出版社.
王全九，赵光旭，陶汪海，等. 2016. 径流冲刷条件下坡地养分随地表径流迁移数学模型[J]. 农业机械学报，47（7）：189-195.
王秀斌. 2009. 优化施氮下冬小麦/夏玉米轮作农田氮素循环与平衡研究[D]. 北京：中国农业科学院.
吴希媛，张丽萍，张妙仙，等. 2007. 不同雨强下坡地氮流失特征[J]. 生态学报，27（11）：4576-4582.
谢颂华，涂安国，莫明浩，等. 2015. 自然降雨事件下红壤坡地壤中流产流过程特征分析[J].水科学进展，26（4）：526-534.
杨春霞，吴卿，肖培青，等. 2004. 人工模拟降雨与径流冲刷试验在水土流失预测中的应用探讨[J]. 水土保持研究，3：229-230.
姚建武，艾绍英，周修冲. 1999. 热带亚热带多雨湿润区旱地土壤氮肥淋溶损失模拟研究[J]. 土壤与环境，18（4）：314-315.
叶静，俞巧钢，杨梢娜，等. 2011. 有机无机肥配施对杭嘉湖地区稻田氮素利用率及环境效应的影响[J]. 水土保持学报，25（3）：87-91.
尹忠东，左长清，高国雄，等. 2006. 江西红壤缓坡地壤中流影响因素分析[J]. 西北林学院学报，21（5）：1-6.
于金凤，洪林，江洪珊. 2011. 南方典型灌区节水灌溉的减污效应[J]. 节水灌溉，8：1-4.
于兴修，马骞，刘前进，等. 2011. 横坡与顺坡垄作径流氮磷输出及富营养化风险对比研究[J]. 环境科学，32（2）：126-134.
袁东海，王兆赛，陈新，等. 2002. 不同农作方式红壤坡耕地土壤氮素流失特征[J]. 应用生态学报，13（7）：863-866.
张洪江，程金花. 2014. 土壤侵蚀原理（第三版）[M]. 北京：科学出版社.
张建军，朱金兆. 2013. 水土保持监测指标的观测方法[M]. 北京：中国林业出版社.
张文，周广威，闵伟，等. 2015. 应用 ^{15}N 示踪法研究咸水滴灌棉田氮肥去向[J]. 土壤学报，52（2）：372-380.
张兴昌，邵明安. 2000. 坡地土壤氮素与降雨、径流的相互作用机理及模型[J]. 地理科学进展，19（2）：128-135.
张展羽，王超，杨洁，等. 2010. 不同植被条件下红壤坡地果园氮磷流失特征[J]. 河海大学学报：自然科学版，38（5）：479-484.

赵小敏，尹国胜，郭熙，等. 2011. 鄱阳湖地区农业地质环境与农业资源可持续利用研究[M]. 北京：地质出版社.

郑侃，金昌杰，王安志，等. 2008. 森林流域坡面流与壤中流耦合模型的构建与应用[J]. 应用生态学报，19（5）：936-941.

周静，崔健，胡锋，等. 2007. 马唐牧草红壤氮肥的氨挥发、径流和淋溶损失[J]. 土壤学报，44(6)：1076-1082.

周林飞，郝利朋，孙中华. 2011. 辽宁浑河流域不同土地类型地表径流和壤中流氮、磷流失特征[J].生态环境学报，20（4）：737-742

朱波，汪涛，况福虹，等. 2008. 紫色土坡耕地硝酸盐淋失特征[J]. 环境科学学报，28（3）：525-533.

朱波，周明华，况福虹，等. 2013. 紫色土坡耕地氮素淋失通量的实测与模拟[J]. 中国生态农业学报，21（1）：102-109.

朱兆良. 2008. 中国土壤氮素研究[J]. 土壤学报，45（5）：778-783.

Aguilera E, Lassaletta L, Sanzcobena A. 2013. The potential of organic fertilizers and water management to reduce N_2O emissions in Mediterranean climate cropping systems：A review[J]. Agriculture Ecosystems & Environment, 164(4)：32-52.

Amoozengar F A, Nielsen D R, Warrick A W. 1982. Soil solute concentration distributions for spatial varing pore water velocities and apparent diffusion co-efficients[J]. Soil Science Society of America Journal, 46：3-9.

Baker J L, Laflen J M. 1983. Water quality consequences of conservation tillage[J]. Soil and Water Conservation, 38(3)：186-193.

Beaudoin N, Gallois N, Viennot P. 2016. Evaluation of a spatialized agronomic model in predicting yield and N leaching at the scale of the Seine-Normandie Basin[J]. Environmental Science & Pollution Research International, 25：1-30.

Carroll C, Halpin M, Burger P, et al. 1997. The effect of crop type, crop rotation, and tillage practice on runoff and soil loss on a Vertisol in central Queensland[J]. Australian Journal of Soil Research, 35：925-939.

Celia M A, Bouloutas E T, Zarba R L. 1990. A general mass conservative numerical solution for the unsaturated flow equation[J]. Water Resources Research, 26(7)：1483-1496.

Chen Y, Lian B. 2010. Nitrogen cycle model of agroecosystem in the karst region of Guizhou Province[J]. Chinese Journal of Geochemetry, 29：464-470.

Dagan G, Nguyen V. 1989. A comparison of travel time and concentration approaches to modeling transport by groundwater[J]. Journal of Contaminant Hydrology, 4(1)：79-91.

Domagalski J, Lin C, Luo Y, et al. 2007. Eutrophication study at the Panjiakou-Daheiting Reservoir system, northern Hebei Province, People's Republic of China：Chlorophyll-a model and sources of phosphorus and nitrogen[J]. Agricultural Water Management, 94：43-53.

Ebid A, Ueno H, Ghoneim A, et al. 2008. Recovery of ^{15}N derived from rice residues and inorganic fertilizers incorporated in soil cultivated with Japanese and Egyptian rice cultivars[J]. Journal of Applying Science, 8(18)：3261-3266.

Everts C, Kanwar R S. 1990. Estimating preferential flow to a subsurface drain with tracers[J]. Transactions of the ASAE, 33(2)：451-457.

Flanagan D C, Foster G R. 1989. Storm patter effect on nitrogen and phosphorus losses in surface runoff[J]. Transactions of the ASAE, 32(2)：535-541.

Gelhar L W. 1993. Stochastic Subsurface Hydrology[M]. Upper Saddle River：Prentice-Hall.

Gu L M, Liu T N, Wang J F, et al. 2016. Lysimeter study of nitrogen losses and nitrogen use efficiency of Northern Chinese wheat [J]. Field Crops Research, 188：82-95.

Inoue T, Ebise S. 1991. Runoff characteristics of COD, BOD, C, N and P loadings from rivers to enclosed coastal seas[J]. Marine Pollution Bulletin, 23：11-14.

Itoh K, Tosaka H, Nakajima K. 2000. Application of surface-subsurface flow coupled with numerical simulator to runoff analysis in an actual field[J]. Hydrological Processes, 14(3)：417-430.

Jia H Y, Lei A L, Lei J S, et al. 2007. Effects of hydrological processes on nitrogen loss in purple soil[J]. Agricultural Water Management, 89(1)：89-97.

Ju X T, Kou C L, Zhang F S, et al. 2006. Nitrogen balance and groundwater nitrate contamination: Comparison among three intensive cropping systems on the North China Plain[J]. Environmental Pollution, 143 (1)：117-125.

Kienzler P M, Naef F. 2006. Temporal variability of subsurface storm flow：1. A 147-storm analysis of the Panola hillslope[J]. Water Resources Research, 42(2)：1-11.

Kirkby M J. 1978. Hillslope Hydrology[M]. Chichester：Wiley-Interscience.

Klapper H. 1991. Control of Eutrophication in Inland Waters[M]. New York：Ellis Horwood.

Kroes J G, van Dam J C, Groenendijk P, et al. 2009. SWAP Version 3.2：Theory Description and User Manual[R]. Wageningen：ALTERRA.

Kronvang B, Grant R, Larsen S E. 1995. Non-point-source nutrient losses to the aquatic environment in Denmark：Impact of agriculture[J]. Marine and Freshwater Research, 46(1)：167-177.

Laflen J M, Elliot W J, Simanton J R, et al. 1991. WEPP：Soil erodibility experiments for rangeland and cropland soils[J]. Journal of Soil and Water Conservation, 46(1)：39-44.

Liu R, Wang J, Shi J, et al. 2014. Runoff characteristics and nutrient loss mechanism from plain farmland under simulated rainfall conditions [J]. Science of the Total Environment, 468-469：1069-1077.

Liu Y J, Yang J, Hu J M, et al. 2016. Characteristics of the surface-subsurface flow generation and sediment yield to the rainfall regime and land-cover by long-term in-situ observation in the red soil region, Southern China[J]. Journal of Hydrology, 539：457-467.

Mandal S, Goswami A R, Mukhopadhyay S K. 2015. Simulation model of phosphorus dynamics of an eutrophic impoundment-East Calcutta Wetlands, a Ramsar site in India[J]. Ecological Modelling, 306：226-239.

Morgan R P C, Quinton J N, Smith R E, et al. 1998. The European Soil Erosion Model (EUROSEM)：A dynamic approach for predicting sediment transport from fields and small catchments[J]. Earth Surface Processes and Landforms, 23(6)：527-544.

Olarewaju O E, Adetunji M T, Adeofun C O, et al. 2009. Nitrate and phosphorus loss from agricultural land：Implications for nonpoint pollution[J]. Nutrient Cycling in Aro-Ecosystems, 85：79-85.

Per I V, Bal R S, Rattan L. 1999. Erosional effects on nitrogen balance in maize (*Zea mays*) grown on a volcanic ash soil in Tanzania[J]. Nutrient Cycling in Agroecosystems, 54：113-123.

Rashmi I, Biswas A K, Ramkrishana Parama V R. 2014. Phosphorus management in agriculture：A review[J]. Agricultural Reviews, 35(4)：261.

Samper J, Pisani B, Marques J E. 2015. Hydrological models of subsurface flow in three Iberian mountain basins[J]. Environmental Earth Sciences, 73(6)：2645-2656.

Sexton B T, Moncrief J F, Rosen C J, et al. 1996. Optimizing nitrogen and irrigation input of corn based on nitrate leaching and yield on a coarse-textured soil[J]. Journal of Environmental Quality, 25：982-992.

Sharpley A N, McDowell R W, Kleinman P J A. 2001. Phosphorus loss from land to water：Integrating agricultural and environmental management[J]. Plant and Soil, 237(2)：287-307.

Šimunek J, van Genuchten M T, Šejna M. 2016. Recent developments and applications of the HYDRUS computer software packages[J]. Vadose Zone Journal, 15(7)：1-25.

Steven C J. 2019. Nitrogen in the environment[J]. Science, 363 (6427)：578-580.

Stillman J S, Haws N W, Govindaraju R S. 2006. A semi-analytical model for transient flow to a subsurface tile drain[J]. Journal of hydrology, 317(1)：49-62.

Sutton M A, Oenema O, Erisman J W, et al. 2011. Too much of a good thing[J]. Nature, 472 (7342)： 159-161.

Uchida T, Tromp-van Meerveld I, McDonnell J J. 2005. The role of lateral pipe flow in hillslope runoff response： An intercomparison of non-linear hillslope response[J]. Journal of Hydrology, 311(1)： 117-133.

Vaje P I, Singh B R, Lal R. 1999. Erosional effects on nitrogen balance in maize (*Zea mays*) grown on a volcanic ash soil in Tanzania[J]. Nutrient Cycling in Agroecosystems, 54(2)： 113-123.

van Dam J C, Feddes R A. 2000. Numerical simulation of infiltration, evaporation and shallow groundwater levels with the Richards equation[J]. Journal of Hydrology, 233 (1-4)： 72-85.

Vries F T D, Groenigen J W V, Hoffland E. 2011. Nitrogen losses from two grassland soils with different fungal biomass [J]. Soil Biology & Biochemistry, 43(5)： 997-1005.

Wang T, Zhu B. 2011. Nitrate loss via overland flow and interflow from a sloped farmland in the hilly area of purple soil, China[J]. Nutrient Cycling in Agroecosystems, 90 (3)： 309-319.

Wilson G V, Cullum R F, Römkens M J M. 2008. Ephemeral gully erosion by preferential flow through a discontinuous soil-pipe[J]. Catena, 73： 98-106.

Yagioka A, Komatsuzaki M, Kaneko N, et al. 2015. Effect of no-tillage with weed cover mulching versus conventional tillage on global warming potential and nitrate leaching[J]. Agriculture Ecosystems & Environment, 200： 42-53.

Zheng F L, Huang C H, Norton L D. 2004. Effects of near-surface hydraulic gradients on nitrate and phosphorus losses in surface runoff[J]. Journal of Environmental Quality, 33(6)： 2174-2182.

Zheng Z M, Zhang T Q, Wen G. 2014. Soil testing to predict dissolved reactive phosphorus loss in surface runoff from organic soils[J]. Soil Science Society of America Journal, 78(5)： 1786-1796.

Zhou M, Zhu B, Butterbach-Bahl K. 2012. Nitrate leaching, direct and indirect nitrous oxide fluxes from sloping cropland in the purple soil area, southwestern China[J]. Environmental Pollution, 162 (5)： 361-368.

Zhu B, Wang T, Kuang F H, et al. 2009. Measurements of nitrate leaching from a hillslope cropland in the Central Sichuan Basin, China[J]. Soil Science Society of America Journal, 73： 1419-1426.

Zottl H W. 1998. Remarks on the effects of nitrogen deposition to forest ecosystems[J]. Plant and Soil. 128： 83-89.

第2章

鄱阳湖区坡耕地及其水土流失特征

由于坡耕地是水土流失的重要策源地，因此研究坡耕地水土流失与养分流失特征及其影响因子，提出该地区坡耕地水土流失的防治对策，对维护和推动鄱阳湖区生态文明建设至关重要。本章基于地理信息系统（GIS）和中国土壤流失方程（CSLE），从宏观尺度评价 1995 年、2000 年和 2008 年鄱阳湖区坡耕地水土流失，解析鄱阳湖区坡耕地及其水土流失时空演变与分布；同时，从地面微观尺度验证该区坡耕地水土流失的主控因子，以便提出鄱阳湖区坡耕地水土流失治理的措施及建议。

2.1 坡耕地时空分布特征

2.1.1 不同年限坡耕地面积变化

利用鄱阳湖区 1995 年、2000 年和 2008 年 1∶5 万土地利用图，采用 1984 年全国农业区划委员会颁发的《土地利用现状调查技术规程》对坡耕地坡度划分的标准，基于 ArcGIS 技术，获取鄱阳湖区不同时期的坡耕地分布。通过空间数据分析，得出各时期鄱阳湖区不同坡度等级的坡耕地分布面积。从表 2-1 可以看出，1995 年、2000 年和 2008 年鄱阳湖区坡耕地面积分别是 1983.9km^2、1962.8km^2 和 1935.8km^2，分别占鄱阳湖区耕地面积（江西省统计局，2009）的 36.7%、36.3%和 35.8%；虽然鄱阳湖区坡耕地面积从 1995 年、2000 年到 2008 年呈逐年减小趋势，但减小数量不大，变化不明显；鄱阳湖区不同时期的坡耕地主要分布在 2°～15°的坡地上，约占到坡耕地总面积的 60%，这可能和该地区的地形地貌有关，但 15°以上的坡耕地也占到坡耕地总面积的一定比例。总之，鄱阳湖区坡耕地分布广，绝对面积和相对面积比例都较大，坡耕地是该地区农作物生产的主要土地类型。

表 2-1 鄱阳湖区不同年份各县（区、市）坡耕地面积随坡度分布

年份	县（区、市）	不同坡度等级分布面积					合计
		<2°	2°～6°	6°～15°	15°～25°	>25°	
1995	九江 / km^2	18.0	28.5	17.1	6.0	2.3	71.9
	湖口 / km^2	77.1	89.1	9.9	0.7	0	176.8
	德安 / km^2	36.4	56.9	14.7	1.8	0.2	110.0
	星子 / km^2	44.0	60.0	14.5	2.0	0.8	121.3
	都昌 / km^2	81.0	118.3	24.1	2.8	0.2	226.4
	鄱阳 / km^2	58.2	80.5	15.5	2.0	0.5	156.7
	永修 / km^2	91.4	122.5	14.7	1.3	0.3	230.2
	新建 / km^2	167.8	219.2	21.9	1.4	0.1	410.4
	南昌 / km^2	86.1	71.4	8.6	0.7	0.1	166.9
	余干 / km^2	28.4	50.0	8.2	0.3	0	86.9
	进贤 / km^2	79.3	129.5	17.2	0.4	0	226.4
	合计 / km^2	767.7	1025.9	166.4	19.4	4.5	1983.9
	占坡耕地总面积比例 / %	38.7	51.7	8.4	1.0	0.2	100.0

续表

年份	县（区、市）	不同坡度等级分布面积					合计
		<2°	2°～6°	6°～15°	15°～25°	>25°	
2000	九江 / km^2	17.7	27.4	16.3	5.8	2.4	69.6
	湖口 / km^2	73.8	87.1	9.9	0.7	0	171.5
	德安 / km^2	36.4	56.4	14.5	1.7	0.1	109.1
	星子 / km^2	44.4	60.3	14.3	2.1	0.8	121.9
	都昌 / km^2	81.8	119.4	24.4	2.8	0.2	228.6
	鄱阳 / km^2	57.8	79.3	15.1	2.0	0.5	154.7
	永修 / km^2	90.3	121.4	14.5	1.3	0.3	227.8
	新建 / km^2	169.0	220.4	21.8	1.4	0.1	412.7
	南昌 / km^2	83.8	68.0	8.0	0.6	0.1	160.5
	余干 / km^2	28.4	49.6	8.0	0.3	0	86.3
	进贤 / km^2	77.1	125.8	16.8	0.4	0	220.1
	合计 / km^2	760.5	1015.1	163.6	19.1	4.5	1962.8
	占坡耕地总面积比例 / %	38.7	51.7	8.3	1.0	0.2	100.0
2008	九江 / km^2	15.6	24.9	16.5	6.1	2.5	65.6
	湖口 / km^2	76.1	89.6	10.0	0.7	0	176.4
	德安 / km^2	34.3	53.1	14.0	1.8	0.1	103.3
	星子 / km^2	45.6	61.9	14.8	2.1	0.9	125.3
	都昌 / km^2	78.8	112.3	19.4	2.2	0.2	212.9
	鄱阳 / km^2	58.8	80.7	15.5	1.8	0.6	157.4
	永修 / km^2	89.5	119.5	14.0	1.2	0.2	224.4
	新建 / km^2	169.0	217.7	21.3	1.5	0.1	409.6
	南昌 / km^2	78.3	61.8	7.1	0.5	0.1	147.8
	余干 / km^2	29.5	51.6	8.3	0.3	0	89.7
	进贤 / km^2	78.5	127.9	16.6	0.4	0	223.4
	合计 / km^2	754.0	1001.0	157.5	18.6	4.7	1935.8
	占坡耕地总面积比例 / %	39.0	51.7	8.1	1.0	0.2	100.0

注：由于数值修约所致误差，下同。

2.1.2 不同县（区、市）坡耕地面积变化

从表 2-1 还可以看出，鄱阳湖区各县（区、市）之间的坡耕地面积相差较大。鄱阳湖区坡耕地面积最大的是新建，其面积超过 400 km^2；面积最小的是九江，其面积小于 75 km^2。从 1995 年、2000 年到 2008 年，鄱阳湖区各县（区、市）坡耕地面积总体呈减小趋势，但变化不大。

2.2 坡耕地水土流失时空分布特征

基于 CSLE，利用降雨、土壤、地形和遥感影像等数据，获取了 1995 年、2000 年和 2008

年鄱阳湖区坡耕地水土流失分布数据。根据中华人民共和国水利行业标准《土壤侵蚀分类分级标准》（SL190—2007），对获取的各时期鄱阳湖区坡耕地水土流失分布进行强度分级，对获取的水土流失栅格数据进行统计，进一步分析各时期不同水土流失强度的面积分布及其占坡耕地总面积的比例。从表 2-2 可以看出，1995 年鄱阳湖区坡耕地水土流失面积占坡耕地总面积的 92.9%，其中中度及以上的水土流失面积占坡耕地总面积的 65.8%；2000 年鄱阳湖区坡耕地水土流失面积占坡耕地总面积的 95.0%，其中中度及以上的水土流失面积占坡耕地总面积的 65.2%；2008 年鄱阳湖区坡耕地水土流失面积占坡耕地总面积的 87.3%，其中中度及以上的水土流失面积占坡耕地总面积的 38.5%。这说明鄱阳湖区不同时期坡耕地水土流失分布面积广、范围大、强度高。

表 2-2　鄱阳湖区不同时期各县（区、市）坡耕地水土流失强度面积分布

年份	县（区、市）	不同侵蚀等级分布面积						合计
		微度	轻度	中度	强烈	极强烈	剧烈	
1995	九江/km²	16.2	26.8	11.5	4.8	4.4	8.2	71.9
	湖口/km²	25.9	88.6	36.5	10.9	7.0	7.9	176.8
	德安/km²	10.1	32.4	30.6	18.3	8.3	10.3	110.0
	星子/km²	4.0	21.8	35.9	23.8	13.2	22.6	121.3
	都昌/km²	16.0	98.7	68.1	19.3	9.1	15.2	226.4
	鄱阳/km²	5.8	18.4	34.0	33.9	39.6	25.0	156.7
	永修/km²	21.5	87.8	62.4	25.6	16.4	16.5	230.2
	新建/km²	9.6	76.0	125.0	83.1	60.0	56.7	410.4
	南昌/km²	18.4	43.4	30.4	17.8	23.2	33.7	166.9
	余干/km	0.8	5.7	17.0	18.9	23.1	21.4	86.9
	进贤/km²	12.8	37.6	44.4	42.1	47.8	41.7	226.4
	合计/km²	141.1	537.2	495.8	298.5	252.1	259.2	1983.9
	占坡耕地总面积比例 / %	7.1	27.1	25.0	15.0	12.7	13.1	100.0
2000	九江/km²	5.9	25.5	17.4	7.3	6.3	7.2	69.6
	湖口/km²	1.0	81.4	60.0	17.1	7.7	4.3	171.5
	德安/km²	4.1	34.2	43.9	12.6	6.2	8.1	109.1
	星子/km²	0.9	12.4	36.8	29.8	15.2	26.8	121.9
	都昌/km²	2.4	102.5	81.7	16.2	15.1	10.7	228.6
	鄱阳/km²	0.0	12.0	51.3	43.2	32.1	16.1	154.7
	永修/km²	9.9	105.5	68.0	20.0	18.8	5.6	227.8
	新建/km²	5.5	93.6	131.7	73.5	55.4	53.0	412.7
	南昌/km²	37.7	52.6	24.1	15.0	17.0	14.1	160.5
	余干/km²	0.8	5.7	16.8	18.8	23.0	21.2	86.3
	进贤/km²	29.8	60.5	59.1	33.4	20.5	16.8	220.1
	合计/km²	98.0	585.9	590.8	286.9	217.3	183.9	1962.8
	占坡耕地总面积比例 / %	5.0	29.9	30.1	14.6	11.1	9.4	100.0
2008	九江/km²	5.4	45.7	7.8	1.7	1.8	3.2	65.6
	湖口/km²	18.5	126.7	23.9	3.0	2.3	2.0	176.4

续表

年份	县（区、市）	不同侵蚀等级分布面积						合计
		微度	轻度	中度	强烈	极强烈	剧烈	
2008	德安/km²	8.0	76.9	12.9	1.7	1.6	2.2	103.3
	星子/km²	15.5	52.6	29.5	6.2	5.2	16.3	125.3
	都昌/km²	20.4	140.7	35.7	5.0	7.1	4.0	212.9
	鄱阳/km²	22.1	51.0	42.9	13.1	13.6	14.7	157.4
	永修/km²	23.0	137.3	46.4	6.8	5.8	5.1	224.4
	新建/km²	61.0	157.2	102.1	25.0	21.5	42.8	409.6
	南昌/km²	29.2	62.8	26.4	7.9	8.6	12.9	147.8
	余干/km²	13.5	15.2	24.0	8.3	10.4	18.3	89.7
	进贤/km²	29.3	78.9	53.6	15.5	18.3	27.8	223.4
	合计 / km²	245.9	945.0	405.2	94.2	96.2	149.3	1935.8
	占坡耕地总面积比例 / %	12.7	48.8	20.9	4.9	5.0	7.7	100.0

从表2-2还可以看出，不同时期鄱阳湖区坡耕地各水土流失强度的分布面积及其占坡耕地总面积的比例差异较大。1995年、2000年和2008年鄱阳湖区坡耕地水土流失都是以轻度和中度为主，分别占到坡耕地总面积的52.1%、60.0%和69.7%，呈逐渐增加趋势；与1995年相比，2008年轻度和中度的水土流失面积提高了30.7%。1995年、2000年和2008年鄱阳湖区坡耕地水土流失强度为强烈及以上的分布面积占鄱阳湖坡耕地总面积的比例分别为40.8%、35.1%和17.6%，呈现逐渐下降的趋势，与1995年相比，2008年的鄱阳湖区坡耕地水土流失等级为强烈及以上的分布面积减少58.1%。分析看出，不同时期鄱阳湖区各水土流失强度分布变化较大，这主要是因为坡耕地水土流失受多种因素影响，尤其是气候的不确定性与人为干扰的耦合致使坡耕地水土流失具有突变性。

2.3 坡耕地水土流失变化主控因子

在影响水土流失的因子中，降雨是气候因子，是造成水土流失的原动力，也是主要的驱动因子。而土壤可蚀性因子（K）、地形因子（LS）、水土保持生物因子（B）都是陆地表面因子，其中土壤可蚀性因子通过土壤质地和土壤孔隙度的改善减小降雨径流的冲刷侵蚀；地形因子通过改变降雨径流的二次分配影响水土流失；水土保持生物因子一方面通过增加地表粗糙度，改变微地形，减小降雨对地表的击溅、降低径流二次分配动能，另一方面通过生物代谢，改良土壤，增加土壤可蚀性（杨洁和汪邦稳，2011）。为了分析土壤可蚀性因子、地形因子和水土保持生物因子对鄱阳湖区坡耕地水土流失的影响程度，在ArcMAP的支持下，用分析工具（analysis tools）中的随机布点（generate random points）函数，在工作区域随机布设50个样点，得到样点分布图层；把该图层分别与土壤可蚀性因子图、地形因子图、水土保持生物因子图和水土流失图叠加，再利用Gridspot工具分别在相应图层上获取相应分布点的值，然后借助SPSS 11.5软件，分析不同年份各因子对水土流失的影响程度，得出结果见表2-3。

表 2-3 不同年份各因子与水土流失的相关性系数

年份	K	LS	B
1995	0.713**	0.205	0.383**
2000	0.423**	0.548**	0.360**
2008	0.111	0.642**	0.363**

**在 0.01 水平极显著相关。

从表 2-3 中可以看出，不同年份地表各因子对水土流失的影响程度显著不同。1995 年鄱阳湖区坡耕地的土壤可蚀性因子、水土保持生物因子与水土流失的相关性都表现出极显著水平；2000 年鄱阳湖区坡耕地的土壤可蚀性因子、地形因子和水土保持生物因子与水土流失的相关性都表现出极显著水平；而 2008 年鄱阳湖区坡耕地的地形因子和水土保持生物因子与水土流失的相关性都表现为极显著水平。分析可知，鄱阳湖区不同时期影响坡耕地水土流失的主控因子存在差异。从相关性数值上看，1995 年、2000 年和 2008 年鄱阳湖区坡耕地的土壤可蚀性因子与水土流失的相关系数分别为 0.713、0.423 和 0.111（表 2-3），呈现明显的下降趋势，从极显著水平逐渐变为不显著水平。这可能是由于 20 世纪 90 年代人口的增长，大量的坡地开垦为坡耕地，当时的坡耕地土壤还没有熟化，加上是新垦土地，容易造成水土流失；但随着耕作时间的增加，坡耕地土壤的理化性质和结构逐渐稳定，坡耕地土壤对水土流失的影响逐渐变小。1995 年、2000 年和 2008 年鄱阳湖区坡耕地的地形因子与水土流失的相关系数分别为 0.205、0.548 和 0.642（表 2-3），呈现明显的上升趋势，从不显著水平逐渐变为极显著水平。这可能由于随着鄱阳湖区坡耕地土壤对水土流失的影响减弱，地形因子逐渐成为该地区坡耕地水土流失的重要影响因子，反映出不同坡度的坡耕地水土流失差异明显。1995 年、2000 年和 2008 年鄱阳湖区坡耕地水土保持生物因子与水土流失的相关系数分别为 0.383、0.360 和 0.363（表 2-3），年间差异不大，都表现为极显著水平，说明鄱阳湖区坡耕地的水土保持生物因子是该地区坡耕地水土流失的主控因子，水土保持生物因子的好坏直接导致坡耕地水土流失强度的不同。

综上，各时期鄱阳湖区坡耕地水土保持生物因子始终与水土流失有着极显著的相关关系，说明该因子是坡耕地水土流失的主要控制因子。

2.4 坡耕地水土流失特点及成因

以上从宏观区域尺度上分析了鄱阳湖区坡耕地及其水土流失时空分布特征，探究了坡耕地水土流失的主要驱动因子（土壤可蚀性因子、地形因子和水土保持生物因子），以下从地面微观尺度进一步分析鄱阳湖区典型坡耕地水土流失特点及其影响因子。

2.4.1 坡耕地水土流失特点

利用鄱阳湖区江西水土保持生态科技园（简称“科技园”）2012～2014 年天然降雨条

件下坡耕地、园地、草地、园地+植草的观测数据，对比分析坡耕地与其他土地利用类型的水土流失特征。

1. 产流特征

利用科技园 2012～2014 年天然降雨条件下坡耕地常规耕作、顺坡垄作、横坡垄作、顺坡垄作+植物篱、常规耕作+稻草覆盖，园地+植草（柑橘林+林下百喜草）、园地（柑橘林）、草地（百喜草全园覆盖）小区的地表径流深，分析红壤坡耕地的产流特征，试验小区详情参见杨洁等（2017）。3 年来各径流小区的地表径流深见图 2-1。

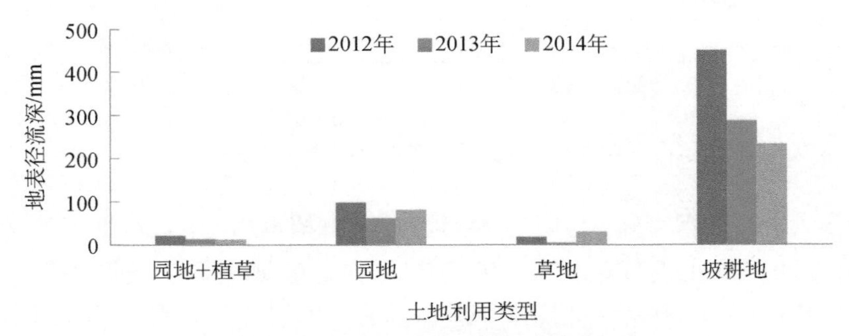

图 2-1 不同土地利用类型产流状况

分析图 2-1 中的数据可知，与园地、草地和园地+植草相比，坡耕地的地表径流深较大。2012～2014 年坡耕地的平均径流深（以常规耕作、顺坡垄作、横坡垄作、顺坡垄作+植物篱、常规耕作+稻草覆盖 5 种耕作处理小区的平均值计）分别为 452.0 mm、288.2 mm、234.1 mm，径流系数依次为 26.11%、23.65%和 19.09%，3 年平均径流系数达 22.95%，是园地 3 年平均径流系数的 4.0 倍，是园地+植草的 20.5 倍，是草地的 18.1 倍。这说明坡耕地产流量远高于园地、草地、园地+植草的产流量；坡耕地若采取常规耕作和顺坡垄作，则产流量比园地、草地和园地+植草高出更多。园地、草地和园地+植草因没有耕作扰动，具有较高的植被覆盖度，增加了植被冠层截流，削弱了降雨溅蚀，降低了径流流速，延缓了径流时间，提高了土壤入渗，因此地表径流量小。

不同保护性耕作措施下坡耕地产流规律不同。同等条件下，常规耕作和顺坡垄作两种对照地产流量均较大，观测期内平均径流系数分别为 22.95%和 20.98%；顺坡垄作+植物篱、横坡垄作和常规耕作+稻草覆盖产流量小，观测期内平均径流系数为 10.26%～17.11%，说明与坡耕地对照地相比，保护性耕作措施能够有效地提高径流入渗，减少地表径流损失。

以上分析表明，坡耕地产流有其特殊性，主要表现为产流量高，远大于园地、草地和园地+植草；植物篱、横坡垄作、稻草覆盖等保护性耕作措施具有较好的蓄水减流效益。

2. 产沙特征

利用科技园 2012～2014 年天然降雨条件下，坡耕地常规耕作、顺坡垄作、横坡垄作、顺坡垄作+植物篱、常规耕作+稻草覆盖，园地+植草（柑橘林+林下百喜草）、园地

（柑橘林）、草地（百喜草全园覆盖）小区的总泥沙数据，分析红壤坡耕地的产沙特征，试验小区详情参见杨洁等（2017）。3年来各径流小区土壤侵蚀模数见图2-2。

图2-2 不同土地利用类型产沙状况

分析图2-2中的数据可知，与园地、草地和园地+植草相比，坡耕地产沙量大。2012～2014年坡耕地的平均土壤侵蚀模数（以常规耕作、顺坡垄作、横坡垄作、顺坡垄作+植物篱、常规耕作+稻草覆盖5种耕作处理小区的平均值计）分别为8421 t/（km^2 • a）、1637 t/（km^2 • a）、2136 t/（km^2 • a），3年平均土壤侵蚀模数达4065 t/（km^2 • a），分别是园地+植草、园地和草地的813.0倍、14.6倍和1623.8倍。这说明坡耕地产沙量远高于园地、草地、园地+植草的产沙量。坡耕地若采取常规耕作和顺坡垄作，则产沙量比园地、草地和园地+植草高出更多。园地、草地和园地+植草因没有耕作扰动，具有较高的植被覆盖度，减少了降雨产流，从而降低了侵蚀产沙。

不同保护性耕作措施下坡耕地产沙差异也很明显。同等条件下，常规耕作和顺坡垄作两种对照地产沙量均较大，平均土壤侵蚀模数分别为4945 t/（km^2 • a）和4552 t/（km^2 • a）；顺坡垄作+植物篱、横坡垄作和常规耕作+稻草覆盖产沙量小，平均土壤侵蚀模数为1159～3452 t/（km^2 • a）。可见，保护性耕作措施下坡耕地产沙量小于对照地，说明这几种保护性耕作措施能够拦截泥沙，保持土壤。

以上分析表明，坡耕地产沙有其特殊性，主要表现为产沙量高，远大于园地、草地和园地+植草。植物篱、横坡垄作、稻草覆盖等保护性耕作措施具有良好的保土减沙效益。

2.4.2 坡耕地水土流失成因

1. 自然因素

1）降雨

降雨侵蚀力反映降雨引起土壤侵蚀的潜在能力。2008年完成的“中国水土流失与生态安全综合科学考察”的数据显示（水利部等，2010），低降雨侵蚀力区、中降雨侵蚀力区和高降雨侵蚀力区三个区域中，强烈及以上侵蚀面积分别占各自区内水土流失面积的 18.3%、21.7%和 34.7%，这清楚地表明了高强度降雨地区更易发生强度大的水土流失。

据科技园 2001～2010 年观测数据，采用 $R=\sum E \cdot I_{30}$ 计算降雨侵蚀力，建立降雨侵蚀力与土壤侵蚀模数的年际变化关系，如图 2-3 所示。当地 2001～2010 年平均降水量为 1314.87mm，降雨侵蚀力较高，变化范围为 5345～12517 MJ・mm/（hm^2・h・a），平均为 8028 MJ・mm/（hm^2・h・a）；土壤侵蚀模数年际变化与降雨侵蚀力变化较为一致，总体上降雨侵蚀力越大，土壤侵蚀模数也越大。相关分析结果也表明，二者相关系数为 0.735，达到显著相关水平（P=0.05）。由于自身降雨侵蚀力高，一旦影响土壤侵蚀的其他因子（如坡长因子 L 或坡度因子 S）也处于恶劣状态，则更容易诱发和加剧严重的水土流失。

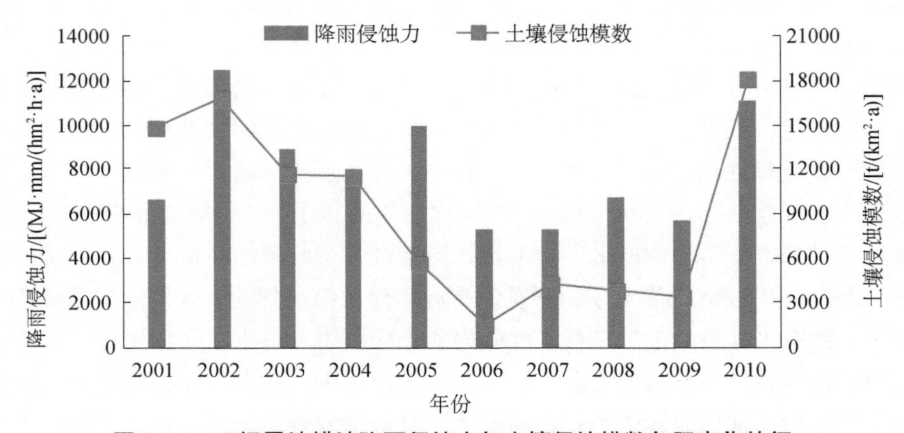

图 2-3　14°裸露坡耕地降雨侵蚀力与土壤侵蚀模数年际变化特征

鄱阳湖区位于亚热带季风气候区，降雨丰沛，多年平均年降水量 1398.0～1951.0 mm。降水量季节分配不均，主要集中在 4～9 月，4～6 月降水量占全年的 50%左右，7～8 月又常以大雨、暴雨形式出现。高强度降雨，以及降水量高度集中，使得雨季下的土壤常处于湿润状态，为暴雨侵蚀创造了条件，从而造成严重的水土流失。严重的土壤侵蚀往往就发生在几场暴雨之后，一次大的降雨引起的流失量有时可占全年流失量的 80%以上。坡耕地土壤侵蚀主要发生在汛期 4～9 月，土壤流失量占全年流失量的 95%以上，往往是由几场暴雨造成的。

2）地形

大量研究表明，随着坡耕地坡度的增大，土壤流失逐渐加重。根据对科技园 2001～2010 年坡耕地水土流失量的定位观测（图 2-4），可知 12°的坡耕地年最大土壤侵蚀模数达到 8980 t/（km^2・a），最小值达到 2131 t/（km^2・a），平均值达到 5507 t/（km^2・a），14°的坡耕地年最大土壤侵蚀模数达到 18100 t/（km^2・a），最小值 3340 t/（km^2・a），平均值达到 9982 t/（km^2・a），呈现出坡耕地坡度增大，土壤侵蚀模数增大的特征。

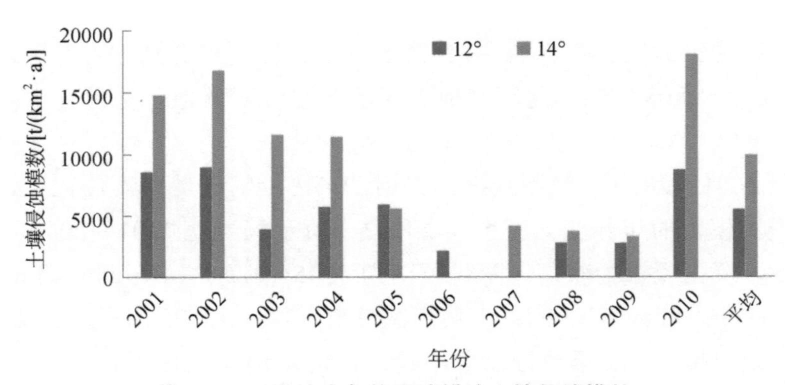

图 2-4 不同坡度条件下坡耕地土壤侵蚀模数

2006 年 14°小区和 2007 年 12°小区数据缺失

鄱阳湖区坡耕地多分布于丘陵、岗地，地面坡度一般为 5°～25°，部分坡面宽而长，集雨面积大。这种地形地貌加强了地表径流对土壤的冲刷作用，形成并加剧了水土流失。

3）土壤

红壤是鄱阳湖区分布范围最广、面积最大的地带性土壤，局部地区亦有紫色土分布。坡耕地成土母质以第四纪红黏土、下蜀黄土、红砂岩、泥质岩和河湖冲积物为主。其中，第四纪红黏土酸性大，黏性强，透水性差，肥力低下，经常形成“晴天一块铜，雨天一包脓”的现象。第四纪红黏土 C 层多为网纹层，一般厚度在 1 m 以上，抗蚀能力非常弱，太阳暴晒后，结构受到严重破坏，变得非常松散，极易被径流冲蚀，一般侵蚀模数可达 0.6 万 t/（km^2 • a）以上，相当于流失 0.5 cm 的表土层。严重流失区自然植被荡然无存，地形支离破碎，红黏土层裸露地表，故有“红色沙漠”之称。红砂岩属于膨胀岩，与水发生物理化学反应，引起体积膨胀，易风化和软化，抗蚀能力弱。红砂岩成土速度慢，发育形成的红壤土层浅薄，质地疏松，遭受侵蚀后，常形成光山秃岭，局部地区甚至基岩裸露。下蜀黄土颗粒细小，质地疏松，含有碳酸钙，遇水容易溶解、崩塌，由于地面坡度较大，植被稀疏，夏季又多暴雨，因此加速了水土流失。泥质岩发育的红壤，抗蚀能力弱，易风化剥蚀，而且有风化一层流失一层的特点。河湖冲积物含沙量多，颗粒粗糙，渗水速度快，保水性能差。紫色岩一般分布在海拔 800 m 以下的低山丘陵地区，岩质松软，裂隙发育强，高温多雨加剧其强烈的物理风化过程，产生大量的碎屑状物质，这些碎屑物没有胶结性，十分松散，基本处于边成土边流失的状态，在降雨时，特别是暴雨时，很容易被冲刷随地表径流流失，在植被稀疏的情况下尤为强烈，一般雨季流失量可高达 1.7 万 t/km^2。紫色土常与红壤交错分布，由于岩石松软，易于风化，在径流的冲刷作用下，风化与流失交替进行。

4）植被

已有研究表明，随着植被覆盖度的增大，土壤流失逐渐减小。根据对科技园 2001～2010 年坡耕地水土流失量的定位观测（图 2-5），可知全年植被覆盖度为 100%的坡耕地年最大土壤侵蚀模数达到 34 t/（km^2 • a）、最小值为 6 t/（km^2 • a），多年平均值仅为 15 t/（km^2 • a）；全年 60%覆盖度的坡耕地年最大土壤侵蚀模数达到 5072 t/（km^2 • a）、最小值为 16 t/（km^2 • a），平均值达到 1034 t/（km^2 • a）；全年 20%覆盖度的坡耕地年最大土壤侵蚀模数达到 8285 t/（km^2 • a）、最小值为 36 t/（km^2 • a），平均值达到 2305 t/（km^2 • a）；全年裸露坡耕地年最大土壤侵蚀模数达到 11671 t/（km^2·a）、最小值为 2131 t/（km^2·a），平均值达到 6124 t/（km^2·a）。以上分析表明，随坡耕地植被覆盖度减小，土壤侵蚀模数呈现增大的特征。

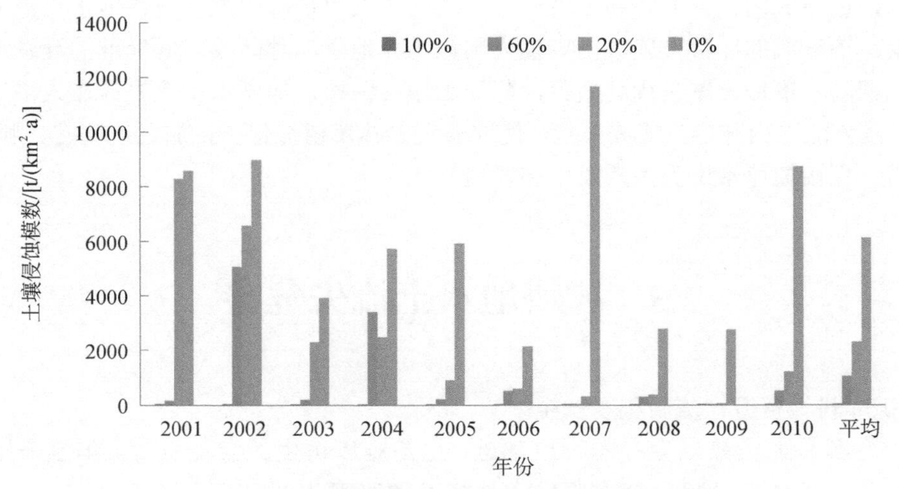

图 2-5 不同植被覆盖度条件下坡耕地土壤侵蚀模数

鄱阳湖区坡耕地以种植旱作物为主，主要有花生、油菜、大豆、红薯等。当地农民为防止植被争肥等问题，通常把地面上植物清除，加之一些旱作物的生长需要，经常进行深翻，导致耕作土壤松散，一遇降雨，本身低植被覆盖的坡耕地形成了大量的水土流失。

2. 人为因素

不合理的耕作方式是造成坡耕地水土流失严重的重要人为因素之一。根据对科技园2001～2010 年坡耕地水土流失量的定位观测（图 2-6），可知顺坡耕作较横坡耕作土壤侵蚀模数大，平均增加土壤侵蚀模数 584 t/（km^2·a），最高增加土壤侵蚀模数 4238 t/（km^2·a）；平均增幅为 44.0%，最大增幅为 86.2%。

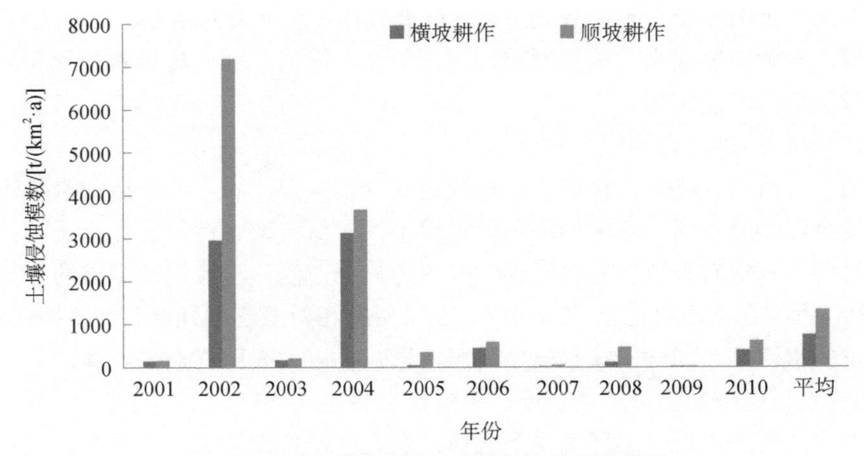

图 2-6 不同耕作方式下坡耕地土壤侵蚀模数

鄱阳湖区坡耕地习惯采用顺坡种植，春季翻耕播种后，表土松散，抗蚀抗冲性下降，春末夏初正是大雨至暴雨季节，表土被冲刷严重，形成了严重的坡面水土流失。

此外，掠夺式的经营方式和陡坡开荒的增地方式也是鄱阳湖区坡耕地水土流失的主要人为因素。掠夺式的经营方式突出表现为用地不养地、广种薄收，低标准的开发造成地表被大面积翻动，增加土壤被扰动次数，降低土壤抗蚀性，加剧水土流失；在人多地少的环境下，农民只能上山开垦、陡坡开荒，使地表失去林草植被保护，加之坡度陡、顺坡耕种，一遇大雨，直接加速水土流失的发生和发展。

2.5 坡耕地水土流失危害

1）破坏耕地资源，威胁粮食安全

水土资源是人类赖以生存的物质基础，也是难以再生的宝贵资源。年复一年的水土流失，大量陡坡地的开垦，使有限的土地资源遭受严重的破坏，地形破碎、土层变薄、肥力降低，许多地方出现土壤退化、沙化、石化，土地日益贫瘠。例如，新干县坡耕地每年流失的氮、磷、钾和有机质达 1.73 万 t，随表土流失的全氮 444 t、全磷 126 t、全钾 5920 t 和有机质 10794 t。水土流失加剧人口增长与土地资源退化的矛盾，直接威胁着当地粮食安全。

2）恶化生态环境，威胁生态安全

坡耕地水土流失，一方面造成土地退化；另一方面造成耕地面积减少、土壤肥力下降，人地矛盾突出，农作物产量降低，当地群众为了生存，不得不大量开垦坡耕地，造成地表植被破坏。坡耕地水土流失导致土地沙化、石化，植被破坏，河流湖泊消失或萎缩，野生动物的栖息地减少，生物群落结构遭受破坏，繁殖率和存活率降低，甚至威胁到种群的生存，极大地破坏了生态环境，威胁生态系统的稳定和安全。

3）导致泥沙淤积，影响防洪安全

严重的水土流失使土壤地力急剧下降，植被破坏，水源失去涵养，大量泥沙下泄水库、沟渠、河床，导致库容减少、沟渠淤塞、河床抬高，降低水利设施调蓄功能和河道行洪能力，易形成频繁的洪涝灾害。

4）造成水体污染，影响饮水安全

坡耕地水土流失，将大量化肥、农药残留部分带入河流和水库，造成水体污染，制约农村饮水安全。研究表明，流失的细颗粒泥沙不仅对氮、磷、钾等营养物质有很强的吸附力，而且对砷、汞等有害物质也有很强的吸附力。据监测，河流泥沙中砷的含量比耕地土壤高 8.60%，汞的含量比耕地土壤高 70%。在水资源相对匮乏的地区，坡耕地的水土流失，造成了严重的水污染，加剧了饮水安全隐患，影响了广大人民群众的健康。

5）制约农村经济社会可持续发展，影响社会稳定

坡耕地水土流失使得生态环境受到破坏，农业生产条件恶劣，水旱灾害频繁发生，农业投入不断增加，但农业产量却低而不稳，农民收入长期在低水平徘徊。水土流失，“流走

的是水土，留下的是贫困”。可见，水土流失不仅使生态环境恶化，而且直接制约农村经济社会可持续发展，影响社会稳定（吴义泉和郑海金，2006）。

2.6 本章小结

（1）基于 GIS 和 CSLE，评价了 1995 年、2000 年和 2008 年鄱阳湖区坡耕地水土流失，各年的坡耕地水土流失面积占到坡耕地总面积的 87%以上，流失强度以轻度和中度为主，占到总流失面积的 52%以上。

（2）1995 年、2000 年和 2008 年各年鄱阳湖区坡耕地水土保持生物因子与水土流失有着极显著的相关关系，地面微观尺度进一步验证了除土壤可侵蚀性因子和地形因子外，水土保持生物因子是鄱阳湖区坡耕地水土流失的主控因子。因此，坡耕地的水土流失治理应该着重考虑水土保持措施，利用水土保持措施改善坡耕地微地形条件、改良土壤肥力，从而起到防治水土流失的效果。

参考文献

江西省统计局. 2009. 江西统计年鉴[M]. 北京：中国统计出版社.
水利部，中国科学院，中国工程院. 2010. 中国水土流失防治与生态安全[M]. 北京：科学出版社.
吴义泉，郑海金. 2006. 江西省水土流失与贫困之间的关系[J]. 中国水土保持，(9)：3-5，52.
杨洁，等. 2017. 江西红壤坡耕地水土流失规律及防治技术研究[M]. 北京：科学出版社.
杨洁，汪邦稳. 2011. 赣南地区水土流失时空变化和评价研究[J].中国水土保持，(12)：10-12.

第3章

鄱阳湖区降雨-入渗-产流机制与特征

在水力侵蚀区，地表径流是导致土壤发生侵蚀的动力。南方红壤丘陵区坡耕地资源丰富，受红壤自身性质的影响，叠加区域充沛的降水，共同导致坡耕地土壤侵蚀严重（水利部等，2010）和养分淋失作用强烈（赖涛等，1995）的严峻状况。一般降雨径流条件下，坡耕地土壤养分迁移途径包括：一是随地表径流及其侵蚀泥沙横向迁移；二是随土壤水分下渗形成纵向迁移。从发生机制来讲，地表径流和渗漏出流分别是这两个过程中坡耕地土壤养分迁移传输的重要驱动。分析红壤坡面降雨-入渗-产流机制与特征，是研究氮素侵蚀和渗漏损失规律的前提与基础。

3.1 材料与方法

3.1.1 试验设计与指标观测

野外试验采用大型土壤水分渗漏装置，设置3个处理（图3-1），包括百喜草覆盖（种植百喜草，每年刈割，草丛高度20～40 cm，覆盖度100%）、枯落物敷盖（将刈割的百喜草横向敷盖于地表，厚约5 cm，敷盖度100%）和裸露对照（地表不扰动，及时清除杂草保持地表裸露）。

图3-1 试验地概况

（a）～（c）分别为百喜草覆盖、枯落物敷盖和裸露对照处理试验小区于 2000 年建立，各项处理措施至今保存完好。试验之前为侵蚀荒地，土壤为第四纪红黏土发育的红壤。用 20 cm 厚钢筋混凝土分隔成多个矩形小区，钢筋混凝土砌入地下 105 cm、露出地表 30 cm，用于防止小区之间串水，底板上设砂砾反滤层，坡脚修筑挡土墙，从而形成一个封闭排水式土壤入渗装置。每个小区沿坡向方向长 15 m、垂直坡向方向宽 5 m，小区沿等高线平行排列，坡向一致。小区坡底断面自上至下总共设置 4 个出口，用塑胶管连接到径流池，承接径流和泥沙，如图 3-2 所示（谢颂华等，2014）。其中，最上部为地表径流出口，其他 3 个分别为地下 30 cm、60 cm、105 cm 深的渗漏水出口。径流池根据当地可能发生的 50 年一遇 24 小时最大暴雨和径流量设计成 A、B、C 共 3 池，每池均按方柱形构筑（五分法分流）。径流池均配置 QYSW-301 型自记水位计（西安清远测控技术有限公司），实时记录地表径流和渗漏水位动态过程，率定后计算流量。

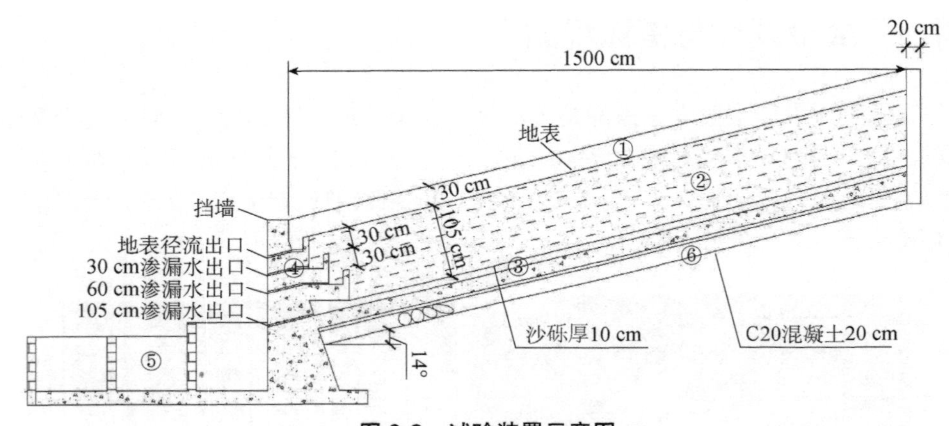

图 3-2 试验装置示意图

①为地表处理；②为回填土；③为反滤层；④为径流收集系统；⑤为径流池；⑥为混凝土底板

同时，在每个试验小区分 3 个不同坡位（上坡、中坡、下坡），每个坡位分 3 个不同土层深度（30 cm、60 cm 和 90 cm）埋设美国 Irrometer 公司生产的土壤水分张力计，分别测量各层土壤剖面的土壤水吸力，自 2002 年 1 月 1 日开始，每日 8：00、14：00 和 20：00 分别记录各层土壤剖面的土壤水吸力，以观测土壤中水分分布规律。

于 2015 年 5 月 22 日（天气晴好）采集土壤样品，在各小区内按上、中、下坡 3 个坡位设置 3 个重复，每个坡位按 0～30 cm、30～60 cm 和 60～90 cm 3 个土壤层次，用土钻分别采集新鲜土样，并将相同坡位和土壤层次的土样混合均匀后，采用四分法保留 1 kg 左右的土壤样品备用。同时，在各土层中间部位采集环刀样。采用环刀法测定土壤容重、总孔隙度和毛管孔隙度，通过比重计法测定土壤颗粒组成，并按照美国制分级标准进行粒径分级，采用重铬酸钾氧化-外加热法测定土壤有机质含量；采用美国 SEC（Soil-moisture Equipment Corp.）公司的压力膜仪分别测定 10 kPa、20 kPa、40 kPa、60 kPa、80 kPa、100 kPa、200 kPa、500 kPa、1000 kPa 和 1500 kPa 吸力的土壤质量含水率，根据土壤容重换算其体积含水量，最后绘制土壤体积含水量与吸力关系曲线（即土壤水分特征曲线）。各试验小区土壤的物理性状见表 3-1。

表 3-1 试验小区土壤物理性状

处理措施	土壤层次/cm	土壤容重/（g/cm³）	总孔隙度/%	毛管孔隙度/%	土壤颗粒组成/%		
					黏粒	粉粒	砂粒
百喜草覆盖	0～30	1.16	57.14	44.26	19.1	58.5	22.4
	30～60	1.16	55.62	31.64	21.4	58.0	20.6
	60～90	—	—	—	27.7	52.6	19.7
枯落物敷盖	0～30	1.27	51.29	39.71	19.0	60.4	20.6
	30～60	1.35	48.58	41.96	19.1	61.6	19.3
	60～90	—	—	—	19.1	59.7	21.2
裸露对照	0～30	1.19	55.69	34.33	12.7	62.2	25.1
	30～60	1.27	51.25	48.98	16.8	62.1	21.1
	60～90	—	—	—	23.2	52.1	24.7

注：土壤颗粒分级采用美国制分级标准，粒径<0.002 mm 为黏粒、0.002～0.05 mm 为粉粒、0.05～2 mm 为砂粒。“—”表示样品不足未检测，下同。

此外，在试验小区旁设置了 16 m×12 m 的自动气象观测站，按国家气象台站要求观测降水、气温、日照等气象指标。试验小区观测均按水利部颁发的《水土保持试验规程》（SL 419—2007）进行，观测项目主要包括降水量、地表径流和渗漏水流量；径流系数的计算采用径流量与降水量的比值。

3.1.2 数据处理与分析

由于 van Genuchten 模型（V-G 模型）无论是对粗质地土壤还是较黏质地土壤，其拟合效果均较好。因此，采用 RETC 软件的 V-G 模型拟合实测的土壤水分特征曲线（van Genuchten，1980）。该模型的数学表达式为

$$\theta=\theta_{\mathrm{r}}+\frac{\theta_{\mathrm{s}}-\theta_{\mathrm{r}}}{\left[1+(\alpha h)^{n}\right]^{m}} \tag{3-1}$$

由式（3-1）得到计算土壤比水容量的公式：

$$C(h)=\frac{\mathrm{d}\theta}{\mathrm{d}h}=-(\theta_{\mathrm{s}}-\theta_{\mathrm{r}})mn\alpha^{n}\frac{h^{n-1}}{\left[1+(\alpha h)^{n}\right]^{m+1}} \tag{3-2}$$

式中，θ 为土壤体积含水量（cm³/cm³）；θ_{r} 为滞留含水量（cm³/cm³）；θ_{s} 为饱和含水量（cm³/cm³）；h 为土壤水吸力（kPa）；α、n、m 为拟合参数，且 $m=1-1/n$；$C(h)$为土壤比水容量［cm³/（cm³・kPa）］。

采用 Microsoft Excel 2010 进行数据统计分析，采用 Origin 9.0 软件制图。

3.2 降雨产流机制

3.2.1 坡地产流一般机制

产流是流域水文循环中的一种重要现象。作为流域水文循环的主要组分之一，径流可

以分为地表径流、壤中流和地下径流，通常所称的产流即指这三种类型径流的发生和形成过程。影响产流的因素很多，包括降水特性、地质地貌特征、下垫面状况、土壤特性和植被等，因此其机理很复杂。Freeze（1978）对小流域的产流机制进行了总结归纳，并进行了详细论述，认为小流域有以下几种产流机制：坡面流、壤中流和地下径流（图 3-3）。

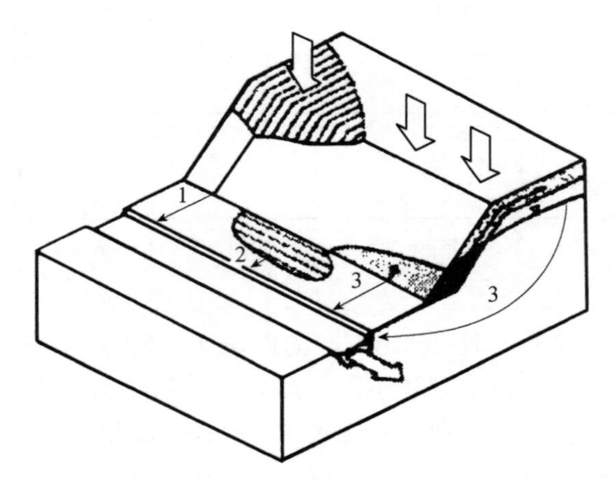

图 3-3　小流域降雨产流机制（引自 Freeze，1978）

1 为坡面流；2 为壤中流；3 为地下径流

在坡面上，坡面流发生的一般机制可概括为：超渗产流（Horton 流）、饱和产流（蓄满产流）和壤中流（大孔隙快速流和基质流）（刘刚才，2002；Burt，1989）（图 3-4）。

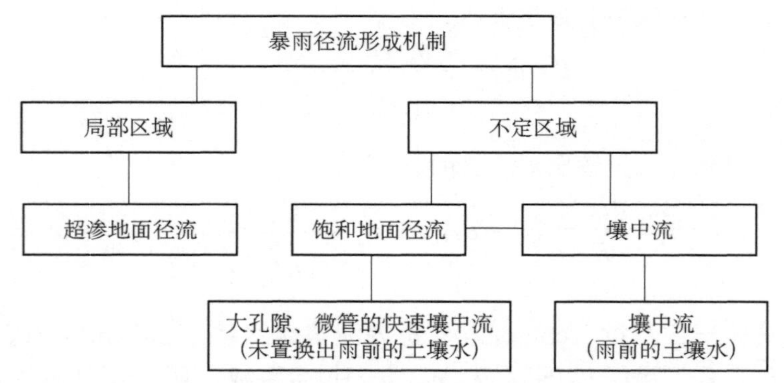

图 3-4　坡面流发生的一般机制（引自 Burt，1989）

超渗产流指降水强度大于土壤表层的入渗率而发生的水流现象。这种产流的影响因素很多，既与地面条件有关，也与降水特性有关。饱和产流是土壤含水量因降水入渗而达到饱和，土壤水流出量同土壤水储蓄变量达到平衡而发生的。通常地面下存在不透水层或弱透水率的隔水土层（相对不透水），这种产流主要取决于降水特性和土层储水能力。壤中流是在土壤的大小孔隙中发生的水分运动，有饱和壤中流和非饱和壤中流两种形式，它主要取决于土壤特性（刘刚才，2002）。图 3-5 详细地描述了坡面壤中流的路径和发生机制。

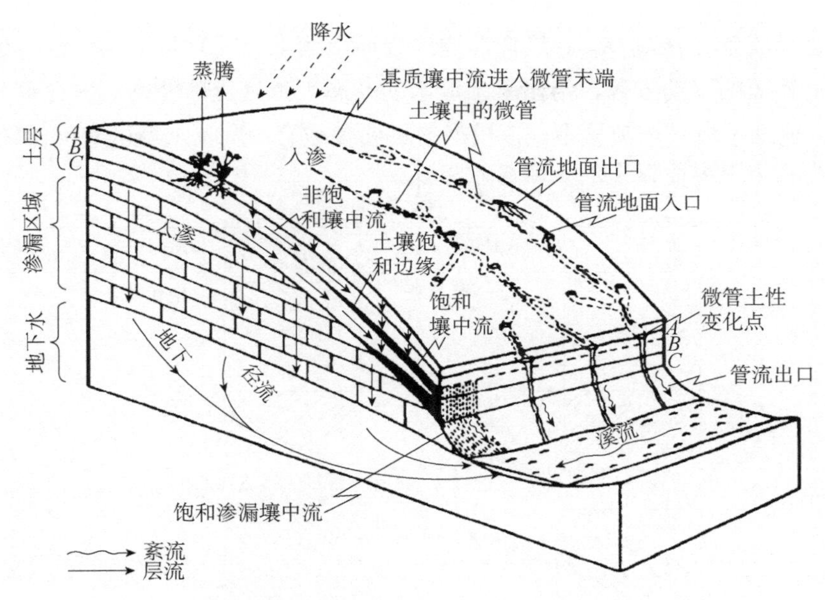

图 3-5　坡面壤中流的路径和发生机制（引自 Kirkby，1978）

在一场降雨中，当降雨强度超过下渗能力时，形成坡面流。根据湿润峰的位置，可以把土壤含水量分布分为以下四种情况（冯平和李建柱，2008）。

（1）土壤未达到饱和：$N_f=N_t$，$N_t<N_w$（N_f为湿润峰的深度、N_t为饱和带上界面的深度，N_w为地下水位，下同）[图 3-6（a）]。

当 $i>f$ 时，超渗产流 $R_h=\int(i-f)dt$；

当 $i<f$ 时，不产流。

式中，i 为雨强；f 为入渗率，下同。

（2）某一深度土壤达到饱和：$0<N_t<N_f$ [图 3-6（b）]。

当 $i>f$ 时，超渗产流 $R_h=\int(i-f)dt$，如果 $f>f_A+dN_f\Delta\theta+dN_t\Delta\theta$，壤中流 $R_{int}=\int(f_A-f_B)dt$；

当 $i<f$ 时，不产生超渗产流，如果 $i>f_A+dN_f\Delta\theta+dN_t\Delta\theta$，壤中流 $R_{int}=\int(f_A-f_B)dt$。

式中，f_A、f_B 分别为饱和带上界面和下界面的饱和导水率；$\Delta\theta$ 为饱和带变化过程中土壤体积含水量的变化量，下同。

（3）饱和带达到地表：$N_t=0$，$N_f<N_w$ [图 3-6（c）]。

当 $i>f$ 时，超渗产流 $R_h=\int(i-f)dt$；

当 $i<f$ 时，不产生超渗产流；壤中流按公式 $R_{int}=\int(f_A-f_B)dt$ 计算。

（4）土壤完全达到饱和：$N_f=N_w$，即地下水位上升到地面 [图 3-6（d）]。

当 $i>f$ 时，超渗产流 $R_h=\int(i-f)dt$；

当 $i<f$ 时，不产生超渗产流，所有降雨都成为壤中流。

因此，总径流量 $R_f=R_h+R_{int}$。这样，通过描述土壤水分的垂直运动过程，建立了湿润峰和饱和带上界面的移动方程，给出了土壤水的动态下渗过程，并据此将径流分为地表径流和壤中流，建立了流域产流模型。该模型的主要参数有：反映土壤密实度的经验指数α；初始条件下饱和带上界面以上的土壤含水量θ_i。

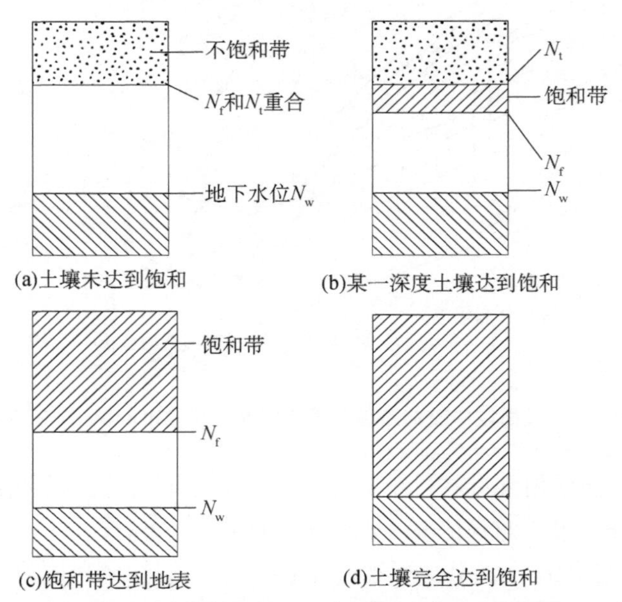

图 3-6 降雨过程中土壤含水量分布示意图（冯平和李建柱，2008）

3.2.2 土壤水分特征曲线

土壤水分是植被恢复和农林牧业生产的主要限制因子，其科学高效利用受到人们的普遍关注。深入了解土壤水分特性是分析土壤水分承载力和生产力的重要依据，也是植被快速恢复和农林牧业抗旱工作的重要基础（柳云龙等，2009）。土壤水分特征曲线是土壤最重要的水力特性之一，不仅反映了土壤的持水和供水能力，也间接地反映出土壤孔隙的分布状况，其是模拟土壤水分运动的重要参数，对研究土壤水分的有效性有重要意义（李卓等，2009；邓羽松等，2016）。自 20 世纪 80 年代以来，受水资源短缺的影响，土壤水分-物理性质的研究成为热点问题（Raats，2001）。国外学者主要研究了不同水质状况、灌溉条件和作物类型对土壤水分-物理性质的影响，明确了土壤孔隙度、容重、结构、质地及有机质含量是土壤水分特征曲线的主要影响因子，并提出了一系列经验公式来描述土壤水分特征曲线（Al-Nabulsi，2001；Sacco et al.，2012）。当前，拟合土壤水分特征曲线的公式主要有：van Genuchten 方程及其修正方程、Brooks-Corey 方程、Gardner 方程等（邓羽松等，2016）。其中，van Genuchten 方程无论是对粗质地土壤还是较黏质地土壤，其拟合效果均较好，应用更广泛（李卓等，2009）。国内围绕土壤水分特性也开展了一系列研究，包括土壤水分特征曲线拟合模型比较（邓羽松等，2016），典型用地类型土壤持水性能（窦建德等，2006；宁婷等，2014）、植被措施（林丽蓉等，2015）、植物根系（马昌臣等，2013）、土壤机械组成（李卓等，2009）、土壤容重（李卓等，2010）和施肥（王艳玲等，2015）等对土壤水分特性的影响，当前土壤水分特征曲线方面的研究多集中在林地、农地和草灌地。

南方红壤丘陵区水热资源较为丰富，但年内分配极不均匀，干湿季节明显交替，加上红壤自身调节水分能力差（姚贤良，1998），往往会导致这一地区植被恢复和农林生产严重受阻。因此，研究红壤坡地土壤水分特性，探索土壤水资源高效利用技术显得尤为重要。目前，南方红壤丘陵区土壤水分–物理性质的研究主要集中在旱坡地和人工林地，如刘祖香等（2013）和姚贤良（1998）研究了典型旱地红壤的水力学特性及其影响因素，黄志刚等（2007）研究了红壤丘陵区杜仲人工林土壤水分分配规律，但针对水土保持措施对土壤水分特性的影响研究鲜有报道。草本植物覆盖及其刈割物敷盖是常用的水土保持措施。已有研究结果表明，地表覆盖/敷盖措施对坡面土壤侵蚀控制效果良好，可有效减少径流泥沙（程冬兵等，2012），改善土壤水分状况（刘士余等，2007）。本节以百喜草（*Paspalum notatum*）及其刈割物为敷盖材料，通过开展对照试验，以土壤水的动力学理论为依据，对红壤坡地不同地被物条件、不同深度土壤的水分特征曲线、土壤比水容量、土壤水分有效性进行系统分析，探究地表覆盖/敷盖措施对红壤坡地土壤水分特性的影响规律，进而深入探讨红壤坡地降雨产流作用机理。

1. 土壤持水能力

土壤水分特征曲线表征土壤水吸力与土壤含水量之间的关系，能够很好地反映土壤的持水特性，曲线的高低表征土壤持水能力的大小，即相同吸力下，曲线越高，其持水能力越强，反之持水能力越弱。百喜草覆盖、枯落物敷盖和裸露对照处理的0～30 cm（以下简称“上层”）、30～60 cm（以下简称“中层”）和60～90 cm（以下简称“下层”）土壤的水分特征曲线如图3-7所示。图3-7表明，不同地被物类型、不同土层深度土壤均表现为土壤含水量随土壤水吸力的增加而减少的规律，且均表现为在低吸力段（＜100 kPa）较窄范围内水分特征曲线陡直，而在中高吸力段（＞100 kPa）较宽区间水分特征曲线趋于平缓，呈现出“快速下降—缓慢下降—基本平稳”的变化趋势，体现了土壤持水能力随土壤水吸力增加而降低的基本规律。究其原因，主要与土壤在不同水吸力范围内的持水机制不同有关。在低吸力段，土壤所能持有的水量主要取决于土壤结构，此范围内土壤中赋存大量重力水，随着土壤水吸力增大，土壤中结构性大孔隙所持留的水分被排出，土壤含水量迅速下降；在中高吸力段，土壤所能持有的水量主要决定于黏粒胶体含量，此范围内土壤水为非重力水，土壤颗粒的表面吸附起作用，孔隙水因毛管作用而不易被排出，土壤含水量随吸力增加变化较缓。由于试验地土壤质地是粉（砂）壤土，粒间孔隙较粗，毛管力微弱，施加较小吸力，大孔隙中的水即被排出，保持在中小孔隙中的水分只有在较大吸力范围内才能缓慢释出，这也是鄱阳湖区红壤坡地土壤持水力低的内在原因。

枯落物敷盖能够显著增强红壤坡地土壤持水能力，且枯落物敷盖对上层土壤的影响明显高于对中下层土壤的影响。图3-7表明，在0～1500 kPa吸力范围内，当吸力相同时，枯落物敷盖处理各土层土壤含水量均高于裸露对照处理，可知在同一吸力范围内，枯落物敷盖处理的土壤持水性高于裸露对照。这主要与枯落物敷盖处理对土壤理化性质有较为明显的改良作用有关。具体表现为，敷盖的枯落物分解，增加了土壤有机质含量，增强了微生物和动物滋生繁殖活动，增加了土壤孔隙度，改善了土壤结构，降低了土壤容重，使其持水能力增大。枯落物敷盖对土壤持水性能具有较强的提升作用。持水性能的大小，可以间接反映土壤的抗冲刷能力，持水性能越好，其抗冲刷能力就越强，反之亦然（杨永辉等，2006）。因此，在南方红壤坡地实施水土保持林草措施时，应注意保留枯落物层和腐殖质层，避免大面积营造单一结构层次的人工纯林而造成林下水土流失。此外，无论是枯落物敷盖还是裸地，上层土壤持水能力均优于中下层土壤。究其原因，可能与上层土壤较中下层土壤有机质含量更高、土壤容重更小、总孔隙度更大有关。通常情况下，总孔隙度越大，土壤容重越小，说明土壤发育越好，土壤对水分集蓄和保持的能力越强。有机质是土壤最好的胶结剂，可以改善土壤结构，增加土壤的总孔隙度和毛管孔隙度，降低非毛管孔隙度及土壤容重，提高土壤的导水及持水性能（李卓等，2010）。而百喜草覆盖处理与裸露对照相差不大，这说明尽管经过 15 年的治理，百喜草覆盖措施对土壤结构有了明显的改善，但改善作用主要通过有机质及根系的缠绕作用来实现，对土壤水分特征曲线的影响不太显著。

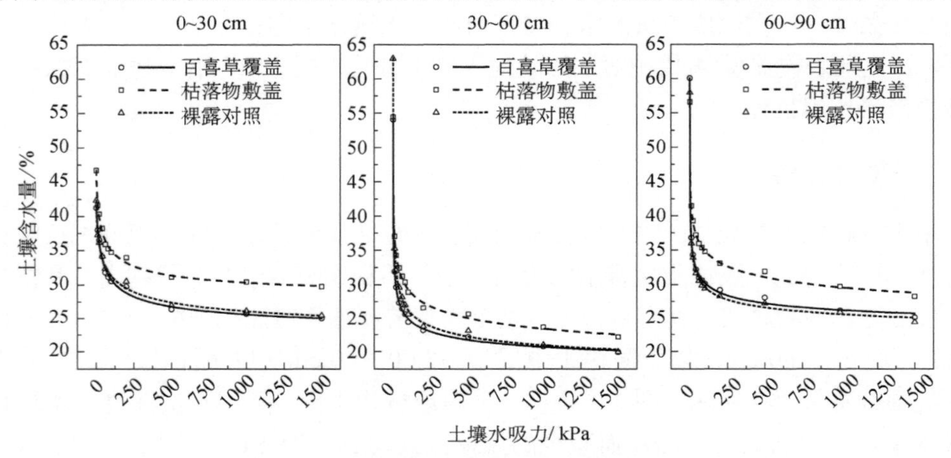

图 3-7 不同地被物类型土壤水分特征曲线

2. 土壤供水性能

采用 van Genuchten 模型，分别针对百喜草覆盖、枯落物敷盖和裸露对照处理的上、中、下层土壤的水分特征曲线进行拟合，得到的模型拟合参数及拟合优度见表 3-2。对于红壤坡地百喜草覆盖、枯落物敷盖和裸露对照处理土壤各土层，模型的拟合优度 R^2 均大于等于 0.99，可见 van Genuchten 模型较好地拟合了红壤坡地土壤水分特征曲线。

表 3-2 土壤特征曲线 van Genuchten 模型拟合参数及拟合优度

处理措施	土壤层次/cm	θ_r	θ_s	α	n	m	R^2
百喜草覆盖	0～30	0.21	0.41	0.08	1.34	0.25	0.99
	30～60	0.16	0.37	0.22	1.28	0.22	1.00
	60～90	0.19	0.53	2.94	1.20	0.16	0.99
枯落物敷盖	0～30	0.27	0.44	0.06	1.40	0.29	0.99
	30～60	0.08	0.44	0.34	1.14	0.13	0.99
	60～90	0.11	0.51	1.14	1.11	0.10	0.99
裸露对照	0～30	0.18	0.40	0.08	1.23	0.19	0.99
	30～60	0.18	0.39	0.09	1.54	0.35	0.99
	60～90	0.19	0.49	1.69	1.20	0.17	0.99

注：θ_r、θ_s、α、n、m 均为拟合参数，R^2 为拟合优度。

土壤脱湿时的比水容量反映土壤的释水或供水性能，是评价土壤耐旱性的重要指标。土壤比水容量越大，表明土壤的供水性或耐旱性越好。基于表 3-2 所列的拟合参数，式（3-2）得到的百喜草覆盖、枯落物敷盖和裸露对照处理的上、中、下层土壤的比水容量如图 3-8 所示，百喜草覆盖、枯落物敷盖与裸露对照处理均表现为土壤的比水容量随水吸力增加而减小的规律，但在不同吸力范围内，比水容量变化幅度有所差异。与土壤水分特征曲线变化规律类似，百喜草覆盖、枯落物敷盖与裸露对照处理土壤的比水容量曲线也呈现出“快速下降—缓慢下降—基本平稳”的变化趋势，体现了土壤供水能力随土壤水吸力增加而减弱的基本规律。

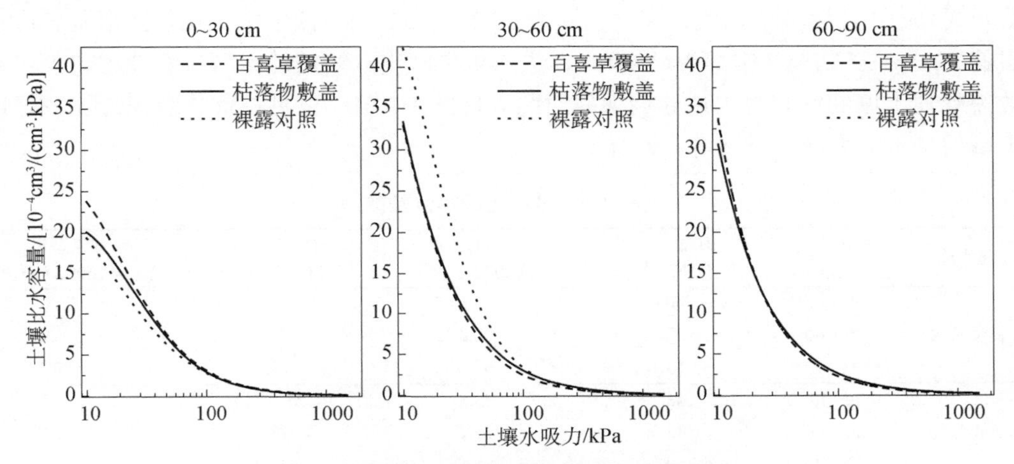

图 3-8 不同地被物类型土壤比水容量曲线

基于图 3-8 不难看出，百喜草覆盖、枯落物敷盖措施对红壤坡地土壤供水能力的影响在不同土层、不同吸力范围内呈现出不同的特征。具体而言，当水吸力为 10 kPa 时，百喜草覆盖、枯落物敷盖和裸露对照处理的上层土壤比水容量分别为 23.78×10^{-4} cm^3/（cm^3 • kPa）、20.08×10^{-4} cm^3/（cm^3 • kPa）、19.37×10^{-4} cm^3/（cm^3 • kPa），中层土壤比水容量分别为 32.91×10^{-4} cm^3/（cm^3 • kPa）、33.38×10^{-4} cm^3/（cm^3 • kPa）、42.26×10^{-4} cm^3/（cm^3 • kPa），而下层土壤比水容量则分别为 33.74×10^{-4} cm^3/（cm^3 • kPa）、30.64×10^{-4} cm^3/（cm^3 • kPa）、33.54×10^{-4} cm^3/（cm^3 • kPa）；当水吸力为 100 kPa 时，百喜草覆盖、枯落物敷盖和裸露对照处理的上层土壤比水容量分别为 3.06×10^{-4} cm^3/（cm^3 •kPa）、2.87×10^{-4} cm^3/（cm^3 •kPa）、2.75×10^{-4} cm^3/（cm^3 • kPa），中层土壤比水容量分别为 2.46×10^{-4} cm^3/（cm^3 • kPa）、3.01×10^{-4} cm^3/（cm^3 • kPa）、3.35×10^{-4} cm^3/（cm^3 • kPa），而下层土壤比水容量则分别为 2.19×10^{-4} cm^3/（cm^3 • kPa）、2.56×10^{-4} cm^3/（cm^3 • kPa）、2.20×10^{-4} cm^3/（cm^3 • kPa）；当水吸力为 1500 kPa 时，百喜草覆盖、枯落物敷盖和裸露对照处理的上层土壤比水容量分别为 0.09×10^{-4} cm^3/（cm^3 • kPa）、0.07×10^{-4} cm^3/（cm^3 • kPa）、0.11×10^{-4} cm^3/（cm^3 • kPa），中层土壤比水容量分别为 0.08×10^{-4} cm^3/（cm^3 • kPa）、0.14×10^{-4} cm^3/（cm^3 • kPa）、0.05×10^{-4} cm^3/（cm^3 •kPa），而下层土壤比水容量则分别为 0.09×10^{-4} cm^3/（cm^3 •kPa）、0.13×10^{-4} cm^3/（cm^3 • kPa）、0.09×10^{-4} cm^3/（cm^3 • kPa）。

总而言之，百喜草覆盖与枯落物敷盖对红壤坡地土壤的供水性能有一定的影响，但不同吸力段作用效果有所不同。在低吸力范围或土壤相对湿润时，百喜草覆盖与枯落物敷盖提高了红壤坡地上层土壤的供水能力，而在高吸力范围或土壤相对干燥时，百喜草覆盖与枯落物敷盖降低了上层土壤的供水能力，林丽蓉等（2015）在湖北咸宁的红壤坡地也发现了类似规律。可见，百喜草覆盖、枯落物敷盖对红壤坡地土壤供水能力的增强效果主要作用于上层土壤，且主要限于土壤水吸力小于 100 kPa 的相对湿润阶段。

3. 土壤水分有效性

表 3-3 为红壤坡地百喜草覆盖、枯落物敷盖与裸露对照处理土壤不同土层的土壤水分常数。试验中，红壤坡地土壤饱和含水量为 37.3%～53.1%，低于黄土丘陵区撂荒坡地对应土层的 52.0%～58.1%（宁婷等，2014），进一步反映出红壤坡地土壤持水能力较差。枯落物敷盖处理土壤的饱和含水量约为裸露对照处理的 1.1 倍，可见枯落物敷盖能够较好地增强土壤的持水能力（聂小飞等，2016）。

表 3-3 试验土壤水分常数

处理措施	土壤层次/cm	饱和含水量（0 kPa）/%	田间持水量（30 kPa）/%	毛管断裂含水量（100 kPa）/%	永久凋萎点（1500 kPa）/%
百喜草覆盖	0～30	40.6	34.8	30.6	25.0
	30～60	37.3	28.3	24.4	19.9
	60～90	53.1	33.2	21.1	17.2
枯落物敷盖	0～30	43.7	38.8	34.7	29.8
	30～60	43.5	33.2	28.9	22.1
	60～90	50.7	38.1	22.9	17.5
裸露对照	0～30	39.7	34.8	30.9	25.4
	30～60	39.4	29.8	25.6	20.0
	60～90	49.3	32.6	21.6	16.8

注：毛管断裂含水量（100 kPa）与永久凋萎点（1500 kPa）采用实测值，饱和含水量（0 kPa）与田间持水量（30 kPa）基于表 3-2 中参数值采用 van Genuchten 模型计算而来。

由于土壤的供水性能随着土壤水吸力的增加呈递减趋势，当土壤水吸力逐渐增大，直到土壤可以释出的水量（即植被可吸收的水量）极少时，植被就会因缺水而凋萎，因此土壤有效水范围内的土壤水分并非等效发挥作用（谢静等，2009）。由图 3-7 和表 3-3 可知，红壤坡地百喜草覆盖、枯落物敷盖和裸露对照处理各层土壤 0～100 kPa 吸力段的可释水量明显多于 100～1500 kPa 吸力段，各土层 0～100 kPa 吸力段的可释水量占总可释水量（0～1500 kPa）的 61.4%～89.2%，说明尽管 0～100 kPa 吸力段范围很窄，但却能释放出较多水量，而 100～1500 kPa 吸力段范围很宽，却只能释放出较少水量。

为了进一步分析不同类型有效水含量，计算出红壤坡地百喜草覆盖、枯落物敷盖和裸露对照处理土壤不同土层的土壤水分分类及其含量，如表 3-4 所示。

表 3-3 可知，百喜草覆盖、枯落物敷盖既改变了饱和含水量、田间持水量，又影响了永久凋萎点，导致表 3-4 中百喜草覆盖、枯落物敷盖和裸露对照处理之间土壤水分有效性范围相差不大，表明百喜草覆盖、枯落物敷盖对土壤水分有效性范围的影响不太明显，百喜草覆盖、枯落物敷盖和裸露对照处理的土壤水分有效性范围呈现出相似的规律，均表现

为无效水较多而有效水相对较少的规律。具体而言，百喜草覆盖、枯落物敷盖和裸露对照处理各土层深度的土壤达到无效水吸力时的土壤含水量均较高，上层分别为25.0%、29.8%和25.4%，中层分别为19.9%、22.1%和20.0%，下层则分别为17.2%、17.5%和16.8%，远高于黄土丘陵区撂荒坡地土壤的8.0%～10.3%（宁婷等，2014）、北京西山地区土壤的2.9%～5.6%（吴文强等，2002）；百喜草覆盖、枯落物敷盖和裸露对照处理土壤有效水吸力范围内均持水较少，上层分别为9.8%、9.0%和9.4%，中层分别为8.4%、11.1%和9.8%，而下层则分别为16.0%、20.6%和15.8%，仅与锡林郭勒草原土壤有效水含量相当（谢静等，2009），而远低于北京西山地区土壤（吴文强等，2002）。可见，鄱阳湖区红壤坡地土壤的水分有效性很差，形成这一不良性状的根源在于土壤本身，由第四纪红黏土发育而来的鄱阳湖区坡地红壤有效孔隙度较低，黏粒表面吸附水分和团聚体内所吸持的无效水分占土壤含水量的比重较大，而这部分水分只有在较大吸力范围内才能缓慢释放出，导致其有效水含量低（姚贤良，1998）。

表3-4 不同地被物类型土壤水分有效性范围

处理措施	土壤层次/cm	重力水（<30 kPa）/%	有效水/%			无效水（>1500 kPa）/%
			全有效水（30～1500 kPa）	速效水（30～300 kPa）	迟效水（300～1500 kPa）	
百喜草覆盖	0～30	5.8	9.8	7.0	2.8	25.0
	30～60	9.0	8.4	5.7	2.7	19.9
	60～90	19.9	16.0	5.1	10.9	17.2
枯落物敷盖	0～30	4.9	9.0	6.5	2.5	29.8
	30～60	10.3	11.1	6.9	4.2	22.1
	60～90	12.6	20.6	5.9	14.7	17.5
裸露对照	0～30	4.9	9.4	6.3	3.1	25.4
	30～60	9.6	9.8	8.0	1.8	20.0
	60～90	16.7	15.8	5.2	10.6	16.8

注：重力水为饱和含水量与田间持水量的差值（即土壤水吸力在0~30kPa之间的土壤含水量），无效水指低于永久凋萎点、作物无法吸收利用的土壤水（即土壤水吸力>1500kPa的土壤含水量）。

3.3 土壤水分特征

土壤水分作为土壤环境的关键状态变量，其变化对地表径流和壤中流的产流过程至关重要。土壤水分特征指标是反映土壤水分含量的基本性状指标，其参数包括土壤含水量、土壤水势和土壤水吸力等多项指标。其中，土壤水吸力的大小是衡量土壤水势高低的一种指标，且能更好地反映植物根系吸收土壤水的有效性（何其华等，2003）。因此，选择红壤坡地代表性坡度和典型水土保持措施，分别在坡上部、坡中部和坡下部的30 cm、60 cm和90 cm深度处埋设土壤水分张力计，持续定位监测土壤水吸力，并同步获取降水量和气温数据，分析红壤坡地土壤水分时空变化特征及其与水土保持措施的关系，为红壤坡地土壤水分调控提供理论依据。试验小区的土壤水吸力自2002年开始测定，但考虑到设备维修、仪器稳定性等导致的监测数据零星缺失可能影响土壤水分的年内变化规律，本节选取数据最为完整的 2002 年的监测数据开展分析。

3.3.1 土壤水分年内变化特征

试验区 2002 年逐日降水量与气温分布状况如图 3-9 所示，2002 年总降水量为 1808.5 mm，远高于多年平均降水量（1449 mm），属于丰水年；2002 年平均气温为 15.8 ℃，低于多年平均气温（16.9 ℃）。2002 年降水量远高于多年平均，与其 3 月、4 月降水量远高于常年同期降水量有关（图 3-10）。

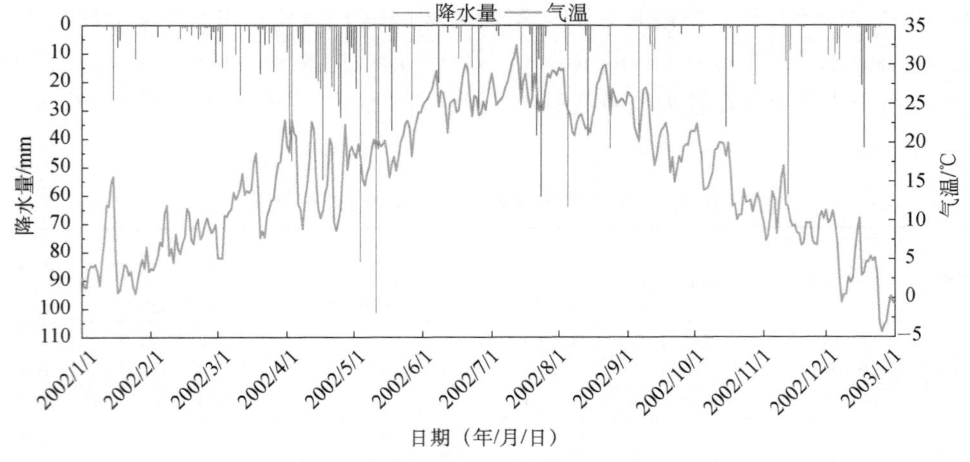

图 3-9 试验区 2002 年逐日降水量与气温

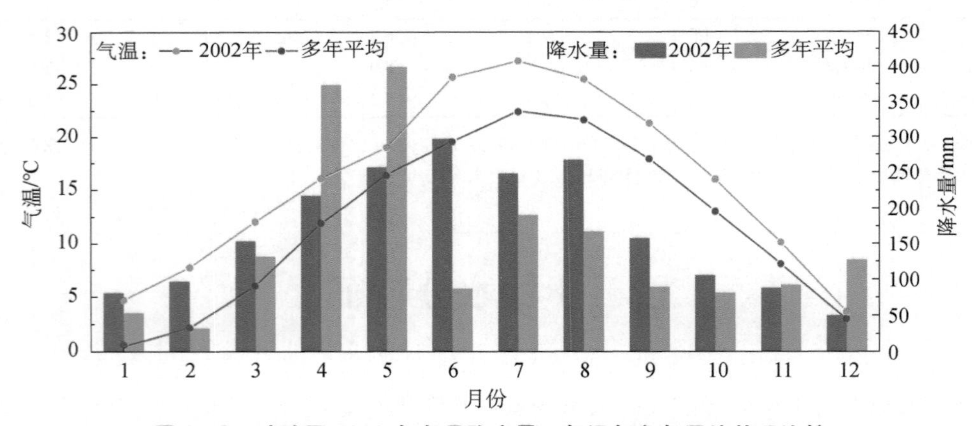

图 3-10 试验区 2002 年各月降水量、气温与多年平均状况比较

图 3-11 为试验区各处理小区（百喜草覆盖、枯落物敷盖和裸露对照）2002 年不同坡位（上、中、下坡）、不同深度（30 cm、60 cm、90 cm）处逐日土壤水吸力变化情况。总体而言，土壤水吸力相对较小，除百喜草覆盖和裸露对照小区 30 cm 深度在 6~11 月部分时段外，各试验小区不同坡位、不同深度土壤水吸力均低于 30 kPa。通常认为，土壤水吸力为 30 kPa 时的土壤含水量为田间持水量，表明试验土壤含水量相对较高。

降水和蒸散发分别为土壤水分的主要补给来源和重要耗损途径，而气温是影响蒸散发的主要因素之一，降水量和气温的年内分布变化导致坡地土壤水吸力呈现明显的时间差异。2002年各月土壤水吸力基本特征如图3-12所示，具体表现为：7月（15.2±10.9 kPa）＞10月（14.7±10.9 kPa）＞6月（14.4±7.3 kPa）＞9月（12.5±7.9 kPa）＞8月（11.8±7.6 kPa）＞2月（10.8±5.9 kPa）＞4月（9.9±6.1 kPa）＞3月（9.9±6.0 kPa）＞1月（9.7±6.3 kPa）＞5月（9.6±5.9 kPa）＞11月（9.4±5.8 kPa）＞12月（7.9±5.8 kPa）。7月试验小区土壤水吸力最高、含水量最低，与7月气温最高、蒸发量最大，且植物蒸腾作用旺盛，但降水量不太多有关；12月土壤水吸力最低、含水量最高，与12月气温低、蒸发量小、植物蒸腾耗水少且降水量相对较多有关。

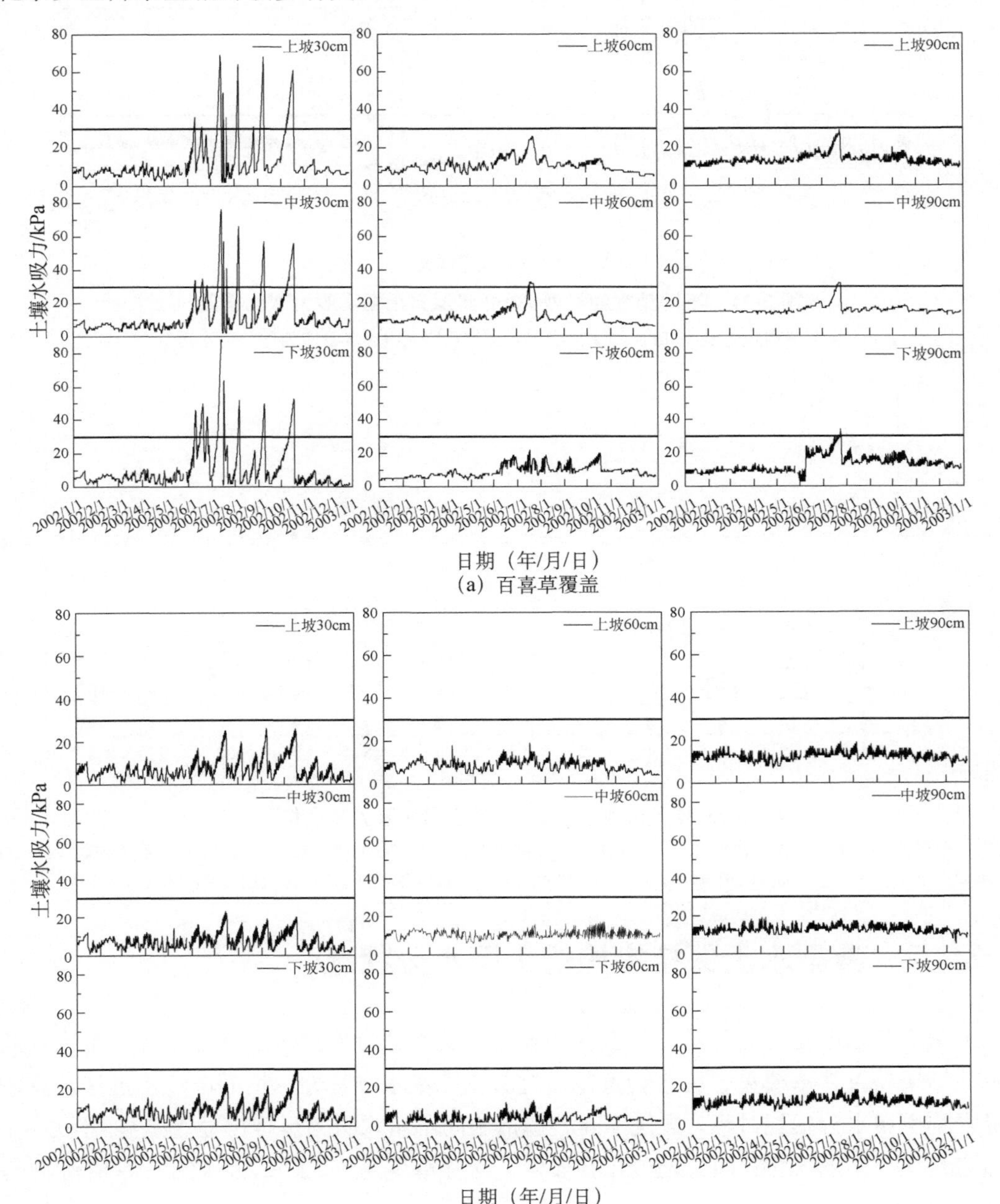

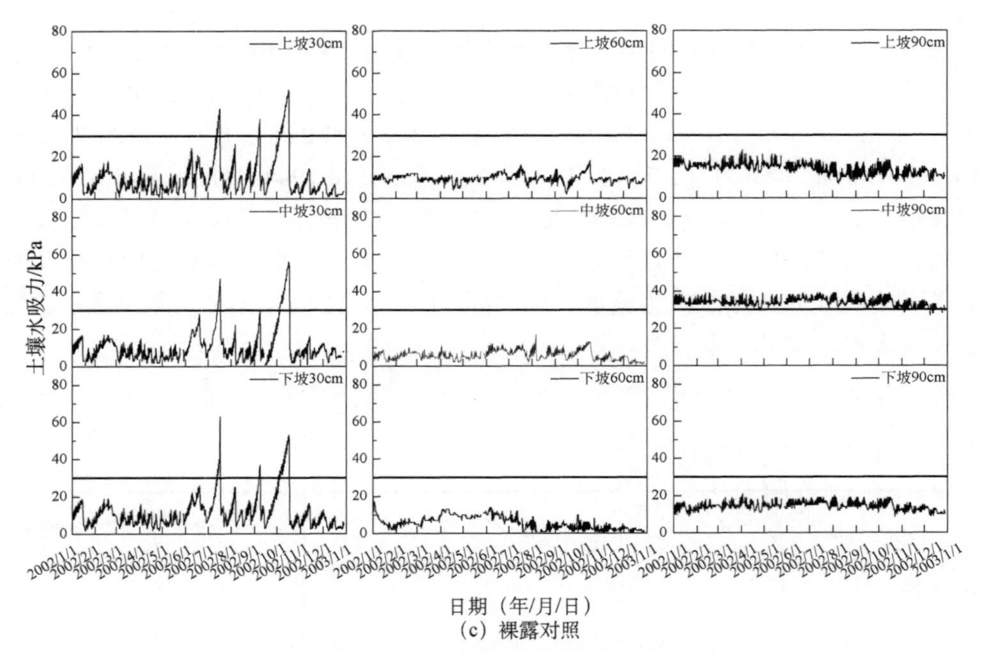

(c) 裸露对照

图 3-11　不同地被物类型 2002 年逐日土壤水吸力变化情况

图中横线处于 30 kPa 水吸力处，该吸力下的土壤含水量即为田间持水量

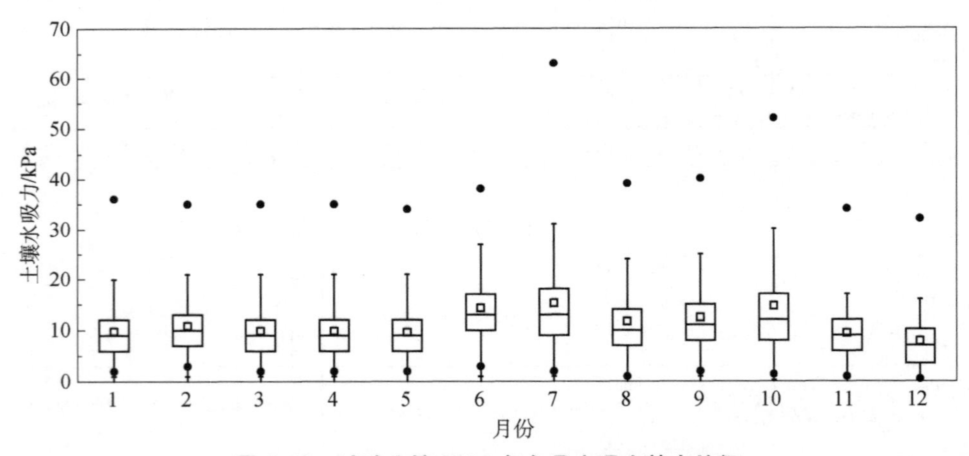

图 3-12　试验土壤 2002 年各月水吸力基本特征

箱形图中矩形上底边和下底边分别为上、下四分位数（Q_3和Q_1），盒内横线为中位数，顶部和底部横线为内限（Q_3+1.5QR 和Q_1−1.5QR，其中四分位距 QR=Q_3−Q_1），小方块为均值，顶部和底部的实心圆点分别为 99%和 1%分位数，下同

3.3.2　典型水土保持措施的土壤水分状况

土壤水分状况是降雨补给、蒸散发损耗、土壤水分特性与坡面产汇流等多重因素共同作用的结果。百喜草覆盖、枯落物敷盖通过改变土壤水分特性、坡面产汇流过程及蒸散发状况影响土壤水分损耗过程，导致不同处理措施间土壤水吸力呈现出显著差异（图 3-13），具体表现为：裸露对照（12.9±9.8 kPa）＞百喜草覆盖（12.0±7.9 kPa）＞枯落物敷盖（9.2±4.2 kPa）。

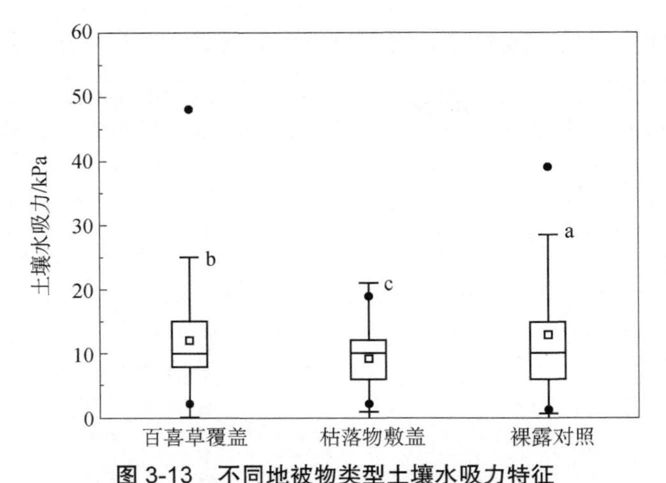

图 3-13 不同地被物类型土壤水吸力特征

不同字母表示处理之间在 Sig.=0.05 水平上存在显著差异，下同

枯落物敷盖处理小区土壤水吸力最小，一方面与枯落物敷盖处理增加了地表粗糙度、阻滞了地表径流、增加了降雨下渗率、提高了土壤含水量有关；另一方面与敷盖材料的腐烂增加了土壤有机质含量、增加了土壤微生物和动物滋生繁殖活动、增加了土壤孔隙度使其持水能力增强有关。此外，敷盖材料阻隔了土壤与外界接触的交换通道，减少了土壤水分蒸发，也是枯落物敷盖处理土壤水吸力低于百喜草覆盖和裸露对照的重要原因。百喜草覆盖处理小区，一方面因增加地表粗糙度而增加了土壤水分的下渗量，植物改良土壤结构的能力和其根系的吸持能力增加了土壤水分含量；另一方面又因植物强烈的蒸腾作用而消耗水分，土壤水吸力介于枯落物敷盖与裸露对照处理试验小区之间。由此可知，百喜草覆盖和枯落物敷盖的水土保持措施可以在一定程度上增加土壤水分。裸露对照处理土壤水势最高、含水量最低，这与裸露对照处理小区水分拦蓄能力弱、地表产流多、水分蒸发强有关。

3.3.3 典型土层深度的土壤水分状况

土壤水吸力随土层深度变化的特征主要受降水、蒸发、植物蒸腾、土壤持水能力和地被物种类等因素的综合影响。土壤表层承接降雨后，土壤水分下渗、蒸发和植被根系吸水引起的土壤水分垂向迁移促使土壤水分垂向再分配，导致不同深度土壤水吸力存在显著差异（图 3-14）。具体表现为：底层（15.8±7.1 kPa）＞表层（9.9±9.3 kPa）＞中层（8.4±3.9 kPa ）。

总体上，试验小区土壤水吸力均表现为中层小，表层和底层大的特征，土壤水吸力平均值呈凹形曲线变化，这与杨淑香（2015）认为的土壤水分随土层增加而逐渐减小的结论有所不同。处于 90 cm 深度处的底层土壤，难以受到降雨的直接补给，且受气温等外界因素影响小，同时受底部封闭的限制难以得到地下水补充，而下渗水又通过壤中流排出，其土壤水分含量难以维持在较高水平，导致土壤水吸力也较高。30 cm 深度处的表层土壤与大气层直接接触，受外界环境影响强烈，尽管直接接受降雨补给，但也是土壤蒸发作用最强的界面所在，同时该层还是植物根系的主要分布层，根系吸收利用土壤中的水分叠加土壤蒸发作用，水分消耗较快，故土壤水吸力较高；60 cm 土层不与大气直接接触，受外界环境影响小，加之上层土壤水分下渗补给，土壤水分含量处于较稳定水平，故土壤水吸力较低。

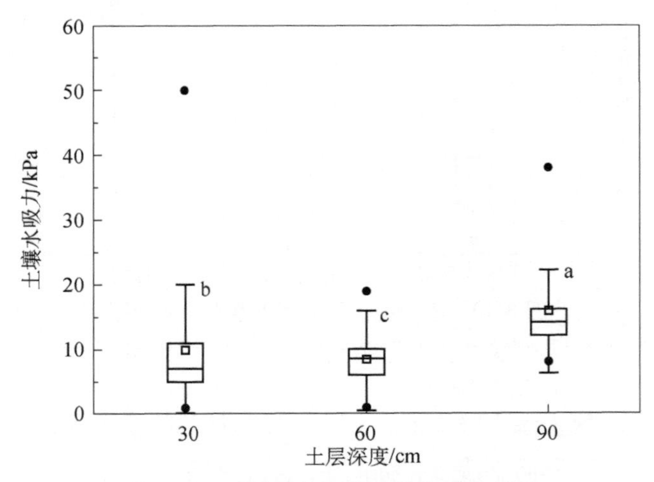

图 3-14 试验土壤不同深度水吸力状况

3.4 坡面产流特征

3.4.1 总体产流特征

经观测和统计，2001～2010 年百喜草覆盖、枯落物敷盖和裸露对照小区年地表径流和渗漏水输出量如图 3-15 所示。需要说明的是，因 30 cm 和 60 cm 渗漏水为侧渗水，本书亦称为壤中流；因 105 cm 为下渗水且存在隔水层，本书亦称为深层渗漏。

表 3-5 为 2001～2010 年百喜草覆盖、枯落物敷盖和裸露对照小区年地表径流和渗漏水年均输出量，可以看出，在自然降雨条件下，3 种处理的年均总径流量大小排序为：枯落物敷盖（1052.6 mm）＞裸露对照（804.8 mm）＞百喜草覆盖（718.2 mm）。采取水土保持措施的百喜草覆盖和枯落物敷盖小区的径流组成特征基本一致：地表径流占总径流量的 2.3%左右，30 cm 壤中流占 3.8%左右，60 cm 壤中流占 2.0%左右，105 cm 深层渗漏占 92.0%左右；而裸露对照小区的径流组成与采取水土保持措施的差异较大，其地表径流、30 cm 壤中流、60 cm 壤中流和 105 cm 深层渗漏分别约占总径流量的 36.7%、0.4%、0.7%和 62.1%。可以看出，百喜草覆盖和枯落物敷盖处理的地表径流量明显低于裸露对照处理的地表径流量，分别为裸露对照的 5.6%左右和 8.2%左右，说明采取百喜草覆盖措施和枯落物敷盖措施后可以改变下垫面性质，增加地表粗糙度，使得微径流方向、汇流方式发生变化，减小水流流速，增加土壤入渗，从而使其地表产流量减小。试验结果表明，枯落物敷盖地块的渗漏水量（1028.4 mm）明显高于裸露对照地块的渗漏水量（509.1 mm），约为其 2.0 倍，这是由于降雨到达裸露地面后缺乏有效的阻滞，大量水分从地表流走，而枯落物能涵蓄

一定水分，有效减缓地表径流，将地表水转化为地下水（程冬兵等，2012）。从表 3-5 还可以看出，在百喜草覆盖和枯落物敷盖两种处理中，枯落物敷盖处理 30 cm、60 cm 壤中流和 105 cm 深层渗漏量都大于百喜草覆盖处理。

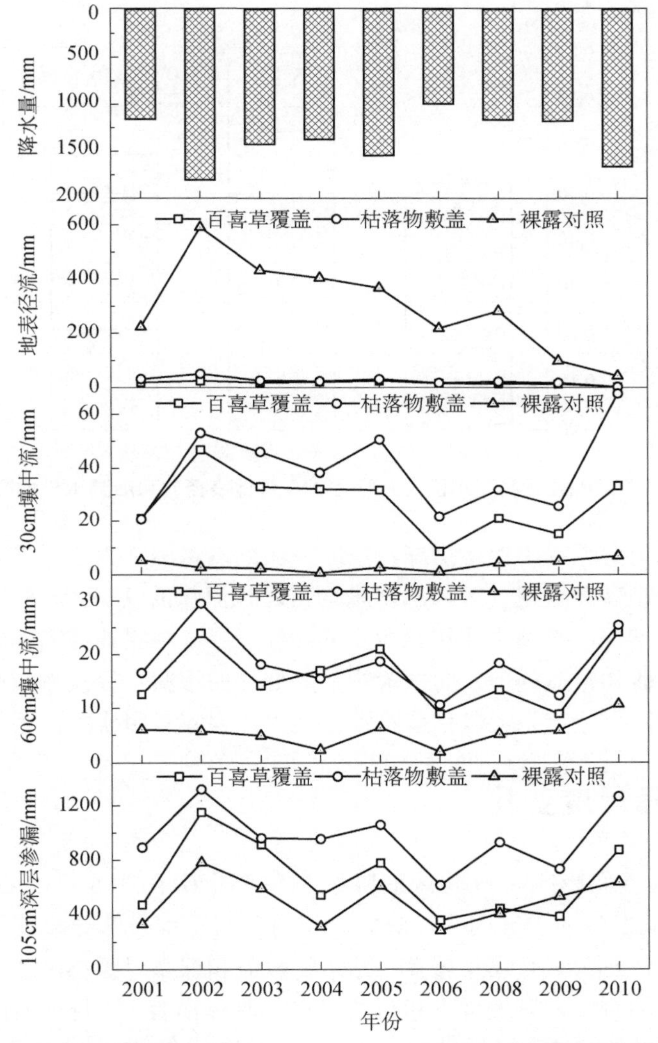

图 3-15 不同地被物类型小区 2001～2010 年地表径流和渗漏水输出量

2007 年数据缺失

表 3-5 不同地被物类型小区 2001～2010 年地表径流和渗漏水年均输出量

处理措施	径流量/mm						各径流组分占比/%				
	地表径流	渗漏水				总径流量	地表径流	渗漏水			
		30 cm	60 cm	105 cm	小计			30 cm	60 cm	105 cm	小计
百喜草覆盖	16.7	27.1	16.0	658.4	701.5	718.2	2.3	3.8	2.2	91.7	97.7
枯落物敷盖	24.2	39.6	18.4	970.4	1028.4	1052.6	2.3	3.8	1.7	92.2	97.7
裸露对照	295.7	3.5	5.5	500.1	509.1	804.8	36.7	0.4	0.7	62.1	63.3

如图 3-16 所示，3 种处理年均地表径流系数大小排序为：裸露对照（0.215）>枯落物敷盖（0.018）>百喜草覆盖（0.012），渗漏水系数大小排序为枯落物敷盖（0.749）>百喜草覆盖（0.511）>裸露对照（0.371），总径流系数大小排序为枯落物敷盖（0.767）>裸露对照（0.586）>百喜草覆盖（0.523）。

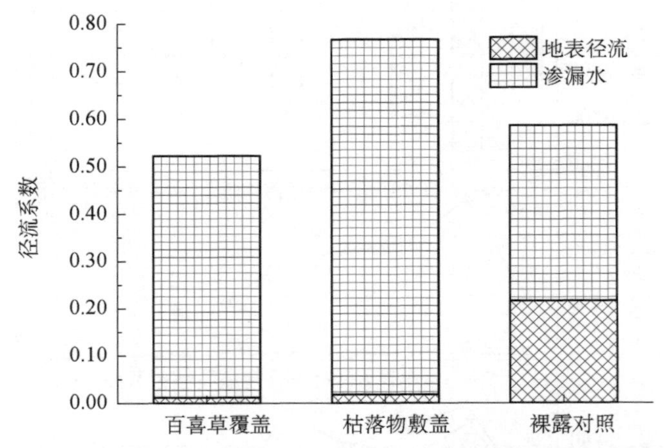

图 3-16　不同地被物类型小区 2001～2010 年地表径流和渗漏水年均径流系数

综合而言，无论有无水土保持措施，坡面径流均以渗漏水为主要途径，有水土保持措施的百喜草覆盖和枯落物敷盖处理渗漏水量均占总径流量的 97.7%，而无水土保持措施会使地表径流大幅度增加，渗漏水比例减少至 63.3%。裸露对照处理的地表径流系数明显大于百喜草覆盖和枯落物敷盖处理，而枯落物敷盖处理的渗漏水径流系数明显大于百喜草覆盖和裸露对照处理，总径流系数以枯落物敷盖最大，裸露对照次之，百喜草覆盖最小。

3.4.2　月际尺度变化

受亚热带季风气候影响，试验区的降水量主要集中在 3~8 月，占全年总降水量的 70.5%。降雨是径流发生的主导因子，降雨的年内分布不均必然导致坡面产流存在明显的年内差异。如图 3-17 所示，百喜草覆盖、枯落物敷盖和裸露对照小区各月径流量存在明显差异，且与降水量的月际差异表现出相似的规律。具体而言：4 月坡面产流最多，各小区该月总径流量占全年总径流量的 16.1%～19.3%；5 月次之，其总径流量占全年的 15.0%～17.2%。总的来说，坡面产流集中在 3～8 月，这 6 个月的地表径流占全年的 72.8%～78.9%，渗漏水占全年的 73.3%～75.3%，总径流量占全年的 73.7%～75.3%。可知，径流月季变化规律与试验区降雨分配基本一致。

从处理措施来看，各月地表径流均以裸露对照最大，百喜草覆盖和枯落物敷盖处理较小且相差不大；各月渗漏水则以枯落物敷盖处理最大，百喜草覆盖处理其次，而裸露对照处理最小；各月总径流量也以枯落物敷盖处理最大，上半年百喜草覆盖和裸露对照处理各月总径流量差异不明显，但下半年裸露对照处理各月总径流量大于百喜草覆盖处理。需要说明的是，以上分析的是 2001～2010 年共 10 年观测数据的平均值分布情况，仅表示总体状况，就某一年度的动态分布情况，则根据当年的降雨略有不同。

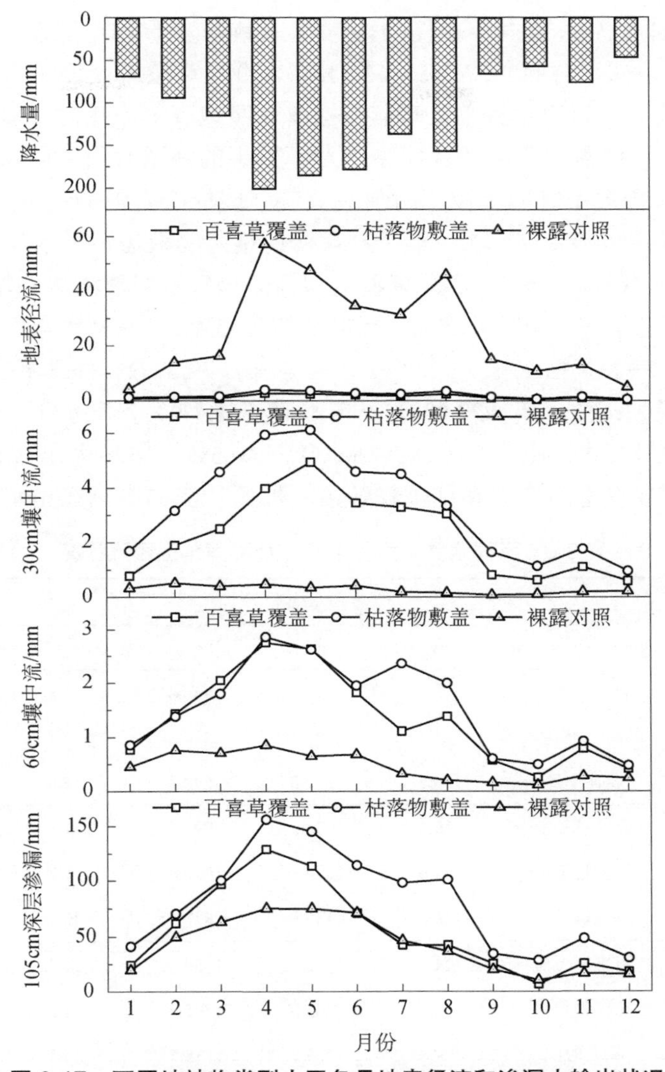

图 3-17 不同地被物类型小区各月地表径流和渗漏水输出状况

3.4.3 降雨年型变化

基于试验区 2001～2010 年降水量数据，结合试验区多年平均降水量，初步确定 3 种典型降雨年型如下：2002 年降水量 1808.5 mm，属丰水年；2003 年为 1433.0 mm，属平水年；2006 年为 999.5 mm，属枯水年。表 3-6 为百喜草覆盖、枯落物敷盖和裸露对照处理小区 3 种降雨年型径流状况。可以看出，各处理小区不同降雨年型下坡面径流量差异完全一致，均表现为：丰水年＞平水年＞枯水年，且地表径流、渗漏水量在不同降雨年型间的差异也相同。不同降雨年型条件下，渗漏水和地表径流之间的相对差异以及三种处理措施之间的相对差异均与多年平均状况下各自的差异基本一致，也表现为渗漏水系数明显大于地表径流系数；渗漏水系数以枯落物敷盖处理最大（70.0%～78.4%），百喜草覆盖处理次之（43.2%～56.7%），裸露对照最小（32.0%～39.3%）；因渗漏水占绝对比重，故各处理小区的总径流系数大小排序与渗漏水系数基本一致，表现为枯落物敷盖处理（72.2%～80.5%）＞裸地对照（57.3%～65.5%）＞百喜草覆盖处理（44.8%～58.1%）。裸露对照总径流系数大于百喜草覆盖处理，与裸露对照地表径流相对较多有关。尽管如此，百喜草覆盖、枯落物敷盖在不同降雨年型下发挥效果的强弱有所不同。不同降雨年型下，百喜草覆盖和枯落物敷盖对地表径流的削减效应强弱依次表现为：百喜草覆盖，平水年（95.4%）＞丰水年（94.9%）＞枯水年（91.4%）；枯落物敷盖，平水年（94.1%）＞丰水年（91.6%）＞枯水年（88.1%）。百喜草覆盖和枯落物敷盖对渗漏水的增加效应强弱依次表现为：百喜草覆盖，平水年（69.5%）＞丰水年（45.4%）＞枯水年（9.9%）；枯落物敷盖，平水年（121.4%）＞枯水年（99.6%）＞丰水年（79.3%）。百喜草覆盖对总径流量的削减效应强弱表现为：枯水年（22.0%）＞丰水年（11.4%）＞平水年（9.1%）；枯落物敷盖对总径流量的增加效应强弱表现为：枯水年（40.5%）＞平水年（18.6%）＞丰水年（10.1%）。总体而言，百喜草覆盖和枯落物敷盖对坡面径流的影响在枯水年表现更为突出。

表 3-6　不同地被物类型小区 3 种降雨年型径流状况

降雨年型	降水量/mm	处理措施	径流量/mm			径流系数/%		
			地表径流	渗漏水	总径流	地表径流	渗漏水	总径流
枯水年	999.5	百喜草覆盖	15.5	431.3	446.8	1.6	43.2	44.8
		枯落物敷盖	21.4	783.4	804.8	2.1	78.4	80.5
		裸露对照	180.2	392.5	572.7	18.0	39.3	57.3
平水年	1433.0	百喜草覆盖	19.3	778.2	797.5	1.3	54.3	55.6
		枯落物敷盖	24.6	1016.3	1040.9	1.7	70.9	72.6
		裸露对照	418.2	459.1	877.3	29.2	32.0	61.2
丰水年	1808.5	百喜草覆盖	24.5	1026.1	1050.6	1.4	56.7	58.1
		枯落物敷盖	40.3	1265.3	1305.6	2.2	70.0	72.2
		裸露对照	479.8	705.7	1185.5	26.5	39.0	65.5

3.5　侵蚀产沙特征

地表径流是一种自然现象，是引起土壤侵蚀的原动力之一。径流具有挟沙能力的本质属性，使得含沙径流具有普遍性。

3.5.1　总体产沙特征

经观测和统计，2001～2010 年百喜草覆盖、枯落物敷盖和裸露对照小区土壤侵蚀模数如图 3-18 所示。各处理多年平均土壤侵蚀模数为百喜草覆盖 18 t/（km^2·a）、枯落物敷盖 10 t/（km^2·a）、裸露对照 9130 t/（km^2·a）。其中，裸露对照属于极强度侵蚀、百喜草覆盖与枯落物敷盖均属于微度侵蚀。相对裸露对照处理，百喜草覆盖和枯落物敷盖处理的年减沙率都在 99%以上。

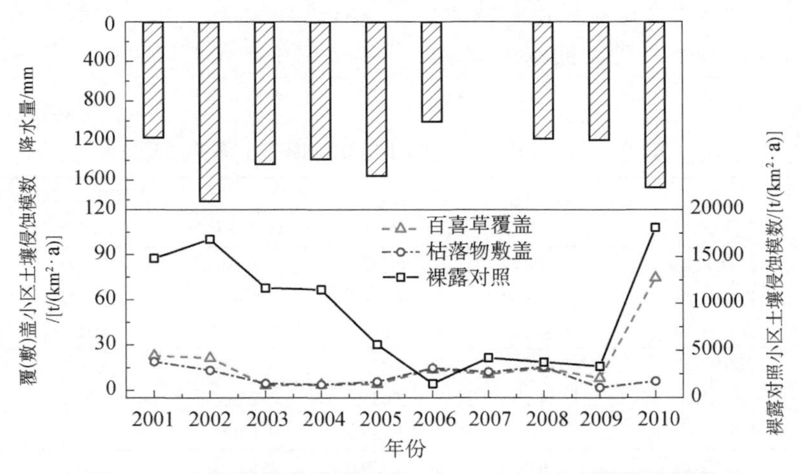

图 3-18 不同地被物类型小区 2001～2010 年土壤侵蚀模数

裸露对照处理土壤侵蚀与降水有密切关系，从图 3-18、图 3-19 中可以看出，裸露对照处理不仅表现为土壤侵蚀模数丰水年（2002 年）＞平水年（2003 年）＞枯水年（2006 年），在降雨较为集中的汛期，土壤侵蚀量也是全年中最大的，2001～2010 年 10 年观测期 3～8 月的土壤侵蚀量平均值分别占全年土壤侵蚀总量的 77.8%，百喜草覆盖处理 3～8 月的侵蚀产沙量占全年的 76.3%，而枯落物敷盖处理侵蚀产沙量年内分配较均匀。分析其原因，不难发现，土壤侵蚀产生的直接原因是雨滴击溅侵蚀和地表径流的冲刷作用。在降雨很小不足以产生地表径流时，就不会有土壤侵蚀泥沙；随降水量增大，地表径流也随之增大，在没有植被保护的情况下，会导致土壤侵蚀量的增加。但是图 3-19 中也反映出逐月侵蚀泥沙量与逐月降水量曲线不完全一致的特征，这是因为土壤侵蚀不仅与降水量有关，而且与降雨强度、初始土壤含水量及前期降雨等因素也密切相关。为此，进一步分析得出的次降雨下土壤流失特征将在 3.5.2 节中详细论述。

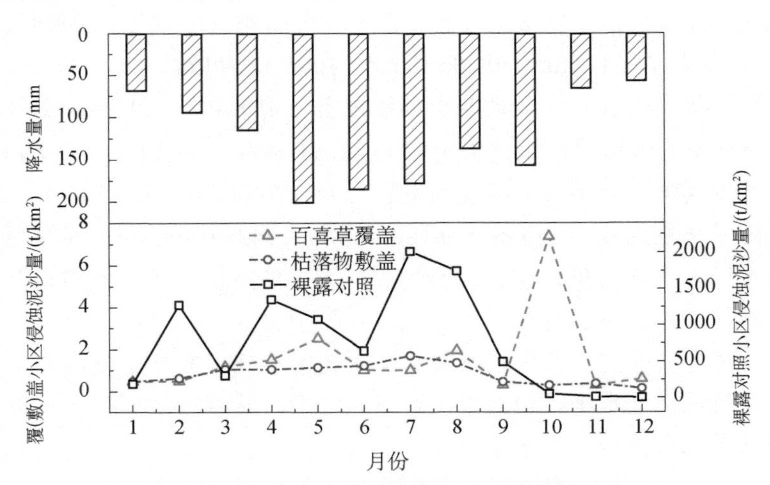

图 3-19 不同地被物类型小区各月侵蚀泥沙量状况

3.5.2 次降雨产沙特征

三个处理（百喜草覆盖、枯落物敷盖和裸露对照），因在小雨时一般不发生土壤侵蚀，也就难以区分和比较各处理间的保土效益，所以选取中雨及其以上雨型各 3 场共 15 场降雨，见表 3-7。

表 3-7 不同地被物类型小区次降雨下土壤侵蚀量

雨型	日期	降水量/mm	雨强/（mm/h）	土壤侵蚀量/（t/km²）		
				百喜草覆盖	枯落物敷盖	裸露对照
中雨	2003/12/10	7.8	0.883	0.107	0.093	2.571
	2003/12/8	16.1	1.028	0.041	0.099	0.784
	2003/1/14	24.0	0.694	0.044	0.067	4.037
大雨	2004/4/17	10.6	1.383	0.024	0.035	0.463
	2004/4/7	24.1	2.051	0.020	0.031	4.837
	2004/11/13	44.5	1.233	0.091	0.036	27.112
暴雨	2004/2/21	20.9	2.559	0.076	0.105	22.988
	2001/7/14	40.9	3.663	0.464	2.111	4936.753
	2004/5/14	60.5	2.308	0.268	0.185	334.973
大暴雨	2002/7/17	28.3	5.146	0.119	0.163	177.699
	200/8/22	39.8	6.823	7.951	0.305	3006.429
	2003/5/13	48.3	4.231	0.135	0.180	194.876
特大暴雨	2003/9/3	18.7	10.200	0.063	0.076	583.932
	2001/7/30	28.8	34.560	0.595	1.107	2869.707
	2004/8/16	32.6	23.286	0.355	0.211	1975.484

从表 3-7 中可以看出，各处理土壤侵蚀量总体上随雨强和降水量的增加而呈增大趋势，尤其是从中雨到暴雨及特大暴雨土壤侵蚀量增大更为明显。例如，2003 年 12 月 10 日的一场中雨，百喜草覆盖、枯落物敷盖和裸露对照三个处理的土壤侵蚀量分别为 0.107 t/km^2、0.093 t/km^2、2.571 t/km^2；2004 年 5 月 14 日的一场暴雨，三个处理的土壤侵蚀量分别为 0.268 t/km^2、0.185 t/km^2、334.973 t/km^2。但也出现同一雨型，小降水量时土壤侵蚀量比大降水量时大，如 2001 年 8 月 22 日的一场大暴雨，降水量为 39.8 mm，三个处理的土壤侵蚀量分别为 7.951 t/km^2、0.305 t/km^2、3006.429 t/km^2；2003 年 5 月 13 日的一场大暴雨，降水量为 48.3 mm，三个处理的土壤侵蚀量分别为 0.135 t/km^2、0.180 t/km^2、194.876 t/km^2。也出现小雨型的土壤侵蚀量比大雨型大，如 2004 年 5 月 14 日的一场暴雨与 2003 年 5 月 13 日的一场大暴雨（前场雨土壤侵蚀量分别为 0.268 t/km^2、0.185 t/km^2、334.973 t/km^2，后场雨土壤侵蚀量分别为 0.135 t/km^2、0.180 t/km^2、194.876 t/km^2），其原因主要是各处理土壤侵蚀除与本场降雨（雨量、雨强、历时等）有关外，还与降雨前期条件密切相关。前期降雨充分，即使是小降雨也可能产生较大的土壤侵蚀。

从表 3-7 中还可以看出，百喜草覆盖和枯落物敷盖处理的土壤侵蚀量始终远小于裸露对照处理，且保持在很低水平，相对于裸露对照处理，其减沙率都在 87%以上，而裸露对照处理土壤侵蚀量均保持较高水平。

3.6 本章小结

本章在简单介绍坡地产流一般机制的基础上，选取大型土壤水分渗漏装置，设置百喜草覆盖、枯落物敷盖和裸露对照3个处理，基于长期（2001～2010年共10年）定位观测试验，系统监测和分析了鄱阳湖区典型红壤坡地土壤水分特征参数、土壤水分变化、地表产流产沙、壤中流和深层渗漏状况，深入探究红壤坡地降雨-入渗-产流机制与特征，主要研究结果如下：

（1）红壤坡地土壤供水能力弱，有效水含量少，仅为8.4%～20.6%；枯落物敷盖能够有效提高红壤坡地土壤（尤其是上层土壤）的持水能力，增强上层土壤在相对湿润状况下的供水能力，但对土壤水分有效性的影响相对较弱；百喜草覆盖对红壤坡地土壤持水能力、供水能力和土壤水分有效性均无显著影响。

（2）受降雨、土壤蒸发、植被吸收及土壤水分运动等控制因子及其时空分布差异的影响，红壤坡地土壤水分呈现明显的时空差异。总体而言，各月之间，7月土壤水势最高、含水量最低，12月土壤水势最低、含水量最高；不同水土保持措施间，裸露对照土壤水势最高、含水量最低，枯落物敷盖土壤水势最低，含水量最高；不同土层深度间，底层土壤水势最高、含水量最低，中层土壤水势最低、含水量最高。

（3）红壤坡地总径流系数为枯落物敷盖（0.767）＞裸露对照（0.586）＞百喜草覆盖（0.523），其坡地产流以渗漏水（含壤中流和深层渗漏）为主，渗漏水占比达63.3%～97.7%。百喜草覆盖和枯落物敷盖均有效减少了坡面地表径流，但均导致渗漏水显著增加，枯落物敷盖对渗漏水的增加效应尤其明显。

（4）3种处理坡面产流集中在降雨集中的3～8月，其间总径流量占全年的73.7%～75.3%，降雨最为集中的4月坡面产流最多，该月总径流量占全年的16.1%～19.3%；3～8月裸地对照和百喜草覆盖处理的侵蚀产沙量占全年的76.3%～77.8%，枯落物敷盖处理侵蚀产沙年内分配较均匀。

（5）不同降雨年型，红壤坡地地表径流、渗漏水以及总径流量均表现为：丰水年＞平水年＞枯水年。百喜草覆盖对总径流量的削减效应强弱表现为：枯水年（22.0%）＞丰水年（11.4%）＞平水年（9.1%）；枯落物敷盖对总径流量的增加效应强弱表现为：枯水年（40.5%）＞平水年（18.6%）＞丰水年（10.1%）；百喜草覆盖和枯落物敷盖对次降雨条件下侵蚀泥沙量、年侵蚀泥沙量的拦截率分别在87%以上和99%以上。

参考文献

程冬兵，张平仓，杨洁. 2012. 红壤坡地覆盖与敷盖径流调控特征研究[J]. 长江科学院院报，29（1）：30-34.
邓羽松，丁树文，蔡崇法，等. 2016. 鄂东南崩岗剖面土壤水分特征曲线及模拟[J]. 土壤学报，53（2）：355-364.
窦建德，王绪芳，熊伟，等. 2006. 宁夏六盘山北侧5种典型植被的土壤持水性能研究[J]. 林业科学研究，19（3）：301-306.

冯平，李建柱. 2008. 土壤水分下渗机制及其在半干旱区产流模拟中的应用[J]. 干旱区资源与环境，22（6）：95-98.
何其华，何永华，包维楷. 2003. 干旱半干旱区山地土壤水分动态变化[J]. 山地学报，21（2）：149-156.
黄志刚，李锋瑞，曹云，等. 2007. 南方红壤丘陵区杜仲人工林土壤水分动态[J]. 应用生态学报，18（9）：1937-1944.
赖涛，李荼苟，李清平，等. 1995，红壤旱地氮素平衡及去向研究[J]. 植物营养与肥料学报，1（1）：85-89.
李卓，冯浩，吴普特，等. 2009. 砂粒含量对土壤水分蓄持能力影响模拟试验研究[J]. 水土保持学报，23（3）：204-208.
李卓，吴普特，冯浩，等. 2010. 容重对土壤水分蓄持能力影响模拟试验研究[J]. 土壤学报，47（4）：611-620.
林丽蓉，陈家宙，王峰，等. 2015. 稻草覆盖对红壤旱坡地水力性质及水分状况的影响[J]. 中国生态农业学报，23（2）：159-166.
刘刚才. 2002. 紫色土坡耕地的降雨产流机制及产流后土壤水分的变化特征[D]. 成都：四川大学.
刘士余，左长清，朱金兆. 2007. 地被物对土壤水分动态和水量平衡的影响研究[J]. 自然资源学报，22（3）：424-433.
刘祖香，陈效民，靖彦，等. 2013. 典型旱地红壤水力学特性及其影响因素研究[J]. 水土保持通报，33（2）：21-25.
柳云龙，施振香，尹骏，等. 2009. 旱地红壤与红壤性水稻土水分特性分析[J]. 水土保持学报，23（2）：232-235.
马昌臣，王飞，穆兴民，等. 2013. 小麦根系机械作用对土壤水分特征曲线的影响[J]. 水土保持学报，27（2）：105-109.
聂小飞，郑海金，左继超，等. 2016. 枯落物敷盖对红壤坡地土壤水分特性的影响[J]. 水土保持学报，30（6）：85-89.
宁婷，郭忠升，李耀林. 2014. 黄土丘陵区撂荒坡地土壤水分特征曲线及水分常数的垂直变异[J]. 水土保持学报，28（3）：166-170.
水利部，中国科学院，中国工程院. 2010. 中国水土流失防治与生态安全：南方红壤区卷[M]. 北京：科学出版社.
王艳玲，刘翠英，徐江兵，等. 2015. 长期有机无机肥配施条件下的旱地红壤水分特征分析[J]. 土壤通报，（2）：334-340.
吴文强，李吉跃，张志明，等. 2002. 北京西山地区人工林土壤水分特性的研究[J]. 北京林业大学学报，24（4）：51-55.
谢静，关文彬，崔国发，等. 2009. 锡林郭勒草原不同植被类型的土壤水分特性[J]. 东北林业大学学报，37（1）：45-48.
谢颂华，莫明浩，涂安国，等. 2014. 自然降雨条件下红壤坡面径流垂向分层输出特征[J]. 农业工程学报，30（19）：132-138.
杨淑香. 2015. 农牧林交错带不同降水年型下土壤水分动态研究[J]. 干旱区资源与环境，29（7）：107-110.
杨永辉，赵世伟，刘娜娜，等. 2006. 宁南黄土丘陵区不同植被措施的土壤水分特征[J]. 中国水土保持科学，4（2）：24-28.
姚贤良. 1998. 华中丘陵红壤的水分问题II.旱地红壤的水分状况[J]. 土壤学报，35（1）：16-24.
Al-Nabulsi Y A. 2001. Saline drainage water，irrigation frequency and crop species effects on some physical properties of soils[J]. Journal of Agronomy and Crop Science, 186 (1)：15-20.
Burt T P. 1989. Storm runoff generation in small catchments in relation to the flood response of large basins[C]//Floods, Hydrological, Sedimentological and Geomorphological Implications. Workshop, Joint Meeting of the BGRG and the British Hydrological Society. Chichester：John Wiley&Sons Ltd.：11-35.

Freeze R A. 1978. Hillslope Hydrology：Mathematical Models of Hillslope Hydrology[M]. New York：John Wiley & Sons.

Kirkby M J. 1978. Hillslope Hydrology：Implications for Sediment Transport[M]. New York：John Wiley & Sons.

Raats P A C. 2001. Developments in soil-water physics since the mid 1960s[J]. Geoderma, 100 (3-4)：355-387.

Sacco D, Cremon C, Zavattaro L. 2012. Seasonal variation of soil physical properties under different water managements in irrigated rice[J]. Soil and Tillage Research, 118：22-31.

van Genuchten M T. 1980. A closed-form equation for predicting the hydraulic conductivity of unsaturated soils[J]. Soil Science Society of America Journal，44 (5)：892-898.

第4章

氮素随侵蚀和渗漏迁移输出特征与模拟

氮是造成水体富营养化的主要影响因子（Aronsson et al.，2016；Mandal et al.，2015；Rashmi et al.，2014），已经受到越来越多的重视。氮的流失和迁移过程与流域水文过程密切相关，径流是坡耕地土壤养分迁移传输的重要途径与载体。坡耕地土壤氮流失过程是土壤与降雨、径流相互作用的结果（Zheng et al.，2014），它可以通过降雨-地表径流挟带进入水体，或者以渗漏、淋失等形式通过土壤剖面下渗到地下水，进而运移到受纳水体中，成为水体中氮的重要补给源（Sharpley et al.，2001；何淑勤等，2014）。

我国东南部红壤丘陵区遍及10省（自治区、直辖市），面积为113万km^2，占红壤区土地总面积的51.8%，占全国土地面积的11.8%（赵其国，2002）。该区域降水丰沛，加上红壤自身性质的影响，侵蚀和渗漏普遍发育。国内学者对红壤坡地养分随侵蚀(含地表径流泥沙)和渗漏（包括侧向壤中流和垂向渗漏）运移的特征已进行了初步研究，如褚利平等（2010）研究了烤烟红壤坡耕地壤中流氮素浓度垂向变化特征，邢栋等（2015）和莫明浩等（2016）基于对单场次降雨产流的观测，分析了红壤坡地地表径流、壤中流及其氮素养分流失特征。受试验观测手段等的限制，前人对自然降雨条件下长时期持续产流及其运移养分过程的观测与研究还不充分；而且，由于红壤丘陵区的降水分配特征和土壤垂向结构区别于紫色土和喀斯特地区，红壤坡耕地土壤水文状况也与上述两地区明显不同。

为此，本章利用野外大型土壤水分渗漏装置，长时期观测自然降雨条件下红壤坡耕地产流产沙过程及其氮素浓度，分析研究红壤坡耕地氮素随侵蚀和渗漏输出的浓度、通量及形态等特征，并进行侵蚀和渗漏双重影响下氮素迁移输出过程模拟，以期深入了解红壤坡耕地侵蚀和渗漏对氮素损失的影响和差异，为该地区水土流失与农业面源污染防治提供科学依据和计算工具。

4.1 常耕措施下氮素随侵蚀和渗漏输出特征

为研究自然降雨条件下红壤坡耕地氮素随侵蚀和渗漏输出特征，本节于2018～2019年连续两年采用具有水土流失观测功能的大型土壤水分渗漏装置，对鄱阳湖区坡耕地花生常规耕作（常规翻耕和常规施肥）开展野外定位试验观测，分析研究典型红壤坡耕地土壤-作物系统氮素随侵蚀和渗漏输出的浓度、通量及形态等特征。

4.1.1 材料与方法

1. 试验装置

试验装置为坡地水量平衡试验装置（国家发明专利号：ZL 2013 1 0279510.2，是土壤渗漏计与径流小区的集成）。采用径流小区规格，每个装置的投影面积为100 m^2（宽5m、长20 m），坡度为8°，坡向为东西向。将小区的周围及底板用20 cm厚钢筋混凝土浇筑，坡脚修筑挡土墙，形成一个封闭排水式土壤水分入渗装置（lysimeter）。为阻止水分进出小区，周边的钢筋混凝土竖板高出地表30 cm。小区内土壤为第四纪红黏土发育的红壤，土层厚度 250 cm。根据研究区第四纪红黏土发育红壤的剖面构型特征，每个小区坡底断面沿垂向共设置 5 个集流口，最上部为地表径流集流口，依次向下分别为土深 30 cm、60 cm、90 cm、250 cm 渗漏水集流口（图 4-1）。径流池根据当地可能发生的 50 年一遇 24 小时最大暴雨和径流量设计成 A、B、C 3 个池，每个池均按 1.0 m× 1.0 m ×1.2 m 尺寸构筑，采用五分法分流。每个径流池配有雷达水位计和组合流量计，可全天候记录地表径流及不同土层深度渗流过程。试验前 0～30 cm 表层土壤养分含量为：全氮含量 0.46 g/kg，全磷含量 0.19 g/kg，有机质含量 11.62 g/kg，碱解氮含量 70.13 mg/kg，速效磷含量 0.21 mg/kg。

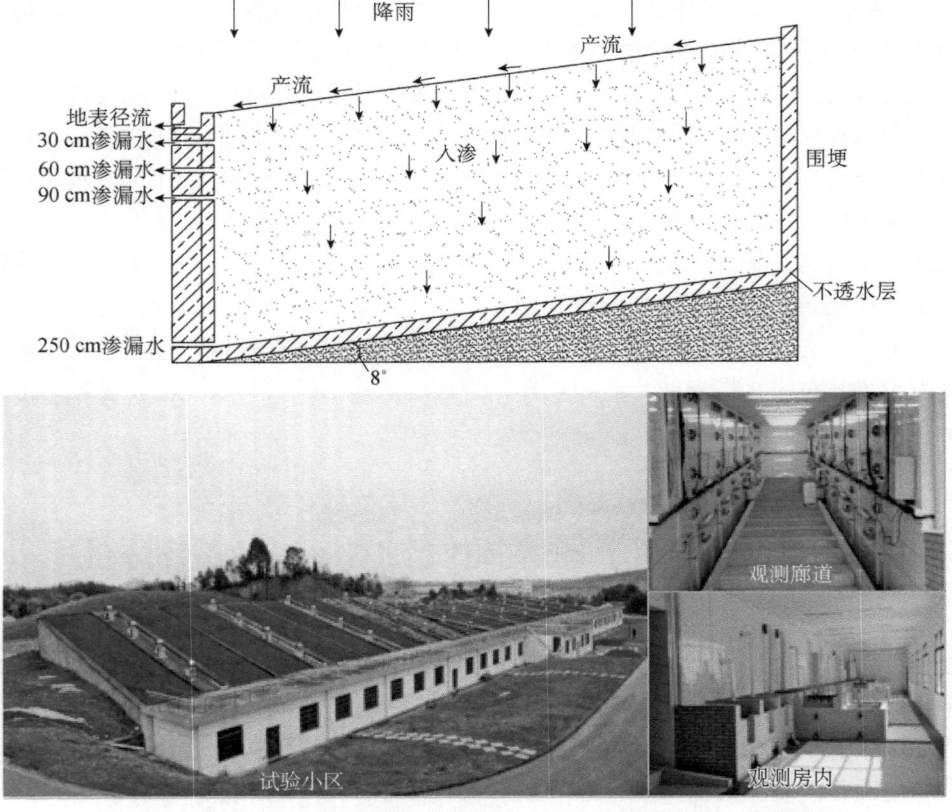

图 4-1 集成 lysimeter 功能的径流小区（上：示意图；下：现场图）

2. 试验设计

试验选择花生常规耕作处理，重复 3 次，共 3 个试验小区。供试作物花生品种为‘纯杂 1016’，按当地常规耕作方式种植：种植前，每个小区常规翻耕土壤，翻耕深度约 20 cm，均匀撒施肥料，顺坡开深 5 cm 左右的种植沟，点穴播种花生；花生行距 25 cm，株距 15 cm，每穴 3 粒。施肥参照当地农民施肥习惯和花生需肥习性，花生播种时施基肥，开花初期雨后追肥，基肥和追肥均为撒施。2018 年按照 N、P_2O_5、K_2O 依次为 139 kg/hm^2、120 kg/hm^2 和 135 kg/hm^2 的标准施用，肥料分别为尿素（N≥46.4%）、钙镁磷硅肥（P_2O_5≥20%）、氯化钾（K_2O≥60%），其中尿素按照基肥∶追肥=2∶1分次施用，钙镁磷硅肥和氯化钾均全部作为基肥施用；2019年基肥按照N、P_2O_5、K_2O依次为125 kg/hm^2、135 kg/hm^2、125 kg/hm^{2}的标准施用，肥料分别为复合肥（N、P、K配比为16∶16∶16）、钙镁磷硅肥（P_2O_5≥28%）；追肥N为34.5 kg/hm^2，肥料为尿素（N≥46.0%）。其他管理措施，如除草等参考当地农民耕作管理习惯开展。2018年5月8日种花生同时施基肥，6月8日施追肥，8月16日收获花生；2019年5月9日种花生同时施基肥，6月13日施追肥，8月25日收获花生。根据《花生栽培观察记载技术规范》（NY/T 2408—2013），结合花生物候观测结果，花生生育期划分为：2018年幼苗期5月8日～6月6日、开花下针期6月7～29日、结荚期6月30日～7月29日和饱果成熟期7月30日～8月16日四个时期；2019年幼苗期5月9日～6月6日、开花下针期6月7～29日、结荚期6月30日～7月29日和饱果成熟期7月30日～8月25日四个时期。

3. 试验观测

本研究于2018～2019年连续两个花生生长季开展逐场次自然降雨条件下的试验观测。降水量采用试验区旁设置的虹吸式自记雨量计进行监测，可以获得每场降雨的雨量和历时。径流量通过径流池池壁的水位尺读数，由预先率定的公式计算得到，同时基于雷达水位计和组合流量计记录地表径流及不同深度渗流过程；采用烘干法测定地表径流含沙量，计算次降雨事件的侵蚀泥沙量。每次产流结束后，将各径流池中的水静置4 h后分层采集500 mL水样于塑料瓶中，现场加酸固定并立即带回实验室置于4℃冰箱保存，在72 h内分析完毕，主要测定总氮浓度ρ（TN）、溶解态总氮浓度ρ（DTN）、溶解态无机氮浓度ρ（DIN）、铵态氮浓度ρ（NH_4^+-N）和硝态氮浓度ρ（NO_3^--N）等指标。

参考《环境分析法》《土壤农业化学分析方法》检测样品的氮素浓度。分析检测时，首先将水样充分摇匀取适量检测ρ（TN）（含悬浮颗粒态和溶解态），然后将剩余水样经0.45 μm微孔滤膜过滤后测定溶解态总氮、铵态氮和硝态氮浓度。ρ（TN）和ρ（DTN）采用碱性过硫酸钾消解-紫外分光光度法测定；ρ（NH_4^+-N）采用水杨酸分光光度法测定；ρ（NO_3^--N）采用硫酸肼还原法测定。

4. 数据整理

本节采用的数据是2018～2019年花生生长季共20场自然降雨产流条件下对采集水样的检测结果，统计的氮素输出量以径流溶解态和悬浮颗粒态为主，未涉及推移质泥沙所吸附的氮素。为简化分析，本节将30 cm、60 cm、90 cm侧渗水合并统计，称为壤中流；将90 cm以下的垂向渗漏称为深层渗漏，由于90～250 cm土层含水量稳定，且250 cm存在隔水层，因此深层渗漏量与250 cm处的侧渗量相等。综上，降雨产流的垂向分层输出可归纳为地表径流、壤中流（本节指0～90 cm，下同）和深层渗漏三部分。

（1）每场降雨产流事件，地表径流、壤中流和深层渗漏量计算公式如下：

$$V_i = S \times \Delta H_i \times 10^{-6} \tag{4-1}$$

式中，V_i为第i场降雨地表径流或渗漏水的量，m^3；S为径流池的底面积，cm^2；ΔH_i为对

于第 i 场降雨事件径流池水位的增加值，cm，由式（4-2）计算：

$$\Delta H_i = \sum_{j=1}^{N_t} \beta_j \left(h_j - h_{j-1}\right)\left(t_j - t_{j-1}\right) \tag{4-2}$$

式中，N_t 为第 i 场降雨事件中的时段数；t_j 为第 i 场降雨事件、第 j 时段结束降雨时间，s；h_j 为 t_j 对应的径流池水位，cm；β_j 为系数，按式（4-3）计算：

$$\beta_i = \begin{cases} 0 & h_j - h_{j-1} \leqslant 0 \\ 1 & h_j - h_{j-1} > 0 \end{cases} \tag{4-3}$$

（2）每场降雨产流事件，径流中各形态氮素输出浓度计算公式如下：

ρ(DON)（溶解态有机氮浓度，mg/L）、ρ(PN)（悬浮颗粒态氮浓度，mg/L）、ρ(DIN)（溶解态无机氮浓度，mg/L）通过计算得到：

$$\rho(\mathrm{DON})=\rho(\mathrm{DTN})-\rho(\mathrm{DIN}) \tag{4-4}$$

$$\rho(\mathrm{PN})=\rho(\mathrm{TN})-\rho(\mathrm{DTN}) \tag{4-5}$$

$$\rho(\mathrm{DIN})=\rho(\mathrm{NH_4^+\text{-}N})+\rho(\mathrm{NO_3^-\text{-}N}) \tag{4-6}$$

（3）每场降雨产流事件，径流中各形态氮素输出通量计算公式如下：

$$Q_{kj}=\sum_{i=1}^{N} 10\frac{C_{ijk}\times V_{ik}}{A} \tag{4-7}$$

式中，i=1，2，…，N，表示第 i 场降雨产流事件；N 为降雨产流事件场次；Q_{kj} 为第 k 类径流、第 j 种形态氮的输出通量，kg/hm^2；C_{ijk} 为第 i 场降雨产流事件、第 k 类径流、第 j 种形态氮输出的浓度，mg/L；V_{ik} 为第 i 场降雨、第 k 类径流所对应的径流量，m^3；A 为试验小区的投影面积，本试验小区为 100 m^2。

4.1.2 降雨产流特征

2018 年试验观测期总降水量为 368.6 mm，其中产流降雨 9 场次，累计降水量为 228.3 mm，占观测期总降水量的 61.9%；2019 年试验观测期总降水量为 519.6 mm，其中产流降雨 11 场次，累计降水量为 432.1 mm，占观测期总降水量的 83.2%。降雨是导致坡耕地氮素水体损失的主要原因，而径流水量是其主要构成因素之一。由图 4-2 可知，红壤旱坡花生地单场次的降水量与径流量分布呈现显著的一致性，在降水较多的 2019 年表现尤为明显。以 2019 年为例，通过对每次产流过程中分层径流量（y_i）与降水量（x）进行相关性分析（图 4-3），发现二者之间呈现显著线性正相关关系 （R^2 为 0.704～0.905）。

根据大型土壤水分渗漏装置观测得到的花生各生育期分层径流输出情况如表 4-1 所示。由表 4-1 可知，2018～2019 年径流输出以深层渗漏为主，这两年各生育期的深层渗漏量分别为 0.70～60.66 mm 和 21.40～148.85 mm（累计分别占总径流量的 95.8%和 97.1%），其次为地表径流，两年各生育期的地表径流量分别为 0.28～0.90 mm 和 0.40～3.73mm（累计占总径流量的 3.1%和 2.3%），壤中流量最小，这两年各生育期的壤中流量仅分别为 0.04～0.47 mm 和 0.17～1.13 mm（累计分别占总径流量的 1.1%和 0.6%）。可见，红壤旱坡花生地深层渗漏出流是降雨径流的主要输出形式。这与红壤坡耕地自身性质、当地气候条件以及耕作活动等有关。红壤耕作层的土壤有效孔隙度较大、透水性较好，加上作物覆盖对雨水具有消能截流作用，并能增加土壤表层粗糙度和土壤透水性，因此可降低地表径流流速，减少地表径流输出，加大水分入渗；此外，作物生长根系错综发达，土壤孔隙度增加，有利于雨水向垂直方向渗漏，也增加了渗漏水输出量。

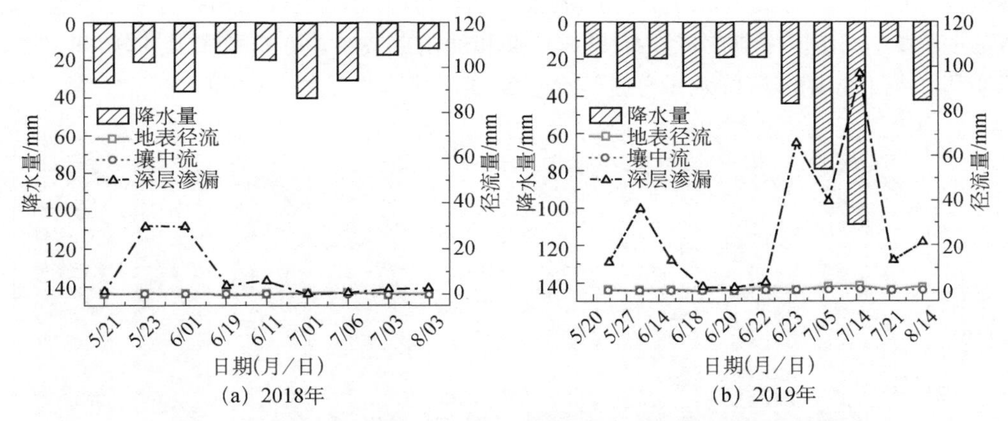

图 4-2　2018～2019 年各场次自然降雨下径流垂向分层输出量

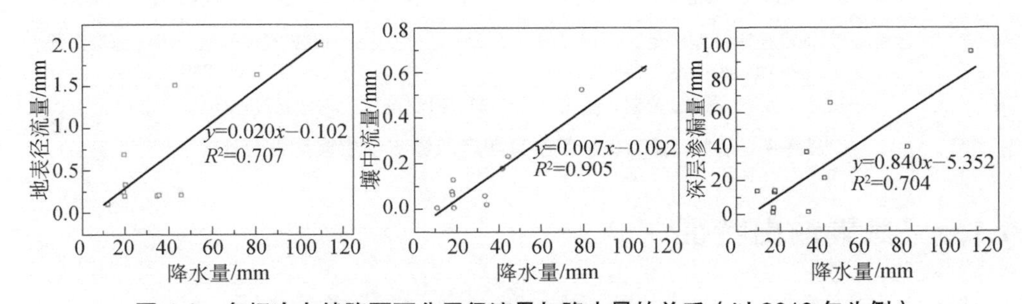

图 4-3　各场次自然降雨下分层径流量与降水量的关系（以 2019 年为例）

表 4-1　2018～2019 年各生育期径流分层输出情况

年份	生育期	降水量/mm	产流降水量/mm	总径流量/mm	地表径流量/mm	壤中流量/mm	深层渗漏量/mm
2018	幼苗期	141.0	89.3	61.59	0.46	0.47	60.66
	开花下针期	109.1	77.2	10.83	0.90	0.29	9.64
	结荚期	78.7	31.1	1.60	0.85	0.05	0.70
	饱果成熟期	39.8	30.7	5.39	0.28	0.04	5.07
	全生育期	368.6	228.3	79.41	2.49	0.85	76.07
2019	幼苗期	98.8	53.1	49.62	0.40	0.18	49.04
	开花下针期	141.7	136.4	86.69	1.68	0.37	84.64
	结荚期	229.1	200.4	153.71	3.73	1.13	148.85
	饱果成熟期	50.0	42.2	23.08	1.51	0.17	21.40
	全生育期	519.6	432.1	313.10	7.32	1.85	303.93

由各生育期产流观测结果（图 4-4）可知，2018 年壤中流和深层渗漏主要产流时期均为幼苗期，其次为开花下针期，结荚期和饱果成熟期产流量占比较小；而地表径流则表现为开花下针期＞结荚期＞幼苗期＞饱果成熟期，幼苗期地表径流较少，可能与该时期土体较为松散、降雨大部分入渗有关。经过幼苗期的两次降雨，前期翻动的土壤得以压实，土壤透水性有所降低，导致开花下针期产流量增加。2019 年总径流量和各分层径流量均表现为结荚期最大，开花下针期次之，饱果成熟期和幼苗期较小，可能和降水量分布时期有关，结荚期和开花下针期产流降水量分别达全生育期产流降水量的 46%和 32%左右。

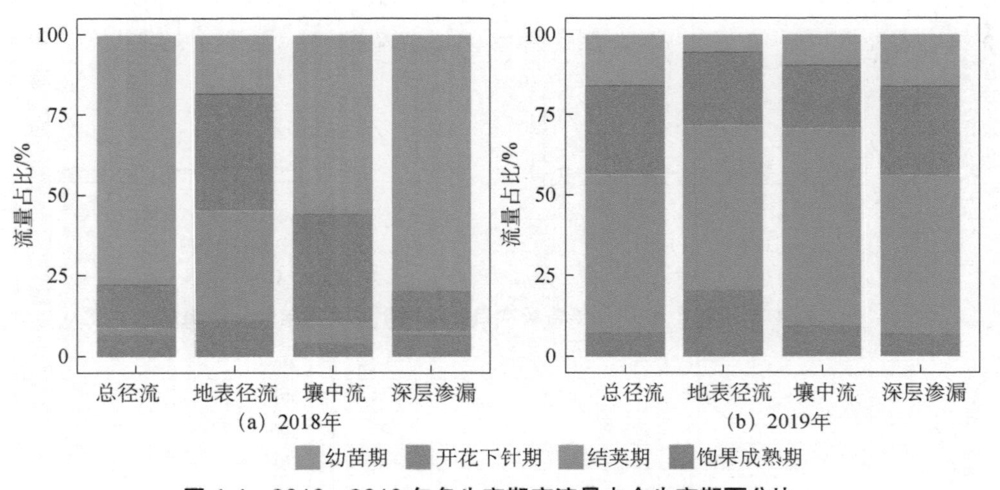

图 4-4　2018～2019 年各生育期产流量占全生育期百分比

4.1.3　氮素输出特征

1. 氮素输出浓度

统计得到 2018～2019 年各生育期各分层径流中氮素输出浓度的平均值，如图 4-5 所示。2018 年和 2019 年各生育期地表径流中总氮（TN）输出浓度分别为 4.71～8.63 mg/L 和 4.27～5.94 mg/L，均以开花下针期最大，其次为幼苗期，饱果成熟期最小；2018 年和 2019 年各生育期壤中流总氮输出浓度分别为 10.01～19.19 mg/L 和 3.95～18.94 mg/L，分别表现为结荚期或开花下针期最大，饱果成熟期最小；2018 年和 2019 年各生育期深层渗漏总氮浓度分别达 6.83～11.13 mg/L 和 7.36～10.16 mg/L，各生育期之间差异不明显。

由图 4-5 可知，两年来，各生育期总氮（TN）、溶解态总氮（DTN）和硝态氮（NO_3^--N）输出浓度均主要以壤中流最大，深层渗漏次之，地表径流最小；除个别生育期外，壤中流中总氮、溶解态总氮和硝态氮浓度分别为地表径流中对应氮素浓度的 1.7～3.2 倍、2.1～3.3 倍、1.7～5.2 倍，依次为深层渗漏水中对应氮素浓度的 1.2～2.9 倍、1.1～2.8 倍、1.2～3.3 倍。这主要与氮素易于淋溶向下迁移有关；此外，壤中流相对于地表径流与土壤相互作用时间长，土壤中氮素溶解更为充分，导致单位水分溶解的氮素更多；而 90 cm 以下深层土壤中氮素含量较低，在水分下渗过程中，部分氮素被土壤吸附，浓度降低，导致深层渗漏氮素浓度低于壤中流。各生育期地表径流中铵态氮（NH_4^+-N）较高，为壤中流铵态氮浓度的 1.0～6.0 倍。究其原因，铵态氮带正电荷，易被带负电荷的土壤胶体所吸附，较难沿土壤剖面垂直向下移动或从土壤中渗漏淋失，所以铵态氮浓度相对较低。

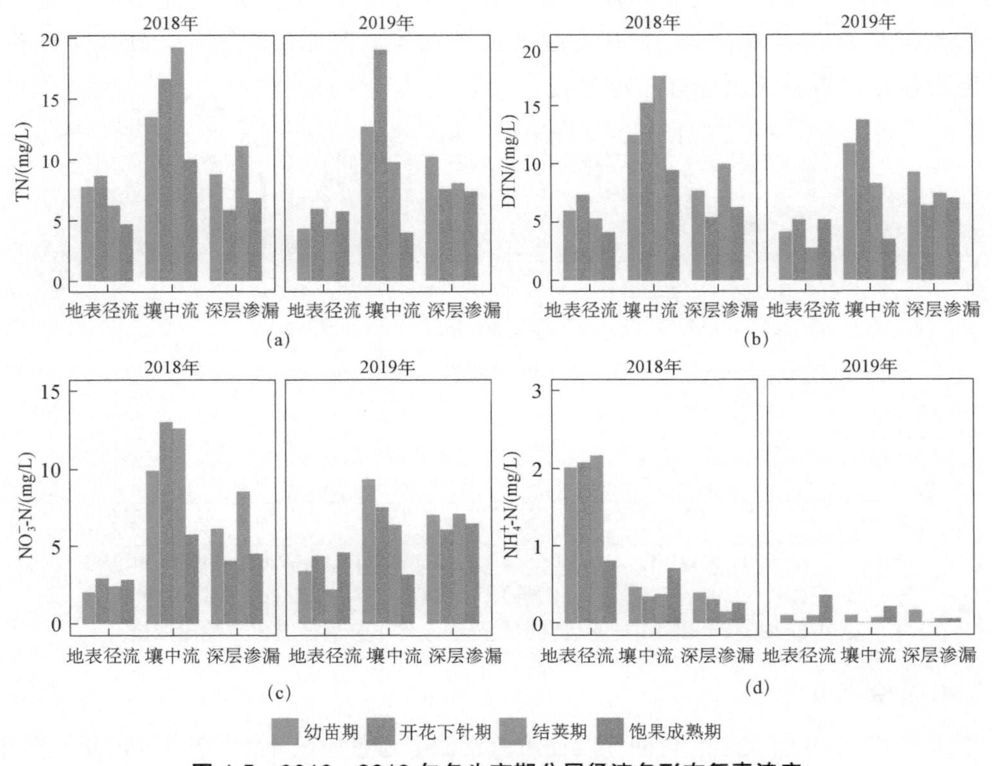

图 4-5 2018～2019 年各生育期分层径流各形态氮素浓度

2018～2019 年逐场次自然降雨条件下各分层径流中氮素输出浓度如图 4-6 所示。由图 4-6 可知，两年来，次降雨条件下，地表径流和壤中流总氮（TN）输出浓度分别为 2.97～15.66 mg/L 和 3.95～22.57 mg/L，根据《地表水环境质量标准》（GB 3838—2002），均超过地表水Ⅴ类水标准值（2.0 mg/L），超标率达 100%，为劣Ⅴ类水体，极易引起河湖水体富营养化；两年来，深层渗漏次降雨条件下硝态氮（NO_3^--N）输出浓度为 2.90～8.56 mg/L，根据《地下水质量标准》（GB/T 14848—2017），主要为地下水Ⅱ类和地下水Ⅲ类水体，对水体潜在危险相对较低。

国内外有关坡耕地氮素随水体损失途径和形态的研究较多（Bosch et al.，2012；王帅兵等，2018），但这些研究主要集中在地表径流，综合分析氮素在地表和地下各层水体损失途径的研究还较少。本章详细分析了 2018～2019 年两个生长季红壤旱坡花生地氮素随地表径流、0～90 cm 壤中流和 90 cm 以下深层渗漏的输出特征，从而深化对氮素随地表及深层水体损失规律的理解。从氮素输出通量来看，由于深层渗漏量在坡面产流总量中占绝对比重（表 4-1），加之深层渗漏氮素浓度也较高（图 4-5），故氮素输出通量以深层渗漏最大，各生育期深层渗漏总氮输出量占径流总氮输出量的 56.5%～98.8%（表 4-2）。这与前人（Zheng et al.，2017；莫明浩等，2016；王洪杰等，2002）已有研究结论相似。由于氮素随深层渗漏淋失至 90 cm 以下后，远离花生等作物根系活动层，将无法被作物有效利用。因此，减少氮素渗漏淋失是红壤旱坡花生地氮素损失防治的重要途径。值得注意的是，尽管地表径流和壤中流中氮素输出通量比深层渗漏小，但试验期次降雨条件下，地表径流和壤中流总氮输出浓度全部超过地表水V类水标准值，达到劣V类水质（图 4-6），极易引起河湖水体富营养化。因此，红壤旱坡花生地氮素地表径流和壤中流流失亦不可忽视。

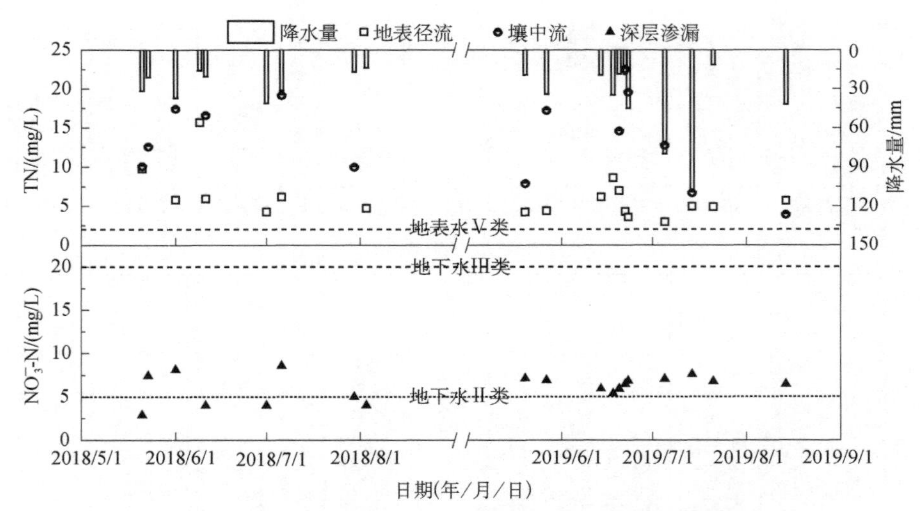

图 4-6　2018～2019 年逐场次自然降雨条件下分层径流氮素输出浓度

2. 氮素输出通量

2018 年和 2019 年花生生育期分层径流氮素输出通量如表 4-2 和表 4-3 所示。两年来，各生育期分层径流总氮（TN）输出通量均以深层渗漏最大，分别达 7.75～630.53 kg/km^2 和 157.44～1219.35 kg/km^2，其次为地表径流（幼苗期除外），输出通量分别为 0.83～7.32 kg/km^2 和 1.66～15.54 kg/km^2，壤中流最少，输出通量仅分别为 0.28～6.13 kg/km^2 和 0.69～10.74 kg/km^2，各生育期深层渗漏总氮输出通量分别为壤中流和地表径流的 7.6～236.4 倍和 1.6～437.9 倍。这主要是由于深层渗漏出流量在坡面径流总量中占绝对比重，同时深层渗漏总氮浓度高于地表径流总氮浓度，导致深层渗漏损失的总氮量加大。

表 4-2　2018 年各生育期分层径流氮素输出通量　　（单位：kg/hm^2）

生育期	地表径流输出通量				壤中流输出通量				深层渗漏输出通量			
	TN	DTN	NO_3^--N	NH_4^+-N	TN	DTN	NO_3^--N	NH_4^+-N	TN	DTN	NO_3^--N	NH_4^+-N
幼苗期	1.44	1.01	0.63	0.18	6.13	5.72	4.36	0.26	630.53	554.28	465.31	22.04
开花下针期	7.32	6.11	2.15	1.80	0.60	0.54	0.47	0.01	31.12	28.27	23.54	3.37
结荚期	4.95	4.21	2.05	1.68	1.02	0.93	0.67	0.02	7.75	6.98	5.96	0.10
饱果成熟期	0.83	0.73	0.57	0.06	0.28	0.26	0.16	0.02	34.11	31.30	22.57	1.28
全生育期	14.54	12.06	5.40	3.72	8.03	7.45	5.66	0.31	703.51	620.83	517.38	26.79

从不同生育期来看，2018 年花生生育期地表径流各形态氮素输出通量均以开花下针期最大，该时期各形态氮素输出通量占全生育期地表径流累计氮素输出通量的 39.8%～

50.7%，其次为结荚期，该时期各形态氮素输出通量占全生育期地表径流累计氮素输出通量的 34.0%～45.2%；壤中流和深层渗漏各形态氮素输出通量则表现为幼苗期最大，该时期壤中流和深层渗漏各形态氮素输出通量分别占全生育期壤中流和深层渗漏累计氮素输出通量的 76.3%～83.9%和 82.3%～89.9%（表 4-2）。2019 年花生生育期则有所不同，除铵态氮（NH_4^+-N）外，各分层径流中氮素均以开花下针期和结荚期为主要输出时期，这和各分层径流产流规律基本一致，这两个时期地表径流中各形态氮素输出通量分别占全生育期地表径流累计氮素输出通量的 25.9%～32.5%和 27.6%～44.7%，壤中流中各形态氮素输出通量分别占全生育期壤中流累计氮素输出通量的 22.9%~33.8%和 52.9%～60.3%，深层渗漏中各形态氮素输出通量分别占全生育期深层渗漏累计氮素输出通量的 26.3%~27.6%和 48.5%～62.9%（表 4-3）。2018 年和 2019 年氮素主要输出时期不尽相同，这主要和这两年花生生育期的降雨产流分布时期不同有关，如表 4-4 所示，降水量和地表径流量、壤中流量、深层渗漏量及各分层径流总氮输出通量间均呈极显著相关，各分层径流量和对应层次径流总氮输出通量之间也均呈极显著相关。综合两年结果，总体上地表径流氮素主要输出时期为开花下针期和结荚期，而壤中流和深层渗漏氮素主要输出时期为幼苗期至结荚期。

表 4-3　2019 年各生育期分层径流氮素输出通量　（单位：kg/hm^2）

生育期	地表径流输出通量				壤中流输出通量				深层渗漏输出通量			
	TN	DTN	NO_3^--N	NH_4^+-N	TN	DTN	NO_3^--N	NH_4^+-N	TN	DTN	NO_3^--N	NH_4^+-N
幼苗期	1.66	1.62	1.29	0.04	1.88	1.72	1.42	0.02	444.34	414.03	341.59	2.01
开花下针期	8.99	7.57	6.69	0.04	6.80	5.67	2.68	0.00	694.51	631.09	563.04	0.42
结荚期	15.54	7.97	5.68	0.47	10.74	8.97	7.06	0.07	1219.35	1131.95	1097.49	6.16
饱果成熟期	8.57	7.83	6.95	0.55	0.69	0.60	0.55	0.04	157.44	150.24	138.09	1.20
全生育期	34.76	24.99	20.61	1.10	20.11	16.96	11.71	0.13	2515.64	2327.31	2140.21	9.79

表 4-4　2018～2019 年降雨产流参数与分层径流总氮输出通量的相关性

指标	降水量	地表径流量	壤中流量	深层渗漏量	地表径流 TN 输出通量	壤中流 TN 输出通量	深层渗漏 TN 输出通量
降水量	1						
地表径流量	0.826**	1					
壤中流量	0.894**	0.779**	1				
深层渗漏量	0.790**	0.548*	0.773**	1			
地表径流 TN 输出通量	0.704**	0.923**	0.595**	0.456*	1		
壤中流 TN 输出通量	0.713**	0.542*	0.855**	0.731**	0.298	1	
深层渗漏 TN 输出通量	0.772**	0.515*	0.767**	0.990**	0.407	0.746**	1

注：Pearson 相关性检验，**表示在 0.01 水平（双侧）上显著相关；*表示在 0.05 水平（双侧）上显著相关。

以往研究表明，随水体损失的氮素的浓度或通量主要与作物、土壤、施氮量、降雨及灌溉有关（谭德水等，2011；Zhang et al.，2011；孙波等，2003；Oenema et al.，2003）。本节研究进一步明确了作物生育期对氮素水体损失规律的影响。从氮素输出浓度（图 4-5）来看，两年试验期地表径流氮素输出浓度和壤中流氮素输出浓度总体表现为幼苗期—结荚期较大，而深层渗漏氮素输出浓度在各生育期差异不明显。究其原因，可能与幼苗期和开花下针期分别为施基肥期和追肥期，土壤表层氮素含量较高、可流失氮量相对较多有关，加之幼苗期植被覆盖度较低，对降雨的植物拦截作用小，导致幼苗期-开花下针期地表氮素输出浓度较大；结荚期降雨较为集中，增加了降雨入渗，促进了土壤表层氮素随水体向土体迁移蓄积，导致该时期壤中流和地表径流氮素输出浓度较大；此外，深层渗漏水远离作物根系活动层，受施肥等人为影响较小，而径流下渗过程中，氮素浓度主要受土壤本身氮素含量影响，这可能是各生育期深层渗漏氮素输出浓度差异不明显的原因。本节研究结果显示，两年来，从幼苗期到结荚期（前中期）地表径流和壤中流总氮输出的平均浓度分别高达 4.27～8.63 mg/L 和 9.75～19.19 mg/L，大大超过地表水V类水标准值。可见，在本研究条件下，花生生育前中期产生的地表径流和壤中流进入河湖水体后存在较大诱发富营养化的风险。从氮素输出通量来看（表 4-2 和表 4-3），两年来，各生育期地表径流氮素输出通量表现为开花下针期和结荚期较大，而壤中流和深层渗漏氮素输出通量则表现为幼苗期至结荚期较大，这主要和各分层径流各生育期降雨产流规律一致。究其原因，开花下针期和结荚期降雨较为集中，雨量大，雨强高，导致氮素随地表径流输出量较大，此外，幼苗期土壤为新翻耕土壤，增加了降水入渗，导致幼苗期氮素随壤中流和深层渗漏输出量增大。综合以上结果，幼苗期至结荚期是红壤旱坡花生地氮素水体损失防治的关键时期。

3. 氮素输出形态和占比

坡耕地径流中的氮素通常以溶解态和颗粒态的形式迁移输出。从氮素输出形态来看（表 4-5 和表 4-6），两年来各生育期地表径流、壤中流和深层渗漏中氮素输出均以溶解态总氮（DTN）为主，2018、2019 年花生全生育期分层径流中累计 DTN 输出量分别占 TN 输出量的 71.9%～82.9%、84.3%～92.8%、88.2%～92.5%。

表 4-5 2018 年花生生育期溶解态和颗粒态氮素输出情况

生育期	径流类型	输出氮量/（kg/km^2）		占 TN 比例/%	
		DTN	PN	DTN	PN
幼苗期	地表径流	1.01	0.43	70.1	29.9
	壤中流	5.72	0.41	93.3	6.7
	深层渗漏	554.28	76.25	87.9	12.1
开花下针期	地表径流	6.11	1.21	83.5	16.5
	壤中流	0.54	0.06	90.0	10.0
	深层渗漏	28.27	2.85	90.8	9.2
结荚期	地表径流	4.21	0.74	85.1	14.9
	壤中流	0.93	0.09	91.2	8.8
	深层渗漏	6.98	0.77	90.1	9.9
饱果成熟期	地表径流	0.73	0.10	88.0	12.0
	壤中流	0.26	0.02	92.9	7.1
	深层渗漏	31.30	2.81	91.8	8.2
全生育期	地表径流	12.06	2.48	82.9	17.1
	壤中流	7.45	0.58	92.8	7.2
	深层渗漏	620.83	82.68	88.2	11.8

表 4-6 2019 年花生生育期溶解态和颗粒态氮素输出情况

生育期	径流类型	输出氮量/（kg/km²）		占 TN 比例/%	
		DTN	PN	DTN	PN
幼苗期	地表径流	1.61	0.05	97.0	3.0
	壤中流	1.71	0.17	91.0	9.0
	深层渗漏	414.03	30.31	93.2	6.8
开花下针期	地表径流	7.57	1.42	84.2	15.8
	壤中流	5.67	1.13	83.4	16.6
	深层渗漏	631.09	63.42	90.9	9.1
结荚期	地表径流	7.97	7.57	51.3	48.7
	壤中流	8.97	1.77	83.5	16.5
	深层渗漏	1131.95	87.40	92.8	7.2
饱果成熟期	地表径流	7.83	0.74	91.4	8.6
	壤中流	0.60	0.09	87.0	13.0
	深层渗漏	150.24	7.20	95.4	4.6
全生育期	地表径流	24.98	9.78	71.9	28.1
	壤中流	16.95	3.16	84.3	15.7
	深层渗漏	2327.31	188.33	92.5	7.5

上述分析表明，DTN 是红壤坡耕地径流氮素输出的主要形式，故进一步对 DTN 的输出形态进行分析。如表 4-7 和表 4-8 所示，除个别生育期外，两年来各分层径流中各生育期 DTN 均以溶解态无机氮（DIN）为主，2018 年各生育期地表径流、壤中流和深层渗漏中 DIN 分别占 DTN 的 64.6%～88.6%、69.2%～88.9%和 76.2%～95.2%，2019 年各生育期地表径流、壤中流和深层渗漏中 DIN 分别占 DTN 的 77.2%～95.7%、47.3%～96.7%、83.0%～97.5%。在 DIN 中，由于 NO_3^--N 更易发生迁移，两年来，各分层径流中各生育期 NO_3^--N 输出量均显著大于 NH_4^+-N。

表 4-7 2018 年花生生育期溶解态氮随各分层径流输出形态

生育期	径流类型	不同组分 DTN 输出量/（kg/km²）				占 DTN 比例/%		占 TN 比例/%		
		DIN			DON	DIN	DON	NO_3^--N	NH_4^+-N	DON
		NO_3^--N	NH_4^+-N	小计						
幼苗期	地表径流	0.63	0.18	0.81	0.19	81.0	19.0	43.8	12.5	13.2
	壤中流	4.36	0.26	4.62	1.10	80.8	19.2	71.1	4.2	17.9
	深层渗漏	465.31	22.04	487.35	66.93	87.9	12.1	73.8	3.5	10.6
	小计	470.30	22.48	492.78	68.22	87.8	12.2	73.7	3.5	10.7
开花下针期	地表径流	2.15	1.80	3.95	2.16	64.6	35.4	29.4	24.6	29.5
	壤中流	0.47	0.01	0.48	0.06	88.9	11.1	78.3	1.7	10.0
	深层渗漏	23.54	3.37	26.91	1.36	95.2	4.8	75.6	10.8	4.4
	小计	26.16	5.18	31.34	3.58	89.7	10.3	67.0	13.3	9.2
结荚期	地表径流	2.05	1.68	3.73	0.48	88.6	11.4	41.4	33.9	9.7
	壤中流	0.67	0.02	0.69	0.24	74.2	25.8	65.7	2.0	23.5
	深层渗漏	5.96	0.10	6.06	0.91	86.9	13.1	76.9	1.3	11.7
	小计	8.68	1.80	10.48	1.63	86.5	13.5	63.3	13.1	11.9

续表

生育期	径流类型	不同组分 DTN 输出量/（kg/km²）				占 DTN 比例/%		占 TN 比例/%		
		DIN			DON	DIN	DON	NO_3^--N	NH_4^+-N	DON
		NO_3^--N	NH_4^+-N	小计						
饱果成熟期	地表径流	0.57	0.06	0.63	0.09	87.5	12.5	68.7	7.2	10.8
	壤中流	0.16	0.02	0.18	0.08	69.2	30.8	57.1	7.1	28.6
	深层渗漏	22.57	1.28	23.85	7.45	76.2	23.8	66.2	3.8	21.8
	小计	23.30	1.36	24.66	7.62	76.4	23.6	66.2	3.9	21.6
全生育期	地表径流	5.40	3.72	9.12	2.92	75.7	24.3	37.1	25.6	20.1
	壤中流	5.66	0.31	5.97	1.48	80.1	19.9	70.5	3.9	18.4
	深层渗漏	517.38	26.79	544.17	76.65	87.7	12.3	73.5	3.8	10.9
	小计	528.44	30.82	559.26	81.05	87.3	12.7	72.8	4.2	11.2

从不同组分 TN 的输出形态来看（表 4-5～表 4-8），2018 年各生育期内，NO_3^--N 均是壤中流和深层渗漏中氮素输出的主要形态（累计占 TN 输出量的 70.5%和 73.5%），其次为 DON（累计占 TN 输出量的 18.4%和 10.9%），NH_4^+-N 最少，仅占全生育期 TN 输出量的 3.9%和 3.8%。地表径流中略有不同，地表径流中氮素输出的主要形态仍为 NO_3^--N（累计占 TN 输出量的 37.1%），但 NH_4^+-N 也占有不少比例（累计占 TN 输出量的 25.6%），其余为 DON（累计占 TN 输出量的 20.1%）。2019 年不同组分 TN 的输出规律和 2018 年类似，除个别生育期外，各分层径流中 NO_3^--N 均是氮素输出的主要形态（累计占 TN 输出量的 58.2%～85.1%），除去占有很少比例的 NH_4^+-N 外（累计不足 4%），其余为 DON（累计占 TN 输出量的 7.0%～25.5%），这表明 NO_3^--N 是各分层径流中氮素输出的主要形态，同时 DON 也占有一定份额。此外，从两年全生育期 TN 各组分输出途径来看，随着径流层次的加深，NO_3^--N 占 TN 输出量的比例呈逐渐增大趋势，NH_4^+-N 占 TN 输出量的比例呈逐渐减少趋势。

表 4-8 2019 年花生生育期溶解态氮随各分层径流输出形态

生育期	径流类型	不同组分 DTN 输出量/（kg/km²）				占 DTN 比例/%		占 TN 比例/%		
		DIN			DON	DIN	DON	NO_3^--N	NH_4^+-N	DON
		NO_3^--N	NH_4^+-N	小计						
幼苗期	地表径流	1.29	0.04	1.33	0.28	82.6	17.4	77.7	2.4	16.9
	壤中流	1.42	0.02	1.44	0.27	84.2	15.8	75.5	1.1	14.4
	深层渗漏	341.59	2.01	343.60	70.43	83.0	17.0	76.9	0.5	15.9
	小计	344.30	2.07	346.37	70.98	83.0	17.0	76.9	0.5	15.8
开花下针期	地表径流	6.69	0.04	6.73	0.84	88.9	11.1	74.4	0.4	9.3
	壤中流	2.68	0.00	2.68	2.99	47.3	52.7	39.4	0.0	44.0
	深层渗漏	563.04	0.42	563.46	67.63	89.3	10.7	81.1	0.1	9.7
	小计	572.41	0.46	572.87	71.46	88.9	11.1	80.6	0.1	10.1
结荚期	地表径流	5.68	0.47	6.15	1.82	77.2	22.8	36.6	3.0	11.7
	壤中流	7.06	0.07	7.13	1.84	79.5	20.5	65.7	0.7	17.1
	深层渗漏	1097.49	6.16	1103.65	28.30	97.5	2.5	90.0	0.5	2.3
	小计	1110.23	6.70	1116.93	31.96	97.2	2.8	89.1	0.5	2.6
饱果成熟期	地表径流	6.95	0.55	7.50	0.34	95.7	4.3	81.1	6.4	4.0
	壤中流	0.55	0.04	0.59	0.02	96.7	3.3	79.7	5.8	2.9
	深层渗漏	138.09	1.20	139.29	10.95	92.7	7.3	87.7	0.8	7.0
	小计	145.59	1.79	147.38	11.31	92.9	7.1	87.3	1.1	6.8

续表

生育期	径流类型	不同组分 DTN 输出量/（kg/km^2）				占 DTN 比例/%		占 TN 比例 / %		
		DIN			DON	DIN	DON	NO_3^--N	NH_4^+-N	DON
		NO_3^--N	NH_4^+-N	小计						
全生育期	地表径流	20.61	1.10	21.71	3.28	86.9	13.1	59.3	3.2	9.4
	壤中流	11.71	0.13	11.84	5.12	69.8	30.2	58.2	0.7	25.5
	深层渗漏	2140.21	9.79	2150.00	177.31	92.4	7.6	85.1	0.4	7.0
	小计	2172.53	11.02	2183.55	185.71	92.2	7.8	84.5	0.4	7.2

关于氮素水体损失形态，已有研究表明，氮素随地表径流迁移输出既有以泥沙颗粒吸附挟带为主的也有以径流溶解挟带为主的，而溶解态氮随地表径流迁移输出既有以有机氮为主的也有以无机氮为主的，在不同的土地利用方式、气象条件、氮肥品种、施氮水平等条件下，坡耕地氮素随径流迁移输出的主要形式各不相同（张展羽等，2008；王全九等，2008）。本试验条件下，各生育期地表径流、壤中流和深层渗漏中氮素输出均以径流 DTN 为主，PN 较少，两年来全生育期地表径流、壤中流和深层渗漏中累计 DTN 流失量分别占累计 TN 输出量的 71.9%～82.9%、84.3%～92.8%、88.2%～92.5%；两年来全生育期壤中流和深层渗漏中 DTN 输出量表现为硝态氮（NO_3^--N）＞溶解态有机氮（DON）＞铵态氮（NH_4^+-N），地表径流中溶解态氮输出量除硝态氮外，铵态氮有时也占有较大比例。这与杨昕等（2020）和邓华等（2021）的研究结论不完全一致。杨昕等（2020）在对滇中红壤丘陵区氮素流失特征的研究中发现，可溶性氮为氮素流失的主要形态，而可溶性氮中又以硝态氮为主；邓华等（2021）研究发现，在旱坡地、林地、柑橘园、菜地和水田 5 种土地利用类型下，NO_3^--N 均是氮素流失的主要形态，占氮素流失量的 16.2%~52.7%，因为 NO_3^--N 带负电荷且迁移能力强，难以被表面带负电荷的土壤胶体所吸附，在径流的淋洗作用下，容易发生淋溶流失（串丽敏等，2010）。与杨昕等（2020）和邓华等（2021）试验相比，除了施肥和作物存在差异外，本试验周期长，包含丰水年、枯水年，降雨年际、年内差异显著，这是造成本试验中结论与他们试验结果不完全一致的重要原因。

4.2 水保措施下氮素随侵蚀和渗漏输出特征

4.2.1 材料与方法

1. 试验设计与指标观测

采用具有水土流失观测功能的大型土壤水分渗漏小区，试验设置 3 个处理——包括百喜草覆盖、枯落物敷盖和裸露对照。试验小区及采样装置基本情况见 3.1.1 节，试验期间测定地表径流量及 30 cm、60 cm、105 cm 渗漏水量，并采集水样测定养分含量。本节主要展示 2015～2016 年的试验结果，需要说明的是，因 30 cm 和 60 cm 渗漏水为侧渗水，亦称为壤中流；因 105 cm 为下渗水且存在隔水层，亦称为深层渗漏。为了反映试验样地土壤养分本底状况，于 2015 年 5 月 22 日在各试验样地分层采集土壤样品（详见 3.1.1 节），在 3.1.1 节测定指标的基础上，进一步测定土壤全氮、碱解氮、全磷、速效磷含量，得到各试验小区分层土壤基本化学性质，见表 4-9。

表 4-9 试验小区土壤养分背景值

处理措施	土层深度 /cm	有机质 /（g/kg）	全氮 /（g/kg）	碱解氮 /（mg/kg）	全磷 /（g/kg）	速效磷 /（mg/kg）
百喜草覆盖	0～30	19.87	0.98	114.80	0.22	12.55
	30～60	6.84	0.53	65.10	0.24	10.27
	60～90	4.93	0.45	42.21	0.17	3.69
枯落物敷盖	0～30	14.81	0.83	87.71	0.34	19.73
	30～60	5.57	0.53	59.01	0.20	16.28
	60～90	4.27	0.45	29.61	0.25	5.62
裸露对照	0～30	11.38	0.53	60.41	0.24	19.86
	30～60	8.63	0.38	61.11	0.19	17.80
	60～90	5.24	0.38	52.50	0.18	5.61

注：采样时间 2015 年 5 月 22 日。

鉴于 3 个试验小区土壤氮素背景值含量较低（表 4-9），于 2015 年 5 月 22 日参照当地花生地氮肥标准施以尿素 300 kg/hm^2（约合总氮 140 kg/hm^2），施肥后开展逐场次自然降雨条件下的氮素随分层径流输出浓度和输出通量的试验观测。具体观测分析方法与 4.1.1 节相同。

2. 数据处理与分析

本节采用的水质数据是 2015 年 5 月 22 日～2016 年 5 月 21 日 28 场次自然降雨条件下采集水样的检测结果。本节统计的氮素流失量以径流溶解态和悬浮颗粒态为主，未涉及推移质泥沙所吸附的氮素。ρ(DON)（溶解态有机氮浓度，mg/L）、ρ(PN)（悬浮颗粒态氮浓度，mg/L）、ρ(DIN)（溶解态无机氮浓度，mg/L），分析检测与计算方法参见 4.1.1 节。

以平均浓度改变率 $\mathrm{CR}_{j,k}$ 来评价百喜草覆盖和枯落物敷盖处理相对于裸露对照处理的氮输出平均浓度改变效果，其计算公式如下：

$$\mathrm{CR}_{j,k}=\frac{\overline{C_{j,k}}-\overline{C_{3,k}}}{\overline{C_{3,k}}} \tag{4-8}$$

式中，$\overline{C_{j,k}}$ 为第 j 种处理、第 k 类径流的氮素输出平均浓度；j=1，2，3 分别表示百喜草覆盖、枯落物敷盖和裸露对照三种处理；k=1，2，3，4 分别表示地表径流、30 cm、60 cm 和 105 cm 渗漏水 4 种径流类别。显然，$\mathrm{CR}_{j,k}$ 为负时表示氮素平均浓度减少、为正时表示氮素平均浓度增加。

此外，计算各层渗漏水的氮素平均浓度与地表径流的对应指标平均浓度之比 $R_{j,k}$，即

$$R_{j,k}=\frac{\overline{C_{j,k}}}{\overline{C_{j,1}}} \tag{4-9}$$

对于某一场降雨，各处理地表径流、不同分层渗漏水的单位面积氮素输出通量 $M_{i,j,k}$ 可由式（4-10）进行计算：

$$M_{i,j,k}=\frac{C_{i,j,k}R_{i,j,k}}{A_j} \tag{4-10}$$

式中，i=1，2，…，Np，表示第 i 场次降雨，Np 为总降雨次数，本节研究 Np 为 28；$C_{i,j,k}$ 为第 i 场次降雨、第 j 种处理、第 k 类径流的氮素输出浓度；$R_{i,j,k}$ 为第 i 场次降雨、第 j 种处理、第 k 类径流所对应的径流量；A_j 为第 j 种处理对应试验小区的面积，本节研究 $A_1=A_2=A_3=75\ m^2$。

将各场次降雨进行累加即可得到第 j 种处理、第 k 类径流的单位面积氮素输出通量 $M_{j,k}$：

$$M_{j,k}=\sum_{i=1}^{Np}M_{i,j,k} \tag{4-11}$$

第 j 种处理产生的径流总量所对应的单位面积氮素输出通量可表示为

$$M_j=\sum_{k=1}^{4}M_{j,k} \tag{4-12}$$

4.2.2 降雨产流特征

试验观测期共发生 28 场次自然降雨产流事件，3 种处理下地表径流和渗漏产流量如表 4-10 所示。试验观测期总降水量为 1246 mm，百喜草覆盖小区地表径流、30 cm 和 60 cm 壤中流以及 105 cm 深层渗漏产流量分别为 28.94 mm、21.06 mm、13.82 mm、393.04 mm；枯落物敷盖小区地表径流、30 cm 和 60 cm 壤中流以及 105 cm 深层渗漏产流量分别为 27.48 mm、39.36 mm、20.51 mm、647.13 mm；裸露对照小区分别为 89.97 mm、17.89 mm、10.18 mm、473.91 mm。与已有研究中多年（2001～2010 年）平均产流特征类似，无论有无覆盖措施，渗漏水均为红壤坡面径流的主要途径，百喜草覆盖、枯落物敷盖和裸露对照处理的渗漏水流量分别占总径流量的 93.7%、96.3%和 84.8%。裸露对照处理的地表径流量明显大于百喜草覆盖和枯落物敷盖处理，分别为百喜草覆盖和枯落物敷盖处理的 3.1 倍、3.3 倍；百喜草覆盖处理的地表径流量和枯落物敷盖处理相差不大，但渗漏水流量明显低于枯落物敷盖处理；枯落物敷盖处理的渗漏水流量明显大于百喜草覆盖和裸露对照处理，比二者分别多 65.2%、40.9%。总径流量以枯落物敷盖最大，裸露对照次之，百喜草覆盖最小。

表 4-10 不同地被物类型试验小区坡面径流分层输出量

处理措施	地表径流量/mm	渗漏水量/mm				总径流量/mm	径流系数	占总径流比例/%	
		30cm	60cm	105cm	小计			地表径流	渗漏水
百喜草覆盖	28.94	21.06	13.82	393.04	427.92	456.86	0.367	6.3	93.7
枯落物敷盖	27.48	39.36	20.51	647.13	707.00	734.48	0.590	3.7	96.3
裸露对照	89.97	17.89	10.18	473.91	501.98	591.95	0.475	15.2	84.8

注：由于数值修约所致误差。

4.2.3 氮素输出特征

1. 氮素输出浓度

坡耕地氮素的流失主要以水流迁移为动力，水是土壤氮素迁移的载体和溶剂，主要通过地表径流和渗漏水传输方式实现。如图 4-7 所示，在裸露对照处理条件下，施肥后首次降雨的地表径流总氮输出浓度显著高于渗漏水总氮输出浓度，其原因为氮肥施于土壤表层，裸露对照处理雨后所产生的地表径流相对较大，带走了较多氮素，故地表径流中总氮浓度变化过程表现为先急剧下降后呈小幅波动。在该处理条件下，尽管各层渗漏水的总氮浓度也都呈现波动变化，但均高于地表径流的总氮浓度（施肥后首次降雨除外）；而在试验后期，105 cm 深层渗漏的氮素浓度远远大于其他径流组分中的氮素浓度，这可能是氮素向下迁移所致。如图 4-7 所示，在百喜草覆盖处理条件下，各层径流总氮输出浓度也均是施肥后首次降雨的最大，随后总氮浓度迅速下降到较低值（较裸露对照处理低一个数量级）；而整个观测期地表径流与渗漏水中总氮浓度相差不大。这说明相比裸露对照处理，百喜草覆盖处理不仅能够降低地

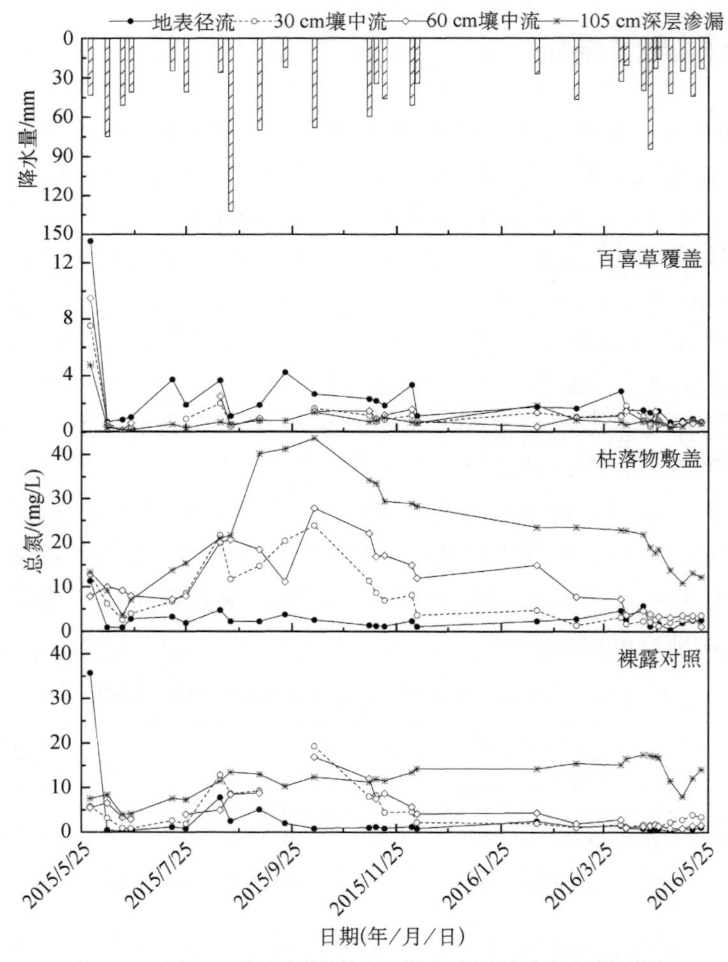

图 4-7 不同地被物类型试验小区各径流组分总氮输出浓度

表径流的总氮浓度，而且还能有效降低渗漏水的总氮浓度。但是，相比裸露对照处理，枯落物敷盖处理虽然能有效降低首次降雨的地表径流中氮素浓度，但后期渗漏水的总氮浓度却大于裸露对照处理条件下渗漏水的总氮浓度（图 4-7）。此外，3 种处理的地表径流输出过程中总氮浓度相差不大，但 30 cm、60 cm 和 105 cm 渗漏水输出过程中总氮浓度差异较为明显，且表现出相似的规律，大小排序均表现为枯落物敷盖＞裸露对照＞百喜草覆盖。

百喜草覆盖和枯落物敷盖处理对坡面径流总氮浓度的影响情况（CR）以及各处理措施试验小区各层渗漏水总氮浓度相对地表径流总氮浓度的比值（R）如表 4-11 所示。结果表明，枯落物敷盖和百喜草覆盖小区的地表径流总氮输出平均浓度均较裸露对照小区略低（表 4-12），但这两种处理渗漏水的 CR 值符号相反（表 4-11）。百喜草覆盖小区 CR 值均为负，说明相对于裸露对照，百喜草覆盖处理能显著降低渗漏水的总氮输出平均浓度；而枯落物敷盖小区 CR 值均为正，说明枯落物敷盖处理大大增加了渗漏水的总氮输出平均浓度。

表 4-11 不同地被物类型试验小区分层径流中 CR 和 R 计算结果

径流类型	CR		R		
	百喜草覆盖	枯落物敷盖	百喜草覆盖	枯落物敷盖	裸露对照
地表径流	−0.19	−0.04	1.0	1.0	1.0
30 cm 壤中流	−0.74	0.64	0.5	2.7	1.6
60 cm 壤中流	−0.73	1.23	0.6	3.9	1.7
105 cm 深层渗漏	−0.93	0.78	0.4	8.2	4.4

注：CR 计算时以裸露处理为对照。

统计得到不同处理各分层径流中不同形态氮素输出浓度的平均值，如表 4-12 所示。由表 4-12 可知，百喜草覆盖处理径流中不同形态氮输出浓度总体呈现出随土层深度的增加而减小的趋势，除 ρ（PN）外，其渗漏水输出的 ρ（TN）、ρ（DIN）和 ρ（DON）分别为地表径流氮素输出值的 36.5%～56.4%、23.9%～47.0%和 10.5%～46.4%；枯落物敷盖处理径流中不同形态氮输出浓度呈现出随土层深度的增加而增大的趋势，其渗漏水输出的 ρ（TN）、ρ（DIN）、ρ（DON）和 ρ（PN）分别为地表径流氮素输出值的 2.72～8.16 倍、5.07～14.54 倍、1.83～8.63 倍和 1.09～2.94 倍；裸露对照处理径流中输出的 ρ（TN）和 ρ（DIN）也呈现出随土层深度的增加而增大的趋势，其渗漏水输出的 ρ（TN）和 ρ（DIN）分别为地表径流氮素输出值的 1.59～4.39 倍和 5.01～15.04 倍，但裸露对照处理各分层径流中 ρ（DON）和 ρ（PN）随土层深度变化无明显规律。从处理类型来看（表 4-12），总体上百喜草覆盖小区的不同形态的氮素浓度低于裸露对照小区，而枯落物敷盖小区的氮素浓度高于裸露对照小区。

表 4-12 不同地被物类型试验小区分层径流中不同形态氮素输出浓度平均值 （单位：mg/ L）

处理措施	分层径流	ρ（TN）	ρ（DIN）	ρ（DON）	ρ（PN）
百喜草覆盖	地表径流	2.237	1.039	0.674	0.523
	30 cm 壤中流	1.144	0.377	0.313	0.454
	60 cm 壤中流	1.261	0.488	0.071	0.702
	105 cm 深层渗漏	0.816	0.248	0.178	0.390

续表

处理措施	分层径流	ρ（TN）	ρ（DIN）	ρ（DON）	ρ（PN）
枯落物敷盖	地表径流	2.643	1.011	0.362	1.269
	30 cm 壤中流	7.177	5.128	0.663	1.387
	60 cm 壤中流	10.39	7.790	0.875	1.722
	105 cm 深层渗漏	21.56	14.70	3.125	3.735
裸露对照	地表径流	2.757	0.640	0.421	1.695
	30 cm 壤中流	4.374	3.476	0.052	0.846
	60 cm 壤中流	4.659	3.204	0.184	1.272
	105 cm 深层渗漏	12.09	9.626	0.941	1.518

注：ρ（TN）、ρ（DIN）、ρ（DON）、ρ（PN）分别表示总氮浓度、溶解态无机氮浓度、溶解态有机氮浓度和悬浮颗粒态氮浓度。

国内外有关坡耕地氮素流失途径和形态的研究较多（王兴祥和张桃林，1999；王洪杰等，2002；袁东海等，2002；张展羽等，2008；王全九等，2008；高忠霞等，2010；Bosch et al.，2012；陈晓安等，2015），但这些研究主要集中在地表径流，在土壤垂向分层上综合分析氮素流失途径和形态的研究还较少。本研究利用土壤水分收集系统，详细分析了自然降雨条件下红壤坡耕地氮素随侵蚀和渗漏的输出特征，有助于深化对氮素地表及深层径流流失规律的理解。本研究结果表明，在百喜草覆盖、枯落物敷盖和裸露对照条件下，渗漏水流总氮输出占总氮径流流失量的比例为85.0%～99.5%（表4-13），这说明氮素的主要输出途径是渗漏水。通过分析试验数据，可从径流氮素浓度和径流量两个方面来解释这一现象。一方面，对于百喜草覆盖处理，地表径流与渗漏水的总氮浓度相当；而对于枯落物敷盖和裸露对照处理，渗漏水的总氮浓度远高于地表径流（施肥初期除外）。另一方面，无论何种处理，渗漏水是径流的主要形式。例如，在裸露对照条件下，渗漏水占红壤坡面径流总量的比例达到63.3%；当进行枯落物敷盖或百喜草覆盖处理后，渗漏水占比进一步提高到97%以上（表3-5）。土壤中的氮素流失不仅造成土壤肥力减弱，而且流失的氮素随渗漏水迁移进而容易污染地下水资源。

表4-13 不同地被物类型试验小区各径流组分总氮输出情况

处理措施	各径流组分总氮输出量/（kg/hm²）						输出占比/%	
	地表径流	渗漏水				合计	地表径流	渗漏水
		30 cm	60 cm	105 cm	小计			
百喜草覆盖	0.56	0.19	0.13	2.86	3.18	3.74	15.0	85.0
枯落物敷盖	0.67	2.66	2.68	141.13	146.47	147.14	0.5	99.5
裸露对照	4.05	0.98	0.87	61.64	63.49	67.54	6.0	94.0

2. 氮素输出通量

各试验小区28场次降雨事件所对应的地表径流和渗漏水的单位面积总氮输出通量如图4-8所示。由图4-8可知，除百喜草覆盖外，其他两种处理均表现为105 cm深层渗漏总氮输出通量最大，这主要是由于 105 cm 深层渗漏在坡面产流总量中占绝对比重，此外，枯落物敷盖和裸露对照小区的径流氮素输出浓度随土层深度的增加还呈现增大趋势。分析不同处理之间的差异发现，裸露对照小区随地表径流输出的总氮量明显大于百喜草覆盖小区；30 cm、60 cm 壤中流和 105 cm 深层渗漏输出的总氮量大小排序则均表现为枯落物敷盖＞裸露对照＞百喜草覆盖，这与对应径流组分中总氮浓度大小排序基本一致。经统计，28 场次降雨事件，降水量的变异系数为 0.55，说明降雨具有强烈的变异性。然而，各处理径流小区的径流总氮输出通量的变异系数均达到 0.82 及以上，其变异性更加强烈（表 4-14）。百喜草覆盖小区的总氮输出通量变异系数相对较低，从侧面说明百喜草覆盖处理具有缓冲氮素流失的作用。

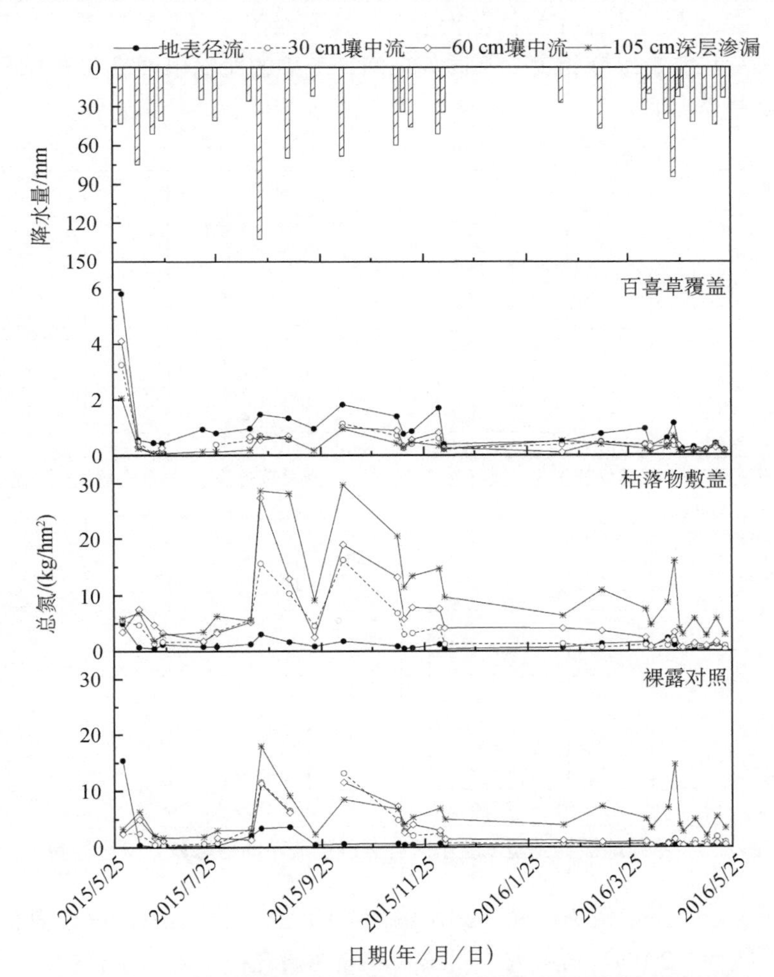

图 4-8 不同地被物类型试验小区总氮随不同径流组分输出通量

表 4-14 不同地被物类型试验小区总氮输出通量的变异系数

处理措施	地表径流	30 cm 壤中流	60 cm 壤中流	105 cm 深层渗漏
百喜草覆盖	1.25	0.83	0.82	0.93
枯落物敷盖	0.92	1.25	1.27	1.05
裸露对照	3.43	1.77	1.25	1.47

统计得到不同处理各分层径流的不同形态氮素输出通量，如图4-9所示。可以看出，无论何种覆盖措施，105 cm深层渗漏中TN、DIN、DON和PN输出通量分别占径流输出总通量的76.6%～95.9%、78.0%～97.3%、72.9%～96.6%和71.8%～94.4%；30 cm和60 cm壤中流中TN、DIN、DON和PN输出通量分别占径流输出总通量的1.3%～5.0%、0.4%～4.1%、1.0%～6.0%和2.1%～4.8%；地表径流中TN、DIN、DON和PN输出通量分别占0.5%～15%、0.4%～21.1%、0.2%～16.8%和1.3%～23.2%。这表明不同形态氮径流输出均以105 cm深层渗漏为主，占径流输出总通量的71%以上，而地表径流和其他层次渗漏水输出分别不足23%和6%。从处理类型来看（图4-9），试验观测期3种处理的TN、DIN、DON和PN输出总通量大小排序为枯落物敷盖＞裸露对照＞百喜草覆盖。由于径流中氮输出通量与产流量及其氮素浓度相关，不同处理间径流中的氮输出通量差异与不同处理间产流差异和氮浓度差异类似。

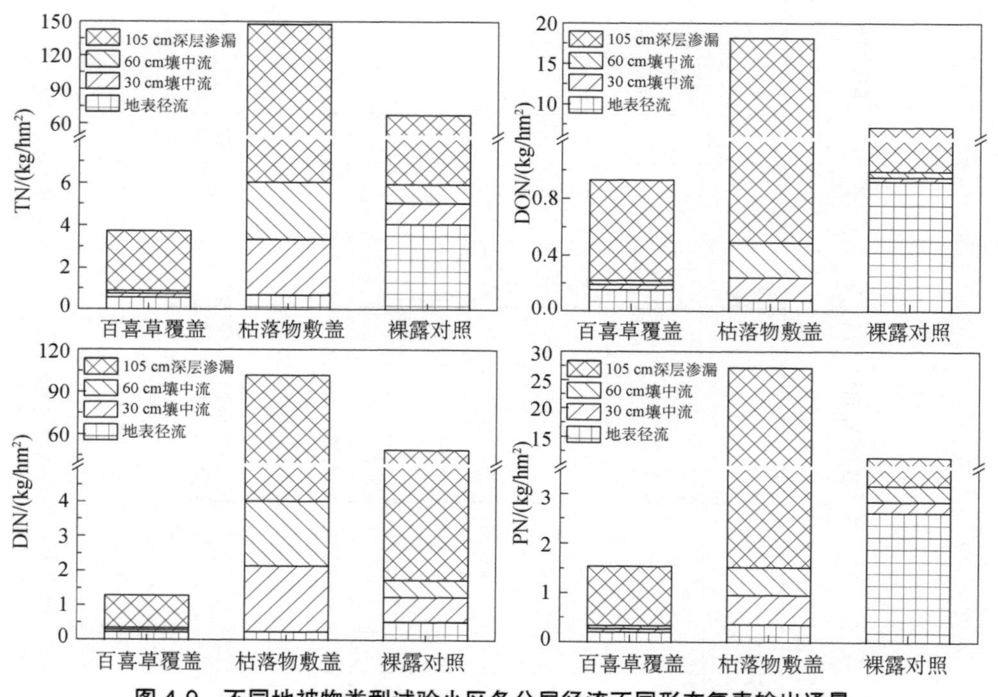

图4-9 不同地被物类型试验小区各分层径流不同形态氮素输出通量

本节研究发现总氮深层流失（随渗漏水输出）除无机氮外还有溶解态有机氮和悬浮颗粒态氮，与高忠霞等（2010）利用大型回填土渗漏池研究得出淋溶水样中除无机氮外基本以溶解态有机氮为主的试验结果不完全一致，主要是因为高忠霞等（2010）仅考虑无植被覆盖的裸地且未考虑悬浮颗粒态氮。

值得注意的是，在裸露对照小区中，施肥后首次降雨所产生的地表径流总氮浓度非常大，一旦遇较强的降雨，氮素会迅速流失。在本次试验中，通过枯落物敷盖或百喜草覆盖处理后该值减少为裸露对照处理条件下的1/3左右，但仍然较大，为后期观测值的2～20倍。因此，如何采取合适的施肥措施以及选择合理的施肥时间，也是坡耕地氮素流失防治的研究重点。

4.2.4 氮素输出形态及其占比

径流中的氮素通常以溶解态和颗粒态的形式迁移输出。从总氮输出形式来看（表4-15），裸露对照处理小区地表径流输出的氮以悬浮颗粒态氮（PN）为主，占地表径流总氮输出通量的64.4%；采取枯落物敷盖处理后，PN的输出比例下降至53.7%，与径流溶解态总氮（DTN）的输出比例（46.3%）相差不明显；而采取百喜草覆盖处理后，DTN为地表径流氮输出的主要形式，占总氮输出通量的64.3%。对于渗漏水，3种处理下径流中53.8%～86.9%的氮以DTN输出，表明渗漏水氮的输出均以DTN为主，且枯落物敷盖和裸露对照处理下渗漏水的DTN输出通量高于百喜草覆盖处理，这与枯落物敷盖和裸露对照处理下渗漏水中DTN输出浓度明显高于百喜草覆盖处理有关。

表4-15 不同地被物类型试验小区径流溶解态和悬浮颗粒态氮素输出情况

处理措施	径流类型	输出氮量/（kg/hm²）		占总氮比例/%	
		DTN	PN	DTN	PN
百喜草覆盖	地表径流	0.36	0.20	64.3	35.7
	30 cm 壤中流	0.12	0.07	63.2	36.8
	60 cm 壤中流	0.07	0.06	53.8	46.2
	105 cm 深层渗漏	1.65	1.21	57.7	42.3
	总径流	2.20	1.54	58.8	41.2
枯落物敷盖	地表径流	0.31	0.36	46.3	53.7
	30 cm 壤中流	2.07	0.59	77.8	22.2
	60 cm 壤中流	2.12	0.57	78.8	21.2
	105 cm 深层渗漏	115.49	25.64	81.8	18.2
	总径流	119.99	27.16	81.5	18.5
裸露对照	地表径流	1.44	2.61	35.6	64.4
	30 cm 壤中流	0.75	0.23	76.5	23.5
	60 cm 壤中流	0.55	0.33	62.5	37.5
	105 cm 深层渗漏	53.56	8.08	86.9	13.1
	总径流	56.30	11.25	83.3	16.7

注：由于数值修约所致误差。

上述分析表明，以径流溶解态挟带是红壤坡耕地径流尤其是渗漏水氮素输出的主要形式，故进一步分析DTN的输出形态。根据表4-16可知，对于地表径流，裸露对照处理地表径流中DTN输出以有机态为主，约占63.2%；采取枯落物敷盖和百喜草覆盖措施后，DTN随地表径流输出则以无机态为主，占61.1%～74.2%。对于各层次渗漏水，3种处理下DTN随径流均以无机态输出为主，DIN占58.2%～97.3%，且枯落物敷盖和裸露对照处理下各层次渗漏水中DIN输出量均高于百喜草覆盖处理，这与枯落物敷盖和裸露对照处理下各层次渗漏水中输出的ρ（DIN）尤其是ρ（NO_3^--N）的浓度明显高于百喜草覆盖处理有关。在DIN中，由于NO_3^--N更易迁移，各分层径流输出的ρ（NO_3^--N）均要显著高于ρ（NH_4^+-N），百喜草覆盖、枯落物敷盖和裸露对照处理下NO_3^--N输出量分别为NH_4^+-N输出量的2.88倍、

72.79 倍、15.34 倍。此外，从不同组分 TN 的输出形态来看（表 4-15 和表 4-16），对于枯落物敷盖和裸露对照处理小区，监测期内 NO_3^--N 是渗漏水氮素流失的主要形态（占 TN 流失的 55.7%～76.7%），除去占有很少比例的 NH_4^+-N 外（不足 5%），其余为 PN（占 TN 流失的 13.1%～37.5%）和 DON（占 TN 流失的 2.0%～12.5%）。但对于百喜草覆盖处理小区，监测期内渗漏水中 PN 占 TN 流失的 36.8%～46.2%，其次为 NO_3^--N 和 DON，分别占 TN 流失的 24.1%～31.6%和 7.7%～24.1%；NH_4^+-N 比例较少，为 9.4%～15.4%。这表明 3 种处理下渗漏水 TN 输出除 DIN 外，还有 DON 和 PN。

表 4-16 不同地被物类型试验小区径流溶解态总氮随各分层径流输出形态

处理措施	分层径流	不同组分的 DTN 输出量/（kg/hm²）				占 DTN 比例/%		占 TN 比例/%		
		DIN			DON	DIN	DON	NH_4^+-N	NO_3^--N	DON
		NH_4^+-N	NO_3^--N	小计						
百喜草覆盖	地表径流	0.03	0.19	0.22	0.14	61.1	38.9	5.4	33.9	25.0
	30 cm 壤中流	0.02	0.06	0.08	0.04	66.7	33.3	10.5	31.6	21.1
	60 cm 壤中流	0.02	0.04	0.06	0.01	85.7	14.3	15.4	30.8	7.7
	105 cm 深层渗漏	0.27	0.69	0.96	0.69	58.2	41.8	9.4	24.1	24.1
	总径流	0.34	0.98	1.32	0.88	60.0	40.0	9.1	26.2	23.5
枯落物敷盖	地表径流	0.07	0.16	0.23	0.08	74.2	25.8	10.4	23.9	11.9
	30 cm 壤中流	0.11	1.79	1.90	0.17	91.8	8.2	4.1	67.3	6.4
	60 cm 壤中流	0.02	1.85	1.87	0.25	88.2	11.8	0.7	68.8	9.3
	105 cm 深层渗漏	1.18	96.65	97.83	17.66	84.7	15.3	0.8	68.5	12.5
	总径流	1.38	100.45	101.83	18.16	84.9	15.1	0.9	68.3	12.3
裸露对照	地表径流	0.20	0.33	0.53	0.91	36.8	63.2	4.9	8.1	22.5
	30 cm 壤中流	0.02	0.71	0.73	0.02	97.3	2.7	2.0	72.4	2.0
	60 cm 壤中流	0.04	0.49	0.53	0.02	96.4	3.6	4.5	55.7	2.3
	105 cm 深层渗漏	2.92	47.25	50.17	3.39	93.7	6.3	4.7	76.7	5.5
	总径流	3.18	48.78	51.96	4.34	92.3	7.7	4.7	72.2	6.4

注：DTN、DIN、DON 分别表示溶解态总氮、溶解态无机氮和溶解态有机氮。由于数值修约所致误差。

枯落物敷盖和百喜草覆盖是拦截坡面径流、增加水分入渗、减少地表养分流失的常见的水土保持措施，已被广泛应用（Bosch et al.，2012；吕玉娟等，2015）。近年来，有学者（Wanwisa et al.，2005；Owino et al.，2006）研究发现，覆盖措施、植物篱等水土保持措施在减少养分地表流失的同时，也同样增加了养分渗漏损失。本节研究结果表明（表 4-17），与裸露对照相比，百喜草覆盖所产生的地表径流及其不同形态氮流失的拦截能力与枯落物敷盖相当；但枯落物敷盖和百喜草覆盖对渗漏水及其氮素流失的拦截效应不同，即保留草被覆盖对于坡耕地渗漏水量及其氮流失有着明显的削减效应，而采取枯落物敷盖的坡耕地有增大氮深层损失的风险。草被覆盖对于坡耕地的氮素保持具有十分重要的价值：一方面，草被覆盖可以有效减少降雨对坡面土壤的打击，拦蓄径流，减少径流的氮素浓度，降低氮素流失通量；另一方面，草被覆盖可以有效吸收坡耕地土壤中多余的溶解态氮素，减少氮素流失。可见，单纯采用枯落物敷盖措施虽能有效控制地表养分流失，但又引起了渗漏损失增加等问题。因此，应该综合多种措施，形成一种或几种综合性的覆盖模式是十分必要的。

表 4-17 不同地被物类型对各分层径流不同形态氮的拦截效应 （单位：%）

处理措施	对地表径流及其氮素流失的拦截效应					对渗漏水及其氮素流失的拦截效应				
	地表径流	TN	DIN	DON	PN	壤中流	TN	DIN	DON	PN
百喜草覆盖	67.9	86.2	58.1	84.5	92.5	14.7	95.0	97.9	78.2	84.5
枯落物敷盖	69.5	83.5	55.7	91.9	86.1	−40.9	−130.7	−97.5	−426.9	−210.5

注：以裸露处理为对照。

4.3 氮素随侵蚀和渗漏同步迁移输出过程模拟

本节利用大型土壤水分渗漏装置的地表径流泥沙、渗漏水及其中的氮素含量实测数据，构建氮素输出与水文泥沙过程的数学关系，耦合土壤水流模拟程序 HYDRUS-2D 和地表水沙模拟程序 WEPP，构建可以动态模拟水文泥沙过程的水沙动力学模型，最终形成一套同时可定量描述地表径流泥沙、渗漏水、氮素输出过程的综合模型，以期为红壤坡耕地水土流失预测和农业面源污染防治提供计算工具。

4.3.1 数据采集

采用大型土壤水分渗漏装置的裸露处理为本次试验小区，试验小区及采样装置基本情况见 3.1.1 节，试验期间测定地表径流量及 30 cm、60 cm、105 cm 渗漏水量，并采集水样测定养分含量。本节选取 2015 年 5 月 22 日～2016 年 4 月 22 日收集到的 21 场次降雨的数据进行氮素输出过程模拟。由于地表径流产流历时短，因此记录数据为该场次降雨发生的累积地表径流量；而渗漏水持续时间很长（尤其是深层渗漏），故渗漏水为日记录数据，共 337 组数据。因人工采样受限于时间和设备等因素，故泥沙量、地表氮素输出量和壤中氮素输出量分别有 10 场、12 场、14 场次降雨的数据。将 2015 年 5 月 22 日～2016 年 1 月 31 日的数据用于经验模型构建及机理性模型参数校正，这段时期称为模型校正期，其间地表径流量、渗漏水量、泥沙量、地表氮素输出量和壤中氮素输出量数据分别有 16 组、255 组、6 组、8 组和 9 组；而将 2016 年 2 月 1 日～4 月 22 日的数据用于模型验证，这段时期称为模型验证期，其间地表径流量、渗漏水量、泥沙量、地表氮素输出量和壤中氮素输出量分别有 5 组、82 组、4 组、4 组和 5 组样本数据。

为了判别模拟值与观测值之间的拟合精度，需要引入统计学指标。常用于判别拟合精度的统计学指标有决定系数 R^2（$R^2\in[0,1]$）、均方根误差 RMSE（$\mathrm{RMSE}\in[0,+\infty)$）、偏差 BIAS（$\mathrm{BIAS}\in[0,+\infty)$）、一致性指标 IA（$\mathrm{IA}\in[0,1]$）等。其中，BIAS 表示的是平均误差与观测均值之比，与 R^2、IA 都是相对指标，无量纲；RMSE 的量纲与统计对象相同。各指标计算公式为

$$\mathrm{SE}_{\mathrm{obs}}=\sum_{i=1}^{N}\left(v_{\mathrm{obs},i}-\bar{v}_{\mathrm{obs}}\right)^2 \tag{4-13}$$

$$\mathrm{SE}=\sum_{i=1}^{N}\left(v_{\mathrm{obs},i}-v_{\mathrm{sim},i}\right)^2 \tag{4-14}$$

$$R^2=1-\frac{\mathrm{SE}}{\mathrm{SE}_{\mathrm{obs}}} \tag{4-15}$$

$$\mathrm{RMSE}=\sqrt{\frac{\mathrm{SE}}{N-1}} \tag{4-16}$$

$$\mathrm{BIAS}=\frac{\sum_{i=1}^{N}\left|v_{\mathrm{obs},i}-v_{\mathrm{sim},i}\right|}{\sum_{i=1}^{N}v_{\mathrm{obs},i}} \tag{4-17}$$

$$\mathrm{IA}=1-\frac{\mathrm{SE}}{\sum_{i=1}^{N}\left[\left|v_{\mathrm{sim},i}-\bar{v}_{\mathrm{sim}}\right|+\left|v_{\mathrm{obs},i}-\bar{v}_{\mathrm{obs}}\right|\right]^2} \tag{4-18}$$

式中，$v_{\mathrm{sim},i}$为模拟值；$v_{\mathrm{obs},i}$为观测值；$\bar{v}_{\mathrm{sim}}$、$\bar{v}_{\mathrm{obs}}$分别为$v_{\mathrm{sim},i}$、$v_{\mathrm{obs},i}$的平均值；N为样本数量；$\mathrm{SE}_{\mathrm{obs}}$为观测值离差平方和；SE 为残差平方和。BIAS 和 RMSE 越小，R^2、IA 越大，表明拟合的效果越好。

4.3.2 模型构建

1. 氮素输出经验模型

如图 4-10 所示，分析模型校正期有效观测数据发现，壤中氮素输出量与渗漏水量显著相关（相关系数为 0.95）。在实际中，若无渗漏水产生，则氮素不会从壤中输出，因此本节采用无截距的二次函数表示壤中氮素输出量与渗漏水量的关系，即

$$N_{\mathrm{g}}=-0.0007Q_{\mathrm{g}}^2+0.0529Q_{\mathrm{g}} \tag{4-19}$$

式中，N_{g}为壤中氮素输出量，g；Q_{g}为渗漏水量，mm。

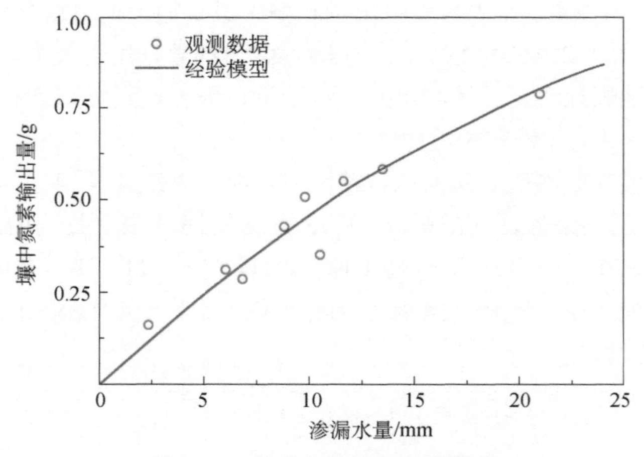

图 4-10 壤中氮素输出经验模型

相关性分析表明，地表氮素输出量与泥沙量的相关系数达到0.92，而地表氮素输出量与地表径流量的相关系数为0.78（图4-11），可见地表氮素输出量与土壤侵蚀关系更为密切。通过分析，本节研究采用幂函数表示地表氮素输出量与泥沙量的关系，即

$$N_s = 0.9163 M_e^{0.3512} \tag{4-20}$$

式中，N_s为地表氮素输出量，g；M_e为泥沙量，kg。

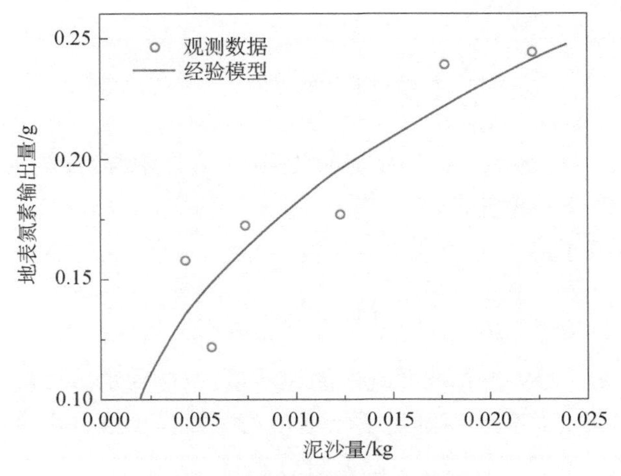

图4-11　地表氮素输出经验模型

如表4-18所示，式（4-19）和式（4-20）均具有较高的模拟精度。

表4-18　氮素输出经验模型评价

评价指标	R^2	RMSE	BIAS	IA
地表氮素输出量	0.829	0.020	0.09	0.95
壤中氮素输出量	0.912	0.056	0.11	0.98

2. 地表径流和渗漏水耦合下氮素输出模型构建

Richards方程用达西定律和质量守恒定律推导，其对于水分通量计算具有较大的优势，可用于描述饱和-非饱和土壤水流动力学过程。本节研究假设垂直于坡向上的水流过程是相同的，则土壤水流动力学过程以二维Richards方程表示，即

$$\left[C(h)) + \beta\mu_s\right]\frac{\partial h}{\partial t} = \frac{\partial}{\partial x}\left[K(h)\frac{\partial h}{\partial x}\right] + \frac{\partial}{\partial z}\left[K(h)\frac{\partial h}{\partial z}\right] - \frac{\partial K(h)}{\partial z} \tag{4-21}$$

式中，t为时间；h为土壤压力水头；$K(h)$为水力传导度；$C(h)$为容水度；β非饱和时为0，饱和时为1；μ_s为弹性释水系数；x为坡向水平投影方向坐标；z为距离地表的深度，向下为正。

式（4-21）的定解条件可根据实际情况进行设置，下边界根据地下水位情况设为定水头边界或者根据不透水层位置设为0通量边界；在降雨条件下，上边界可设为给定通量边界，即降水量与地表径流量之差。HYDRUS-2D模型以混合型Richards方程为基础，

采取有限单元法进行时空离散，采取 Picard 迭代方法进行数值求解，这样能够模拟土壤水分、压力和边界通量动态过程，具有较高的模拟精度，并在农田水利、水文水资源及地下水污染防治方面得到了广泛应用，因此本节研究选取 HYDRUS-2D 模型对式（4-21）进行求解。

对于径流泥沙过程，可参考美国农业部开发的 WEPP 模型。其单次降雨模块以一维运动波方程模拟地表径流，可描述为

$$\frac{\partial h}{\partial t}+\frac{\partial q}{\partial l}=r\cos\theta-i \tag{4-22}$$

式中，l 为某点沿下坡方向的距离；h 为地表水深；r 为净雨强；i 为入渗速率；θ 为坡面与水平面夹角；q 为地表径流通量。

泥沙输移方程可表示为

$$\frac{\mathrm{d}G}{\mathrm{d}l}=D_{\mathrm{L}}+D_{\mathrm{F}} \tag{4-23}$$

式中，G 为输沙量；D_{L} 为从相邻坡面流入的泥沙量；D_{F} 为水流对沟道的剥蚀量或水流中泥沙的沉积量。对于裸土而言，当确定了土壤相关参数、土壤含水量和气象因素后，即可借助 WEPP 模型对式（4-22）和式（4-23）进行求解。

为保证上边界通量和土壤水分计算的一致性，本节研究所采取的耦合方法如图 4-12 所示，即 HYDRUS-2D 模型土壤水分模拟结果作为 WEPP 模型的输入条件，然后以 WEPP 模型计算的径流量分割降水量（扣除蒸发量后），从而得到 HYDRUS-2D 模型的上边界通量；以 FORTRAN 95 程序编写 WEPP 模型和 HYDRUS-2D 模型的输入输出文件交互接口，并控制程序运行，模拟出壤中流量和侵蚀泥沙量后，根据式（4-19）和式（4-20）即可得到壤中和地表氮素的输出量。

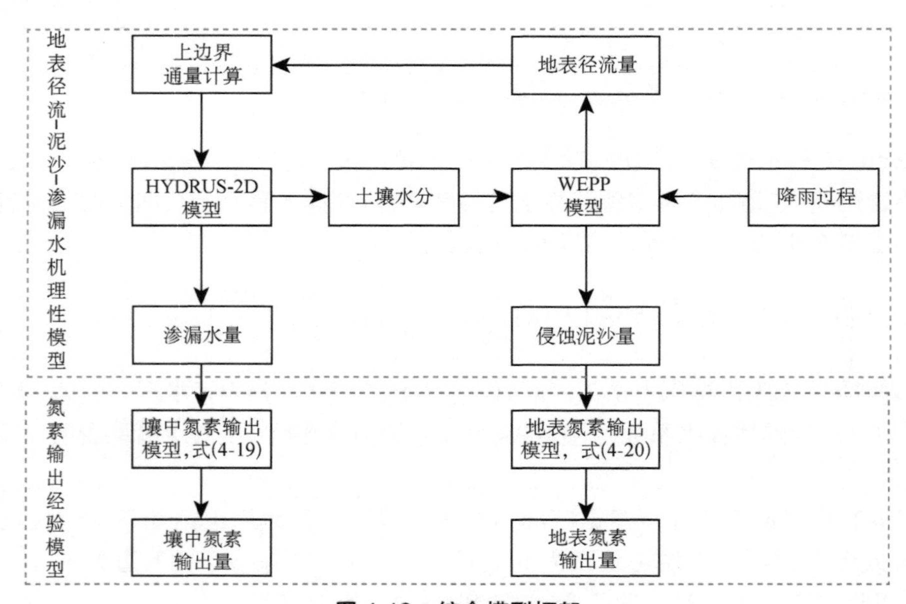

图 4-12 综合模型框架

4.3.3 参数校正和模型检验

采用图 4-12 所示的模型框架进行模拟，还需要确定机理性模型的参数。对于模型参数初值，一部分采用实测法获取，其余则通过模型自带的估算方法（如 HYDRUS-2D 模型中的土壤水动力参数、WEPP 中的土壤侵蚀参数等）获取。

通过敏感性分析可知，对地表径流量、渗漏水量和泥沙量影响最大的为饱和水力传导度（K_s），其余参数影响相对较小，因此主要对各层饱和水力传导度进行了校正。如前所述，模型校正期选择 2015 年 5 月 22 日～2016 年 1 月 31 日，参数校正前后模拟值与观测值的比较结果见表 4-19，校正后的参数模拟精度得到了很大程度的提高（R^2 和 IA 增加，BIAS 和 RMSE 减少）。R^2、BIAS 和 IA 还可用于评价不同数据类别的模拟精度，因此，以校正后的参数 K_s 进行模拟，渗漏水量的模拟精度最高，泥沙量的模拟精度相对较差。值得注意的是，各土层饱和水力传导度实测值与校正值可相差 1.4～4.7 倍（表 4-20），这是导致实测参数模拟结果与实测值相差较大的根本原因。

表 4-19 参数校正前后模拟评价

数据类别	样本数量	R^2		RMSE		BIAS		IA	
		校正前	校正后	校正前	校正后	校正前	校正后	校正前	校正后
地表径流量	16	0	0.895	1.60	0.364	1	0.228	0	0.974
泥沙量	6	0	0.634	0.001 9	0.000 6	1	0.297	0	0.932
渗漏水量	255	0.451	0.942	0.248	0.080 8	0.591	0.193	0.688	0.986

表 4-20 各土层饱和水力传导度校正前后比较

土层/cm	K_s/（cm/d）		K_s 校正前后之比
	校正前	校正后	
0～30	168.5	29.5	5.7
30～60	14.19	5.8	2.4
60～105	12.42	5.0	2.5

进行参数校正后，即可对模型验证期（2016 年 2 月 1 日～4 月 22 日）的地表径流量、渗漏水量、泥沙量、地表氮素输出量、壤中氮素输出量进行模拟。模拟结果不仅可以较好地匹配地表径流量、渗漏水量、泥沙量、地表氮素输出量、壤中氮素输出量等观测值，还可以估计出未能实测到的数据。精度评价指标（表 4-21）表明，渗漏水量和壤中氮素输出量的模拟效果（决定系数达到 0.84 以上，一致性指标达到 0.96 以上）要强于地表径流量、泥沙量和地表氮素输出量（决定系数为 0.410～0.685，一致性指标为 0.585～0.869）。分析模拟结果（图 4-13）发现，在降雨产流期，壤中氮素输出量显著高于地表氮素输出量，且在未降雨期间氮素随着渗漏水持续输出，说明渗漏水是红壤坡耕地氮素的主要流失途径，这与前人研究结论一致（Zheng et al.，2017）。此外，渗漏水产流高峰较降雨峰值延后，且一次降雨的渗漏水会持续数天，说明土壤起到了一定的缓冲作用。

表 4-21 模型验证期模拟精度评价

数据类别	样本数量	R^2	RMSE	BIAS	IA
地表径流量	5	0.514	0.975	0.613	0.585
泥沙量	4	0.685	0.0057	0.387	0.869
地表氮素输出量	4	0.410	0.071	0.572	0.648
渗漏水量	82	0.884	0.765	0.269	0.972
壤中氮素输出量	5	0.840	0.064	0.144	0.962

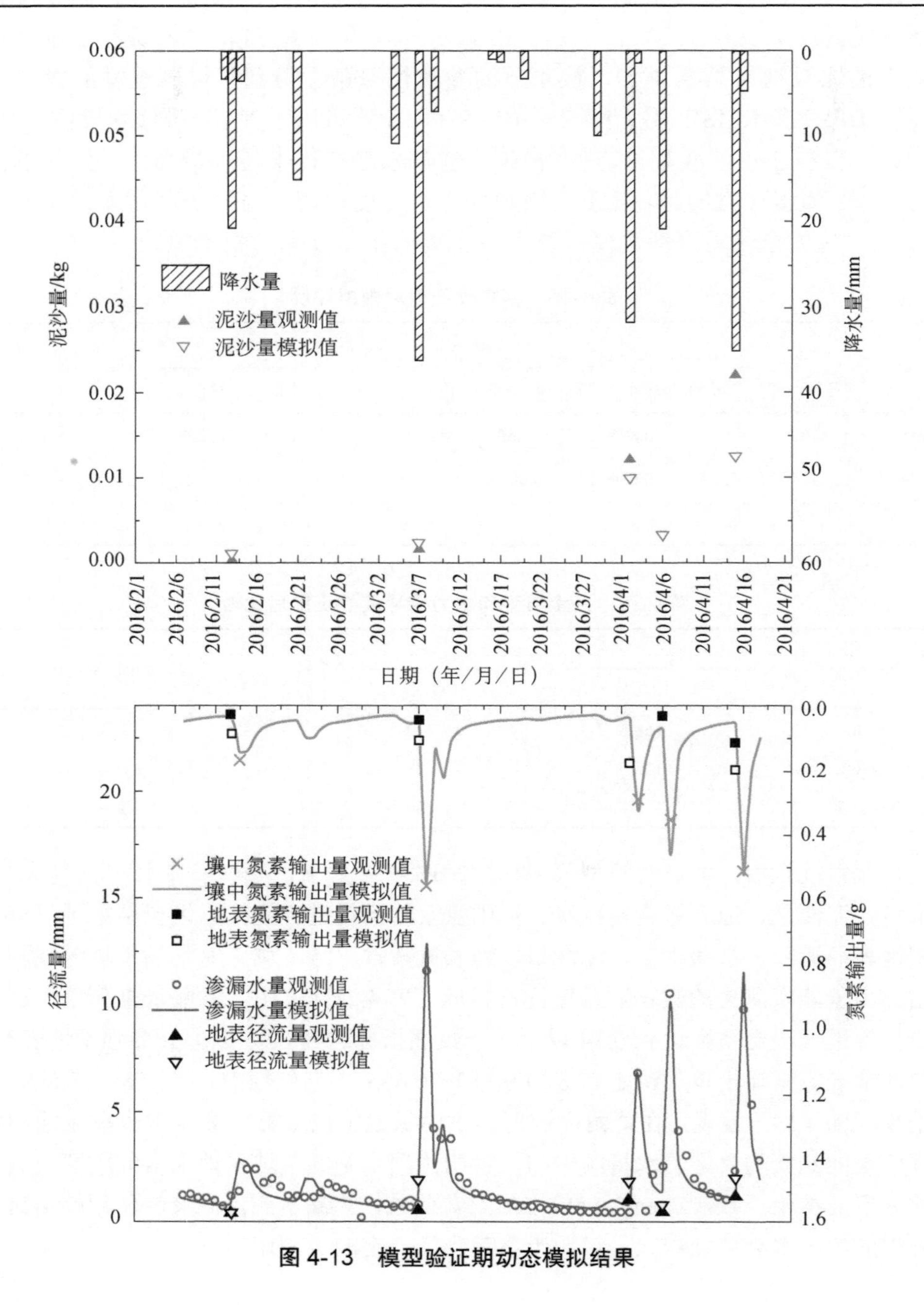

图 4-13 模型验证期动态模拟结果

4.4 本章小结

本章基于自然降雨条件下不同类型红壤坡耕地侵蚀和渗漏观测及其氮素含量监测数据，深入分析了氮素随侵蚀和渗漏输出的浓度、通量和形态特征，形成了可定量描述氮素随侵蚀和渗漏同步输出的综合模型一套。主要研究结果如下：

（1）利用野外土壤水分渗漏试验明确了常规耕作下红壤坡耕地氮素随侵蚀和渗漏输出特征：通过连续两个作物（花生）生长季自然降雨事件，监测分析了氮素随地表径流、0～90 cm 壤中流和深层渗漏水输出的浓度、通量和形态特征，发现由于深层渗漏量在坡面产流总量中占绝对比重，深层渗漏是氮素水体损失的主要途径；然而，次降雨条件下地表径流和壤中流的总氮输出浓度均超过地表水Ⅴ类水标准值，进入河湖水体后存在诱发富营养化的风险。因此，侵蚀和渗漏是防治红壤旱坡花生地氮素损失的重要途径，幼苗期至结荚期各分层径流中氮素输出浓度和输出通量总体表现较大，是防治红壤旱坡花生地氮素水体损失的关键时期；氮素随各分层径流输出通量以径流溶解态为主（累计占 TN 流失量的 70%以上），其中，壤中流和深层渗漏中溶解态氮以无机态氮尤其是以硝态氮为主，而地表径流中溶解态氮以硝态氮为主，但铵态氮也占有较大份额。因此，控制硝态氮渗漏淋失以及硝态氮和铵态氮地表径流流失是减少红壤旱坡花生地氮素水体损失的关键途径。

（2）利用野外土壤水分渗漏试验明确了不同水保措施下红壤坡耕地氮素随侵蚀和渗漏输出特征：通过 28 场自然降雨事件监测分析了氮素随径流垂向分层输出的浓度、通量和形态特征，发现渗漏是氮素径流损失的主要途径；枯落物敷盖和裸露对照处理地表径流中氮素输出以悬浮颗粒态为主，百喜草覆盖处理则以径流溶解态为主，而渗漏水中氮素输出则均以溶解态（尤其是无机氮）为主，且枯落物敷盖和裸露对照处理下渗漏水中氮素输出溶解态氮和无机氮占比高于百喜草覆盖处理，各分层径流输出的硝态氮都要显著高于铵态氮；百喜草覆盖有效减少了氮素径流流失量，枯落物敷盖虽然减少了氮素地表径流流失量，但增加了氮素渗漏损失量。因此，在红壤坡耕地开发中，采取生草覆盖和枯落物敷盖相结合的方式，能更好地达到保持土壤肥力、减少侵蚀和预防农业面源污染的效果。

（3）基于经验模型、土壤水运动模型和坡面土壤侵蚀模型开展了侵蚀和渗漏双重影响下红壤坡耕地氮素迁移输出过程模拟：以红壤裸露坡地大型渗漏装置为研究对象，分析了泥沙量-地表氮素输出量、渗漏水量-壤中氮素输出量等观测数据之间的数学关系，构建了氮素随径流泥沙输出的经验模型，并将该模型与经典的 HYDRUS-2D、WEPP 模型进行耦合，最终形成了一套同时可定量描述地表径流量、泥沙量、渗漏水量、氮素输出量的综合模型。以实测数据对模型参数进行了校正及模型检验，校正后的参数对径流量、泥沙量、渗漏水量、氮素输出量均具有较好的模拟效果（决定系数在 0.410 以上），其中渗漏水量和壤中氮素输出量模拟效果更好，决定系数分别达 0.884 和 0.840。

需要指出的是，本次试验分析未涉及推移质泥沙所吸附的氮素，其将在后续试验研究中予以补充。此外，本节研究虽已基本建立了具有一定物理意义、适合红壤坡耕地产流的数学模型，但今后还应加强观测，通过更大量的实测数据对模型及参数进行验证；同时，因模型还存在遇强降雨时不收敛等缺陷，故应加强模型自身修补的工作。

参考文献

陈晓安，杨洁，郑太辉，等. 2015. 赣北第四纪红壤坡耕地水土及氮磷流失特征[J]. 农业工程学报，31(17)：162-167.

褚利平，王克勤，宋泽芬，等. 2010. 烤烟坡耕地壤中流氮、磷浓度的动态特征[J]. 农业环境科学学报，29（7）：1346-1354.

串丽敏，赵同科，安志装，等. 2010. 土壤硝态氮淋溶及氮素利用研究进展[J]. 中国农学通报，26（11）：209-214.

邓华，高明，龙翼，等. 2021. 石盘丘小流域不同土地利用方式下土壤氮磷流失形态及通量[J]. 环境科学，42（1）：251-262.

高忠霞，杨学云，周建斌，等. 2010. 小麦-玉米轮作期间不同施肥处理氮素的淋溶形态及数量[J]. 农业环境科学学报，29（8）：1624-1632.

何淑勤，宫渊波，郑子成. 2014. 紫色土区坡耕地壤中流磷素流失特征研究[J]. 水土保持学报，28（2）：20-24.

吕玉娟，彭新华，高磊，等. 2015. 红壤丘陵岗地区坡地地表径流氮磷流失特征研究[J]. 土壤，47（2）：297-304.

莫明浩，谢颂华，张杰，等. 2016. 红壤坡地氮溶质分层输出特征试验研究[J]. 水利学报，47（7）：924-933.

孙波，王兴祥，张桃林. 2003. 红壤养分淋失的影响因子[J]. 农业环境科学学报，22（3）：257-262.

谭德水，江丽华，谭淑樱，等. 2015. 湖区小麦-玉米轮作模式下不同施肥措施调控氮磷养分流失研究[J]. 土壤学报，52（1）：128-137.

谭德水，江丽华， 张骞，等. 2011. 不同施肥模式调控沿湖农田无机氮流失的原位研究——以南四湖过水区粮田为例[J]. 生态学报，31（22）：3488-3496.

王洪杰，李宪文，史学正，等. 2002. 四川紫色土区小流域土壤养分流失初步研究[J]. 土壤通报，33（6）：441-444.

王建中，刘凌，宋兰兰. 2009. 坡地氮磷流失过程模拟[J]. 水科学进展，20（4）：531-536.

王全九，穆天亮，王辉，等. 2008. 土壤溶质随径流迁移基本特征分析[J]. 水土保持研究，15（6）：38-41.

王全九，王辉，郭太龙. 2010. 黄土坡面土壤溶质随地表径流迁移特征与数学模型[M]. 北京：科学出版社.

王帅兵，宋娅丽，王克勤，等. 2018. 不同雨型下反坡台阶减少红壤坡耕地氮磷流失的效果[J]. 农业工程学报，34（13）：160-169.

王兴祥，张桃林. 1999. 红壤旱坡地农田生态系统养分循环和平衡[J]. 生态学报，19（3）：335-341.

邢栋，张展羽，杨洁，等. 2015. 旱涝急转条件下红壤坡地径流养分流失特征研究[J]. 灌溉排水学报，34（2）：11-15.

杨昕，王克勤，宋娅丽，等. 2020. 滇中红壤丘陵区不同土地利用类型坡地氮磷流失特征[J]. 水土保持研究，27（3）：23-29.

袁东海，王兆赛，陈新，等. 2002. 不同农作方式红壤坡耕地土壤氮素流失特征[J]. 应用生态学报，13（7）：863-866.

张展羽，吴云聪，杨洁，等. 2013. 红壤坡耕地不同耕作方式径流及养分流失研究[J]. 河海大学学报（自然科学版），41（3）：241-246.

张展羽，左长清，刘玉含，等. 2008. 水土保持综合措施对红壤坡地养分流失作用过程研究[J]. 农业工程学报，24（11）：41-45.

赵其国. 2002. 中国东部红壤地区土壤退化的时空变化、机理及调控[M]. 北京：科学出版社.

Aronsson H, Hansen E M, Thomsen I K. 2016. The ability of cover crops to reduce nitrogen and phosphorus losses from arable land in southern Scandinavia and Finland[J]. Journal of Soil and Water Conservation,

71(1)：41-55.

Bosch D D, Truman C C, Potter T L, et al. 2012. Tillage and slope position impact on field-scale hydrologic processes in the South Atlantic Coastal Plain[J].Agricultural Water Management, 111：40-52.

Folly A, Quinton J N, Smith R E. 1999. Evaluation of the EUROSEM model using data from the Catsop watershed, the Netherlands | Groenekennis[J]. Catena, 37：507-519.

Mandal S, Goswami A R, Mukhopadhyay S K. 2015. Simulation model of phosphorus dynamics of an eutrophic impoundment-East Calcutta Wetlands, a Ramsar site in India[J]. Ecological Modelling, 306：226-239.

Morgan R P C, Quinton J N, Smith R E, et al. 1998. The European Soil Erosion Model (EUROSEM)：A dynamic approach for predicting sediment transport from fields and small catchments[J]. Earth Surface Processes and Landforms, 23(6)：527-544.

Oenema O, Kros H, de Vries W. 2003. Approaches and uncertainties in nutrient budgets：Implications for nutrient management and environmental policies[J]. European Journal of Agronomy, 20(12)：3-16.

Owino J O, Owido S F O, Chemelil M C. 2006. Nutrients in runoff from a clay loam soil protected by narrow grass strips[J]. Soil and Tillage Research, 88(1/2)：116-122.

Rashmi I, Biswas A K, Ramkrishana Parama V R. 2014. Phosphorus management in agriculture：A review [J]. Agricultural Reviews, 35(4)：261.

Sharpley A N, McDowell R W, Kleinman P J A. 2001. Phosphorus loss from land to water：Integrating agricultural and environmental management[J]. Plant and Soil, 237(2)：287-307.

Wallach R, Jury W A, Spencer W F. 1988. Transfer of chemicals from soil solution to surface runoff：A diffusion-based soil model[J]. Soil Science Society of America Journal, 52：612-618.

Wanwisa P, Thanuchai K, Thomas H H, et al. 2005. Nitrogen Losses by Erosion and Leaching in Hillside Cropping Systems of Northeast Thailand as Affected by Soil Conservation Measures：A Case Study [C]. Berlin：Conference on International Agricultural Research for Development, Stuttgart-Hohenheim.

Zhang J S, Zhang F P, Yang J H, et al. 2011. Emissions of N_2O and NH_3, and nitrogen leaching from direct seeded rice under different tillage practices in central China[J]. Agriculture, Ecosystems & Environment, 140(1-2)：164-173.

Zheng H J, Liu Z, Zuo J C, et al. 2017. Characteristics of nitrogen loss through surface-subsurface flow on red soil slopes of southeast China [J]. Eurasian Soil Science, 50 (12)：1506-1514.

Zheng Z M, Zhang T Q, Wen G. 2014. Soil testing to predict dissolved reactive phosphorus loss in surface runoff from organic soils[J]. Soil Science Society of America Journal, 78(5)：1786-1796.

第5章

侵蚀和渗漏对氮素损失的影响及机制

降雨和径流驱动下，坡面水-土-养分损失过程机制较为复杂，揭示降雨产流、侵蚀产沙和养分损失的时空差异特征，剖析关键影响因素，可以为探讨坡面土壤养分损失控制技术提供理论基础。已有研究表明，降水、地形和植被是影响坡面侵蚀和渗漏的重要因素。在持续降雨条件下，由于降水、地形和植被条件的不同，坡面产流产沙与氮素损失过程存在明显差别。本书第4章发现侵蚀和渗漏是坡耕地氮素损失不可忽视的主要途径，本章在江西水土保持生态科技园内进行人工模拟降雨试验，分析不同坡度、不同雨强和不同作物生育期等条件下侵蚀和渗漏的氮素损失过程特征，并比较其差异，以进一步探究红壤坡耕地氮素侵蚀和渗漏损失的影响机制。

5.1 材料与方法

5.1.1 试验设计与指标观测

人工模拟降雨试验采用垂直下喷式自动模拟降雨系统，降雨器有效高度为5 m，降雨雨滴直径和分布与天然降雨相似，雨强变化范围为0～100 mm/h，降雨均匀度达90%以上。试验土槽规格为3 m（长）×1.5 m（宽）×0.6 m（深），可观测采集坡面地表径流泥沙和渗漏水量（图5-1）。供试土壤为科技园的第四纪红黏土发育的红壤，土壤有机质含量3.72 g/kg、全氮含量0.47 g/kg、全磷含量0.15 g/kg、碱解氮含量60.87 mg/kg、速效磷含量0.32 mg/kg、pH 6.35。试验土槽填土50 cm，先在底部铺10 cm细沙以保证良好的透水性，再在其上分层填装供试土壤（过10 mm筛），填土容重按田间翻耕后的实际值控制在1.25 g/cm^{3}左右。在填装上层土料之前，耙松下层土壤表面，以防土层之间出现分层现象。在土层填装完后，将土槽放置于露天试验场，经过多场自然降雨后，待土层的理化性状基本稳定，再进行人工模拟降雨试验。

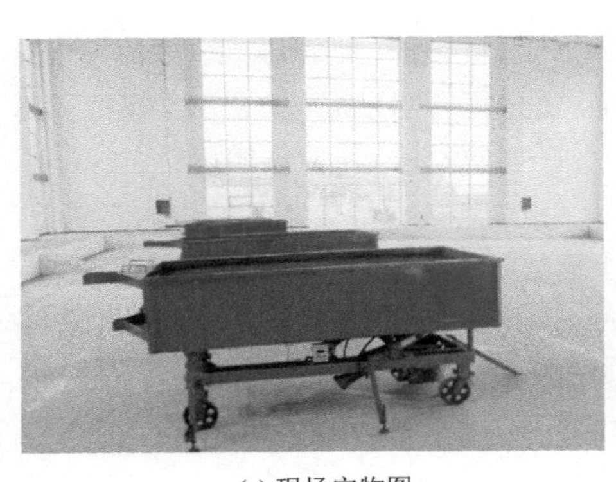

(a) 现场实物图

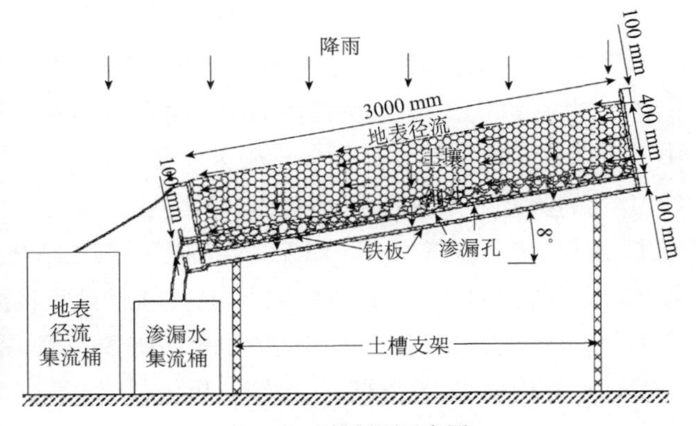

(b) 土槽剖面示意图

图5-1 人工模拟降雨试验装置图

人工模拟降雨强度是结合当地侵蚀性降雨标准进行设计的，包括0.5 mm/min、1.0 mm/min、1.5 mm/min；土槽坡度可以通过液压设备调整，鉴于江西省大部分红壤坡耕地坡度介于5°～15°，试验设置5°、10°和15°三个坡度处理，在花生开花结荚期开展人工降雨试验；此外，在花生播种初期（植被覆盖度 17.4%）和收获后（植被覆盖度为 0）进行人工模拟降雨试验（坡度设置为 10°）。试验作物选取江西省红壤坡耕地最常种植的花生，每个土槽于 5 月上旬以 8000 穴/hm^2、每穴 2 株播种，耕作方式为当地农民普遍采用的顺坡种植，施肥水平参考当地农民习惯，复合肥和磷肥全部作为基肥于花生播种时施入，施用量分别为 750 kg/hm^2、375 kg/hm^2。

降雨前先进行降雨强度的率定，以检验降雨的均匀度和降雨强度是否达到试验要求；然后采用 0.2 mm/min 小雨强进行预降雨，将土壤润湿至饱和开始产流时停止，以保证各试验土槽前期土壤水分条件一致。预降雨结束 24 h 后进行正式降雨，记录地表径流和渗漏的产流时间，用径流桶采集径流样品，采样时间间隔为 3 min。地表产流 30 min 后停止降雨，在降雨停止后记录径流延续时间，收集延续产流量。

地表径流和渗漏水量根据径流桶水位采用预先率定好的水位-体积关系计算获取，降雨数据基于试验区虹吸式自记雨量计获取。每次产流结束后，待径流桶中水样静置 4 h 后采集 500 mL 上清液装瓶用于检测分析。每瓶水样现场添加 1～2 滴浓硫酸固定，并迅速带回实验室至 4℃冰箱保存。样品检测分析在 72 h 内完成，原样分成两份，一份直接检测总氮（TN）含量，另一份过 0.45 μm 滤膜，滤液用于检测溶解态总氮（DTN）、铵态氮（NH_4^+-N）和硝态氮（NO_3^--N）含量。TN 或 DTN 采用碱性过硫酸钾消解-紫外分光光度法测定，NH_4^+-N 采用水杨酸分光光度法测定，NO_3^--N 采用硫酸肼还原法测定。

5.1.2 数据处理与分析

试验数据采用 SPSS 11.5 软件开展相关分析，采用 Excel 2013、Origin Pro 2017 软件处理数据、绘制图表。

5.2 雨强对侵蚀和渗漏氮素输出的影响及作用机制

降雨是土壤侵蚀发生的动力，除直接打击土壤，形成击溅侵蚀外，还形成地表径流，冲刷土体，同时带走土壤表层大量的养分。雨强对降雨径流形成过程有明显影响。在水文模拟计算中，为了满足实际需要，常以雨强为参数对模拟计算过程进行修正，以提高精度。付林池等（2014）的研究结果表明，雨强影响着地表径流量的大小，地表径流量随着雨强的增加而增大。这主要是由于雨强增大时，雨滴也会随之增大，侵蚀土壤的能力增强，破坏土壤的表层结构，导致渗透性能下降，渗漏水减少，形成更多的地表径流。同时，当雨强增大，逐渐超过地表土壤水分入渗能力时，会有更多的雨水形成地表径流，因而地表径流量随着雨强的增大而增加。本节通过室内模拟控制试验，系统分析雨强对红壤坡耕地产流产沙和氮素养分流失的影响。

5.2.1 雨强对产流特征的影响

1. 雨强对产流过程的影响

表 5-1 是试验期间土槽地表径流和壤中渗漏的相关特征参数。降雨初期，雨水主要消

耗于表土浸润和地表土层大孔隙的填充，所以从降雨开始至径流产生有一个明显的滞后时间，即地表径流滞后降雨时间，也叫初始产流时间或初损历时（吴发启等，2003）。3 种雨强（0.5 mm/min、1.0 mm/min、1.5 mm/min）下的平均地表径流滞后降雨时间分别为 668s、222s 和 116 s。在同一坡度条件下，高雨强地表径流滞后降雨时间明显较低雨强时的短。相应地，3 种雨强下的平均产流前累积降水量表现为高雨强小于低雨强，充分表明在本试验条件下，雨强越大，地表产流越快。不同雨强条件下地表径流率各不相同，0.5 mm/min、1.0 mm/min、1.5 mm/min 雨强下的平均地表径流率依次为 0.12 mm/min、0.20 mm/min、0.48 mm/min，总体表现为高雨强大于低雨强。此外，平均峰值地表径流率和平均地表径流系数也表现出随雨强的增大而增大的规律。

表 5-1 不同雨强条件下坡面产流特征

雨强	坡度	滞后降雨时间/s		产流前累积降水量/mm		径流率/（mm/min）				平均径流系数/%	
						平均		峰值			
		地表径流	渗漏	地表径流	渗漏	地表径流	渗漏	地表径流	渗漏	地表径流	渗漏
0.5±0.05 mm/min	5°	645	1185	5.38	9.88	0.11	0.10	0.18	0.00	4.96	4.26
	10°	651	1296	5.43	10.80	0.20	0.04	0.22	0.08	8.92	2.23
	15°	707	707	5.89	5.89	0.06	0.09	0.07	0.23	2.61	3.90
	平均	668	1063	5.57	8.86	0.12	0.08	0.16	0.10	5.50	3.46
1.0±0.06 mm/min	5°	382	602	6.37	10.03	0.16	0.29	0.21	0.60	7.11	12.99
	10°	161	140	2.68	2.33	0.29	0.12	0.34	0.38	12.05	4.91
	15°	123	476	2.05	7.93	0.16	0.24	0.19	0.61	7.30	10.91
	平均	222	406	3.7	6.76	0.20	0.22	0.25	0.53	8.82	9.60
1.5±0.05 mm/min	5°	119	263	2.98	6.58	0.59	0.23	0.67	0.00	26.14	10.44
	10°	138	204	3.44	5.09	0.45	0.32	0.59	0.71	28.55	10.71
	15°	90	72	2.25	1.80	0.41	0.33	0.45	0.90	18.44	14.54
	平均	116	180	2.89	4.49	0.48	0.29	0.57	0.54	24.38	11.90

壤中渗漏与地表径流过程差异显著。降雨初期，地表径流迅速产生，流量变化过程受降雨影响显著，随雨强增大呈渐增趋势。土槽内地表径流产生的同时，部分雨水用于土壤入渗，一旦土壤完全湿透，该土槽立即产生渗漏水流，流量较稳定，但滞后于地表径流，3 种雨强（0.5 mm/min、1.0 mm/min、1.5 mm/min）下的平均渗漏滞后地表径流时间分别为 395s、184s 和 64s。相应地，3 种雨强下的平均渗漏前累积降水量表现出高雨强小于低雨强的趋势，充分表明在本试验条件下，雨强越大，渗漏越快。本试验中，渗漏水量随雨强的增大而增大，3 种雨强（0.5 mm/min、1.0 mm/min、1.5 mm/min）下的平均渗漏强度（即渗漏径流率）依次为 0.08 mm/min、0.22 mm/min、0.29 mm/min。峰值渗漏强度和平均渗漏系数也表现出随雨强的增大而增大的规律。降雨停止后，地表径流量迅速减小直至停止产流，而渗漏仍维持了相当时间，成为红壤坡耕地径流的唯一出流形式，本试验中其产流时间比地表径流产流时间延长 70 min 以上，有的甚至延长 20.5 h（图 5-2）。

产流过程是降雨与入渗平衡的过程，降雨初期，土壤的入渗率较强，随着雨水的不断入渗，土壤含水量不断增大，土壤入渗率逐步减弱，当入渗率小于降雨强度时，即产生坡面径流。由于入渗率在降雨过程中不断变化，相应的坡面产流率也会不断变化。图 5-3 为不同雨强条件（0.5 mm/min、1.0 mm/min、1.5 mm/min）下地表径流与渗漏的产流过程历时曲线（以 10°为例）。可见，不同雨强条件下的坡面地表产流过程具有类似的变化过程，随着降雨时间持续，地表径流率都呈现先增加后平稳变化的趋势。究其原因，可能在于降雨前期表层土壤的含水量相对较低，土壤的入渗率相对较高，土壤接收的降雨全部入渗，没有导致地表径流产生。随着降雨的继续，雨水入渗使土壤含水量增大，表层土壤接近饱和，加之溅蚀颗粒阻塞土壤孔隙，入渗率逐渐减弱，当入渗率小于雨强时，产流出现。产流开始后，土壤入渗率迅速减弱，导致坡面产流率迅速增加，当土壤含水量和孔隙的变化渐减，入渗将趋于稳定状态，由于雨强相对恒定，坡面的产流率也渐趋稳定，坡面产流率随降雨历时的变化就表现为相对稳定过程（刘俊娥等，2010）。

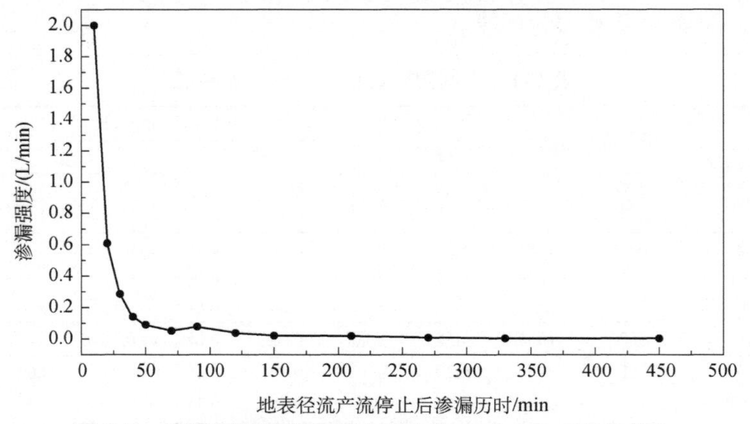

图 5-2 渗漏延时过程曲线（以 1.0 mm/min、15° 为例）

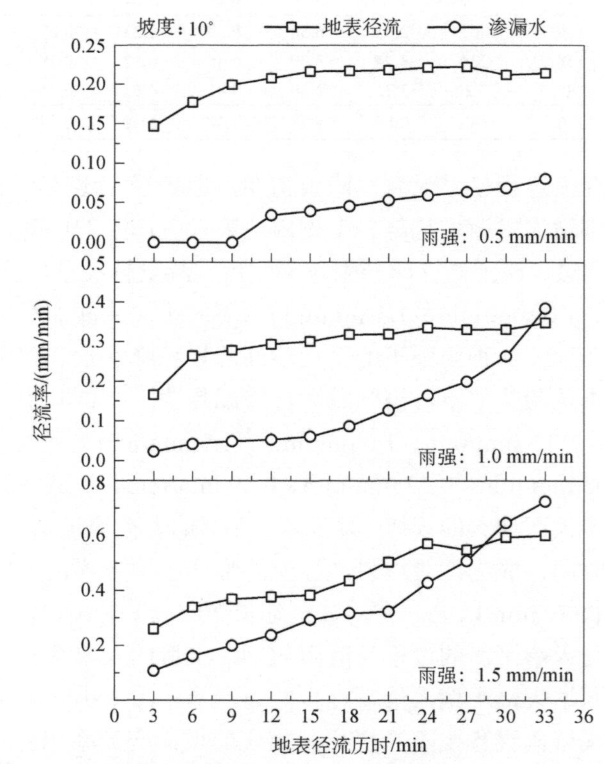

图 5-3 不同雨强条件下的产流过程历时曲线（以 10°为例）

2. 雨强对产流量的影响

作为影响坡面地表径流与渗漏过程的重要影响因素，雨强必然对径流量存在显著影响。试验期间不同雨强条件下的地表径流量和渗漏水量见表 5-2、表 5-3。

表 5-2 不同试验条件下地表径流量与渗漏水量（不考虑延续渗漏水量）

雨强	坡度	径流量/mm			比例/%	
		地表径流	渗漏水	总计	地表径流	渗漏水
0.5±0.05 mm/min	5°	3.68	3.16	6.84	53.8	46.2
	10°	6.66	1.30	7.96	83.7	16.3
	15°	1.76	2.61	4.37	40.3	59.7
	平均	4.03	2.36	6.39	63.1	36.9
1.0±0.06 mm/min	5°	5.25	8.74	13.99	37.5	62.5
	10°	9.70	4.28	13.98	69.4	30.6
	15°	5.41	8.07	13.48	40.1	59.9
	平均	6.79	7.03	13.82	49.1	50.9
1.5±0.05 mm/min	5°	19.32	7.03	26.35	73.3	26.7
	10°	14.72	11.67	26.39	55.8	44.2
	15°	13.64	10.76	24.40	55.9	44.1
	平均	15.89	9.82	25.71	61.8	38.2

表 5-3 不同试验条件下地表径流量与渗漏水量（考虑延续渗漏水量）

雨强	坡度	径流量/mm			比例/%	
		地表径流	渗漏水	总计	地表径流	渗漏水
0.5±0.05 mm/min	5°	3.68	17.27	20.95	17.6	82.4
	10°	6.84	14.01	20.85	32.8	67.2
	15°	1.76	19.60	21.36	8.2	91.8
	平均	4.09	16.96	21.05	19.4	80.6
1.0±0.06 mm/min	5°	5.56	9.68	15.24	36.5	63.5
	10°	11.39	12.47	23.86	47.7	52.3
	15°	6.59	30.56	37.15	17.7	82.3
	平均	7.85	17.57	25.42	30.9	69.1
1.5±0.05 mm/min	5°	21.52	28.03	49.55	43.4	56.6
	10°	18.00	23.28	41.28	43.6	56.4
	15°	16.16	44.60	60.76	26.6	73.4
	平均	18.56	31.97	50.53	36.7	63.3

由表 5-2 可知，在不考虑延续渗漏量的条件下，3 种雨强（0.5 mm/min、1.0 mm/min、1.5 mm/min）下的平均地表径流量分别是 4.03 mm、6.79 mm 和 15.89 mm，平均渗漏水量依次为 2.36 mm、7.03 mm 和 9.82 mm，平均总径流量依次为 6.39 mm、13.82 mm 和 25.71 mm。可见，雨强越大，产生的径流量越大。本试验中渗漏水量所占比例虽然总体小于地表径流所占比例，但仍然较为发育，3 种雨强下渗漏水占比依次为 36.9%、50.9%和 38.2%，表明渗漏是红壤坡耕地径流输出的主要组成部分，这与第 4 章自然降雨事件结果一致。在典型降雨产流事件中，均观测到雨水入渗至底部，并在底部的弱透水界面发生侧向运移形成侧向渗漏水，由此推断大孔隙流是红壤坡耕地渗漏的主要发生机制，这与刘刚才等（2002）和周明华等（2010）在紫色土坡耕地上的研究结果类似。

实际上，降雨停止后，地表径流量迅速减小直至停止产流，而其后渗漏仍维持了相当时间。若考虑降雨停止后的延续渗漏量，本试验中 3 种雨强下平均渗漏水占比分别高达 80.6%、69.1%和 63.3%（表 5-3），渗漏水在总径流量中所占比例远大于地表径流，反映出红壤坡耕地渗漏发育非常活跃，且随着雨强的增加，渗漏水对总径流量的贡献呈现出减小的趋势。

5.2.2 雨强对产沙特征的影响

径流是造成坡面土壤侵蚀的直接动力（Croke and Mockler，2001），泥沙是伴随着降雨径流对坡面土壤的侵蚀而产生的（MacDonald et al.，2001）。降雨初期，坡面受到雨滴的击溅侵蚀，但受土壤自身抗蚀性和根系固持等影响，雨滴动能的溅蚀能力不足以破坏下垫面，并且由于无径流，因而输沙量为零。随着降雨过程的推进，坡面逐渐积水，在坡面出现了流动的水流，坡地表面浮土随径流开始输移和搬运，即在坡地表面形成水沙二相流，径流使分离的泥沙随水流从原来位置向低处移动，造成表土的流失。单位体积径流中泥沙的重量就是径流含沙量。侵蚀过程中的含沙量变化是水沙关系演变的重要指标（徐宪立等，2006）。因此，研究试验坡面在产流后含沙量的变化规律对于完整理解坡面侵蚀发生发展过程具有重要作用。

1. 径流含沙量变化过程

前期研究表明，渗漏水中泥沙含量较少，故本试验未对渗漏水的含沙量进行测定。表 5-4 是不同雨强条件下坡面产沙特征。3 种雨强（0.5 mm/min、1.0 mm/min、1.5 mm/min）下的地表径流平均含沙量分别为 0.47 g/L、1.13 g/L 和 0.79 g/L，呈现出随雨强增大先增加后减少的趋势。

表 5-4 不同雨强条件下坡面产沙特征

雨强	坡度	含沙量/（g/L）		输沙速率/[g/（m^2・min）]		输沙总量/g
		平均	最大	平均	最大	
0.5±0.05 mm/min	5°	0.41	0.65	0.05	0.07	6.71
	10°	0.43	0.76	0.09	0.16	12.81
	15°	0.56	0.90	0.04	0.06	4.27
	平均	0.47	0.77	0.06	0.10	7.93
1.0±0.06 mm/min	5°	0.87	1.06	0.14	0.20	20.71
	10°	0.61	0.74	0.18	0.25	26.53
	15°	1.91	2.08	0.29	0.39	42.60
	平均	1.13	1.29	0.20	0.28	29.95
1.5±0.05 mm/min	5°	0.53	1.23	0.29	0.46	48.30
	10°	1.22	1.63	0.56	0.86	90.12
	15°	0.61	1.56	0.26	0.71	38.37
	平均	0.79	1.47	0.37	0.68	58.93

以 10°为例，进一步分析不同雨强条件下地表径流含沙量变化过程（图 5-4）。3 种雨强条件下，坡面产流后含沙量均在较短时间内即达到峰值，随即下降并趋于稳定。究其原因，这主要是降雨初期坡面存在一定的松散表土，在高强降雨下随着地表径流量增加，表土很

快搬运完，含沙量迅速降低，后期含沙量变化不大。0.5 mm/min 和 1.0 mm/min 雨强条件下的含沙量小于 1.5 mm/min 的含沙量，这主要与较大雨强降雨对表土的溅蚀作用较强，且其地表产流较多，泥沙搬运能力也较强有关。

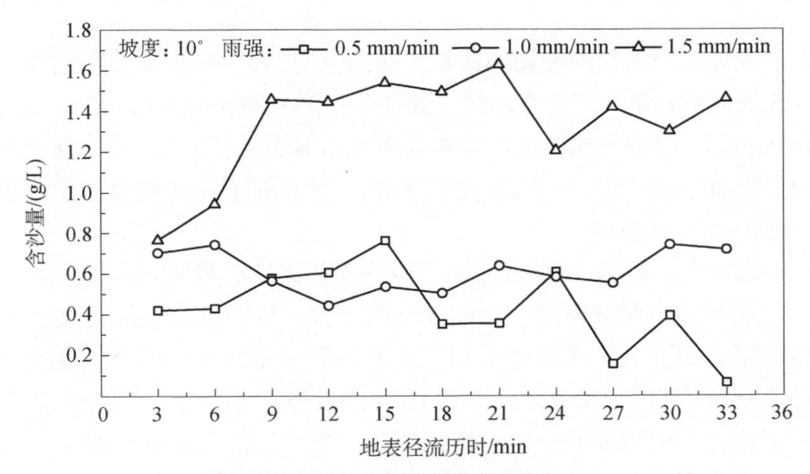

图 5-4　不同雨强条件下地表径流含沙量变化过程（以 10°为例）

2. 累积输沙量变化过程

图 5-5 为不同雨强条件下地表径流累积输沙量变化过程。可见，随着雨强的增大，地表径流累积输沙量逐渐增多。单因素方差分析表明，3 种雨强条件下地表径流累积输沙量存在显著性差异（$P<0.05$）。产流初期（<3 min 时），受坡面作物的影响，地表径流累积输沙量变化曲线未出现较大波动；当始流时间大于 3 min 后，累积输沙量基本呈直线变化，输沙速率变化不大，基本接近一常数。初期受植被和土壤持水的影响，地表径流量小，挟沙能力较弱；随着地表径流率急剧增大，地表径流挟沙能力大幅加强，输沙速率也增至最大；当松散表土层被地表径流冲刷殆尽时，侵蚀方式转换为地表径流对坚实坡面犁底层的冲刷，累积输沙量虽仍有增加，但输沙速率已经下降。雨强为 1.0 mm/min 时，受雨强较小

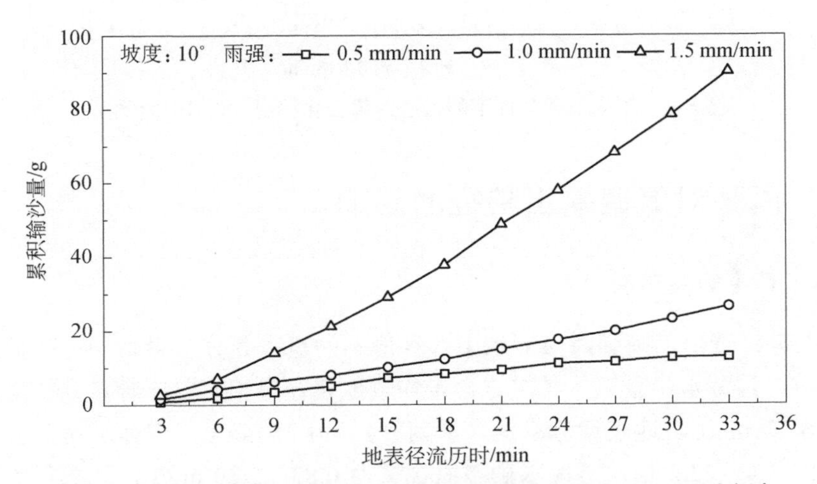

图 5-5　不同雨强条件下地表径流累积输沙量变化过程（以 10°为例）

的影响，在地表径流产流历时近 6 min 后，累积输沙量曲线才出现较大变化；雨强为 0.5 mm/min 时，因雨强最小，对坡面泥沙的分散、冲刷最小，累积输沙量曲线变化不明显。

3. 输沙速率变化过程

输沙速率表征坡面地表径流冲刷和挟带泥沙的强弱。表 5-4 表明，3 种雨强（0.5 mm/min、1.0 mm/min、1.5 mm/min）条件下的平均输沙速率分别为 0.06 g/（m^2 • min）、0.20 g/（m^2 • min）和 0.37 g/（m^2 • min），表现为输沙速率随雨强增大而增加。事实上，不少研究表明，南方红壤丘陵区降雨对土壤侵蚀的影响不仅取决于降水量（P），而且更大程度上受降雨强度特别是最大 30 min 雨强（I_{30}）的影响。

由图 5-6 可以看出，对于 1.5 mm/min 高强降雨，即使在坡面有作物覆盖、地表径流量较小情况下，坡面开始由雨滴击溅产生大量分散土粒，被刚刚形成的薄层水流搬运，所以降雨初期输沙速率迅速变大；在降雨后期，随着表层较分散土粒减少，输沙速率变小并在一段时间内趋于稳定。对于 1.0 mm/min 和 0.5 mm/min 中小雨强，随降雨累积，地表径流增大，挟沙能力增强，但坡面有一定的植物覆盖，作物被雨滴击打而匍匐于地表，减弱了雨滴的进一步击溅作用，同时作物的存在也降低了地表径流流速，从而削弱了地表径流冲刷能力，所以输沙速率在一段时间内趋于稳定。

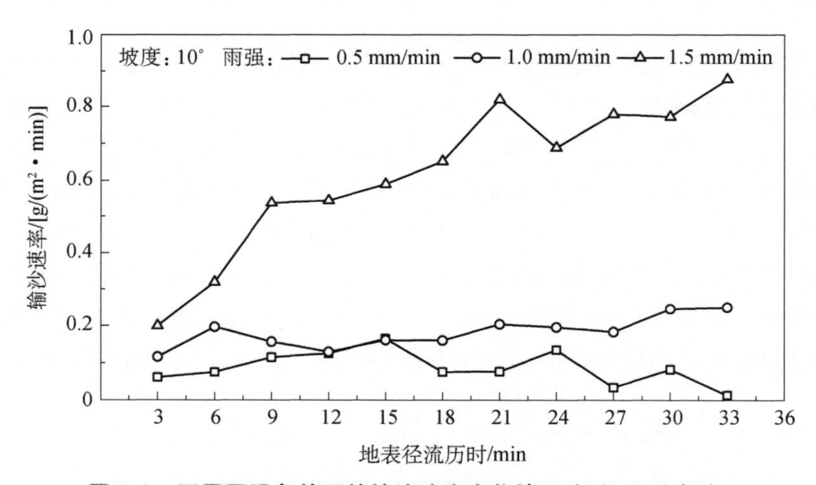

图 5-6　不同雨强条件下的输沙速率变化情况（以 10°为例）

5.2.3　雨强对氮素输出特征的影响

1. 径流中氮素输出特征

从表 5-5 可以看出，雨强对渗漏水中各种形态的氮素养分含量影响无明显规律。对于氮素输出来讲，渗漏水中总氮、硝态氮含量均较地表径流相应养分含量高。渗漏水总氮含量为 0.95～6.57 mg/L，地表径流总氮含量为 0.15～1.35 mg/L，渗漏水总氮含量是地表径流总氮含量的 3.4～22.2 倍；渗漏水硝态氮含量为 0.83～5.80 mg/L，地表径流硝态氮含量为 0.03～0.71 mg/L，渗漏水硝态氮含量是地表径流硝态氮含量的 5.3～42.6 倍。t 检验结果表明，渗漏水中的总氮、硝态氮与地表径流中的总氮、硝态氮含量均在95%的置信区间内差异显著，进一步表明氮的流失主要通过淋溶途径发生。施入土壤的氮素易随水向下移动，并随渗漏水流出土体。渗漏水与地表径流中的铵态氮含量无明显差异。从表5-5中还可以看出，氮素的渗漏输出以硝态氮为主，铵态氮较少。这是由于土壤中矿化释放的铵态氮以及肥料铵很快氧化为土壤中矿质态氮（以硝态氮为主），硝态氮占土壤速效氮总量的83.0%以上；此外，土壤胶体一般带负电荷，铵态氮带正电荷，易被土壤所吸附，难以随土壤溶液移动，而硝态氮带负电荷不易被吸附，易于淋溶流失。

表5-5 不同雨强条件下渗漏水和地表径流氮素含量

雨强	坡度	地表径流/（mg/L）			渗漏水/（mg/L）			渗漏水/地表径流		
		总氮	硝态氮	铵态氮	总氮	硝态氮	铵态氮	总氮	硝态氮	铵态氮
0.5±0.05 mm/min	5°	1.31	0.65	0.48	4.36	3.66	0.36	3.30	5.60	0.80
	10°	0.16	0.07	0.22	3.55	2.98	0.52	22.2	42.6	2.40
	15°	1.35	0.71	0.59	4.38	3.76	0.32	3.20	5.30	0.50
	平均	0.94	0.48	0.43	4.10	3.47	0.40	4.40	7.20	0.90
1.0±0.06 mm/min	5°	0.37	0.15	0.10	3.83	3.51	0.07	10.4	23.40	0.70
	10°	0.25	0.22	0.09	2.09	1.72	0.01	8.40	7.80	0.10
	15°	0.46	0.16	0.15	6.57	5.80	0.10	14.3	36.30	0.70
	平均	0.36	0.18	0.11	4.16	3.68	0.06	11.6	20.40	0.50
1.5±0.05 mm/min	5°	0.15	0.03	0.12	0.95	0.83	0.12	6.30	27.70	1.00
	10°	0.32	0.08	0.18	1.91	1.65	0.09	6.00	20.60	0.50
	15°	0.51	0.23	0.27	3.46	3.14	0.21	6.80	13.70	0.80
	平均	0.33	0.11	0.19	2.11	1.87	0.14	6.40	17.00	0.70

图5-7是不同雨强条件下地表径流和渗漏水中氮含量变化过程。可见，随着降雨产流历时的延长，总氮随地表径流输出含量总体呈现降雨产流初期高，随后逐渐降低而后期趋于稳定的趋势，铵态氮、硝态氮含量则随时间呈锯齿形波动，且3种养分含量变化差异较大。3种雨强条件下的养分平均流失含量总氮最大，铵态氮和硝态氮相差不大。导致上述结果的主要原因是，土壤表层特别是耕层土壤的有机氮含量较高，降雨过程中雨滴的击打和冲刷造成土块的破碎和运移，使土表黏粒挟带的有机成分进入径流，导致坡面流中初始养分浓度较高。随着降雨的持续，径流量逐渐增加，径流中的氮素不断稀释，使得氮素的含量呈现不增反降的趋势。

表5-6是不同雨强条件下地表径流与渗漏水中氮素输出量。可以看出，雨强越大，地表径流中氮素输出总量越大。3种雨强条件下，总氮平均输出量分别为0.053 kg/hm^2、0.020 kg/hm^{2}和0.056 kg/hm^2，硝态氮平均输出量分别为0.013 kg/hm^2、0.011 kg/hm^{2}和0.019 kg/hm^2；雨强对铵态氮流失量的影响很小，其平均流失量为0.010～0.048 kg/hm^2。通过渗漏水输出的总氮、硝态氮量分别占各自总输出量的70.0%～90.5%、88.8%～94.4%，而通过渗漏水输出的铵态氮量则占总输出量的23.5%～40.4%。可见，总氮和硝态氮主要通过渗漏损失，而铵态氮主要通过地表径流损失。径流流失的氮大部分来自施用的化肥，在试验研究区域，年降水量在1449 mm左右，化肥氮容易通过径流流失。因此，坡耕地的化肥氮是面源污染的重要来源。

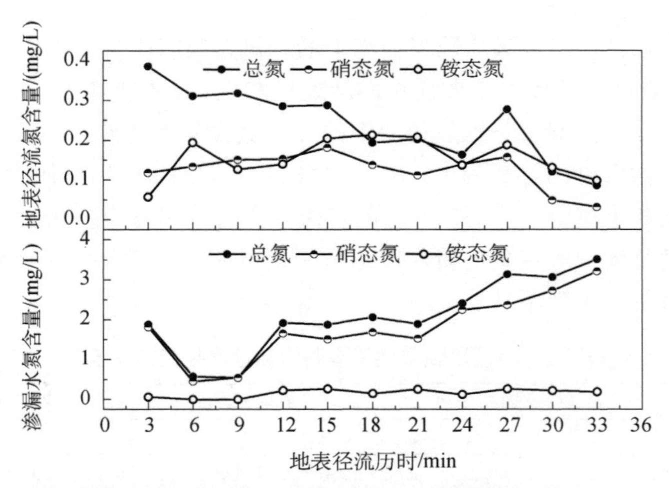

图 5-7　不同雨强条件下地表径流和渗漏水中氮含量变化过程（以 10°为例）

坡度：10°；0.5 mm/min、1.0mm/min、1.5 min/min 雨强的平均值

表 5-6　不同雨强条件下地表径流与渗漏水中氮素输出量

雨强	坡度	地表径流/（kg/hm²）			渗漏水/（kg/hm²）			渗漏水输出占比/%		
		总氮	硝态氮	铵态氮	总氮	硝态氮	铵态氮	总氮	硝态氮	铵态氮
0.5±0.05 mm/min	5°	0.046	0.023	0.018	0.163	0.133	0.010	77.8	85.1	36.9
	10°	0.089	0.004	0.014	0.046	0.039	0.006	34.0	90.3	32.2
	15°	0.023	0.012	0.010	0.161	0.139	0.009	87.6	92.1	46.8
	平均	0.053	0.013	0.014	0.123	0.104	0.008	70.0	88.8	38.3
1.0±0.06 mm/min	5°	0.018	0.007	0.005	0.205	0.197	0.004	92.0	96.5	46.8
	10°	0.019	0.017	0.007	0.074	0.063	0.001	79.2	78.8	7.3
	15°	0.023	0.008	0.008	0.295	0.275	0.008	92.8	97.3	51.2
	平均	0.020	0.011	0.007	0.191	0.178	0.004	90.5	94.4	40.4
1.5±0.05 mm/min	5°	0.029	0.004	0.025	0.124	0.116	0.008	81.2	96.3	23.5
	10°	0.069	0.019	0.048	0.084	0.078	0.005	54.6	80.0	8.7
	15°	0.070	0.033	0.036	0.563	0.520	0.021	88.9	94.1	37.2
	平均	0.056	0.019	0.036	0.257	0.238	0.011	82.1	92.7	23.5

2. 泥沙中氮流失特征

从表 5-7 可以看出，雨强对泥沙养分流失量的影响较大。雨强越大，土壤侵蚀量越大，流失泥沙带走的养分也越多。在 3 种雨强条件下，侵蚀泥沙中养分含量大小顺序为碱解氮＞铵态氮、硝态氮。

表 5-7　不同雨强条件下泥沙氮素输出量

雨强	坡度	全氮/（kg/hm²）	碱解氮/（g/hm²）	铵态氮/（g/hm²）	硝态氮/（g/hm²）
0.5±0.05 mm/min	平均	—	1.15	0.06	0.05
1.0±0.06 mm/min	5°	0.03	3.67	0.16	0.18
	10°	—	—	0.08	0.03
	15°	0.13	15.08	1.04	2.20
	平均	0.08	9.37	0.43	0.80

续表

雨强	坡度	全氮/（kg/hm²）	碱解氮/（g/hm²）	铵态氮/（g/hm²）	硝态氮/（g/hm²）
1.5±0.05 mm/min	5°	0.10	3.18	1.40	0.18
	10°	0.12	24.62	0.18	1.23
	15°	0.06	7.06	1.43	0.89
	平均	0.09	11.62	1.00	0.77

注：0.5±0.05 mm/min 雨强条件下，3 种坡度坡面的产沙量非常少，将收集到的泥沙混合均匀后进行分析。

3. 径流泥沙养分流失总量及途径

表 5-8 是不同雨强条件下地表径流、渗漏水和侵蚀泥沙挟带的总氮流失量统计表。可以看出，雨强越大，土壤总氮的输出总量越大。氮的流失主要通过径流（平均占径流泥沙损失总量的 76.9%以上）发生，径流中又以渗漏水为主（平均占径流损失总量的 69.9%以上）。氮的流失以溶解态为主，并主要通过渗漏水输出，而通过地表径流损失的氮占比很低，最高只有 30.0%。因此，氮素主要通过径流流失，特别是渗漏水挟带输出的氮素含量不可忽视。

表 5-8 不同雨强条件下总氮输出量与输出途径 单位：（kg/hm²）

雨强	坡度	总氮			合计
		地表径流	渗漏水	侵蚀泥沙	
0.5±0.05 mm/min	5°	0.046	0.163	—	0.209
	10°	0.089	0.046	—	0.135
	15°	0.023	0.161	—	0.184
	平均	0.053	0.123	—	0.176
1.0±0.06 mm/min	5°	0.018	0.205	0.033	0.256
	10°	0.019	0.074	—	0.093
	15°	0.023	0.295	0.128	0.446
	平均	0.020	0.191	0.054	0.265
1.5±0.05 mm/min	5°	0.029	0.124	0.096	0.249
	10°	0.069	0.084	0.123	0.276
	15°	0.070	0.563	0.065	0.698
	平均	0.056	0.257	0.095	0.408

5.3 坡度对侵蚀和渗漏氮素输出的影响及作用机制

坡度是影响坡耕地侵蚀和渗漏的重要因素。坡度通过改变径流水体的受力状况，使径流在坡面方向上的分力大小发生变化，通过影响径流速度和土壤入渗量，进而对坡面产流产生影响。有关坡度对坡面径流量和土壤侵蚀的影响研究虽然很多，但是受外界条件的限制以及各研究环境影响因子、参数的差异，至今没有形成统一的判定标准，研究结论也存在较大差异，主要表现为3个方面：一是得到的规律不同，有的认为侵蚀量随坡度的增加而增加，有的认为土壤侵蚀存在坡度界限，侵蚀量随坡度的增加仅在一定范围内成立，当坡度超过一定界限时，侵蚀量与坡度又成反比关系；二是得到的坡度界限有较大差异；三是建立的土壤侵蚀量与坡度的定量关系式也有较大差异，例如，张会茹和郑粉莉（2011）利用人工模拟降雨试验，证明坡面径流量随坡度变化非常复杂，同时侵蚀产沙量与坡度的关系亦如此；陈炎辉等（2010）同样利用人工模拟降雨的方法，研究了坡度对地表径流中氮素流失的影响，证明氮素流失系数与坡度并非绝对的正相关关系；李其林等（2010）研究了三峡库区氮流失特征，证明土壤氮平均流失量与坡度之间的响应关系。因此，探究坡度与红壤坡面径流、侵蚀泥沙、氮流失量之间的关系，对于揭示红壤坡耕地水文过程的氮素养分流失效应具有重要的现实意义。

5.3.1 坡度对产流特征的影响

采用人工模拟降雨试验，分析不同坡度条件下（5°、10°、15°）侵蚀和渗漏及其氮素输出特征。试验设计和观测指标详见5.1.1节。

1. 坡度对产流过程的影响

表5-9是不同坡度条件下地表径流和渗漏水的相关参数。由表5-9可知，不同坡度条件下地表径流滞后降雨时间不相同。3种坡度（5°、10°、15°）下的平均地表径流滞后降雨时间分别为382s、316s和307 s，即坡度越大，地表径流滞后降雨时间越短。相应地，3种雨强下的平均产流前累积降水量同样表现出高坡度小于低坡度的趋势，充分表明在本试验条件下，坡度越大，地表产流越快。本试验中，3种坡度下的平均地表径流率呈现出在10°达到最大、渗漏径流率在10°最小的特点。

表5-9 不同坡度条件下径流特征参数对比

坡度	滞后降雨时间/s		产流前累积降水量/mm		径流率/（mm/min）				平均径流系数/%	
					平均		峰值			
	地表径流	渗漏	地表径流	渗漏	地表径流	渗漏	地表径流	渗漏	地表径流	渗漏
5°	382	683	4.91	8.83	0.29	0.21	0.35	0.20	12.7	9.2
10°	316	546	3.85	6.07	0.31	0.16	0.38	0.39	16.5	6.0
15°	307	418	3.40	5.21	0.21	0.22	0.24	0.58	9.5	9.8

图5-8为不同坡度条件（5°、10°、15°）下地表径流与渗漏水的输出历时曲线（以1.0 mm/min雨强为例）。由图5-8可知，不同坡度条件下的坡面地表径流具有类似的变化过程，随着降雨时间的持续，地表径流量都呈现先快速增加后平稳增长的趋势。渗漏由于初损历时长，虽然滞后于地表径流，但出流时间长，在本试验较短地表径流历时（33 min）条件下，一直呈快速增加的趋势。不同坡度条件与地表径流和渗漏水之间的相关性密切，由于受坡度等条件的影响，地表径流及渗漏的时间会有很大的不同，而正确把握降雨过程

中的径流开始时刻，对坡面径流及侵蚀泥沙的计算都十分重要。从表 5-9 和图 5-8 可以看出，在同一降雨强度条件下（1.0 mm/min 雨强），地表径流及渗漏所需的时间随坡度的增加而缩短，15°与 10°相比，地表径流所需时间缩短了 9 s，渗漏所需时间缩短了 128 s；10°与 5°相比，地表径流所需时间缩短了 66 s，渗漏所需时间缩短了 137 s（表 5-9）。

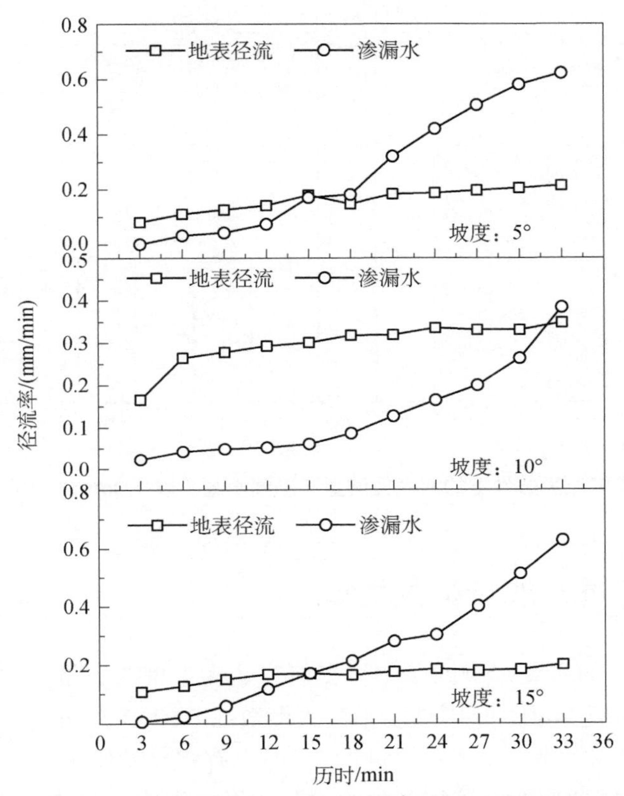

图 5-8　不同坡度条件下的地表径流与渗漏水的输出历时曲线
（以 1.0 mm/min 雨强为例）

2. 坡度对产流量的影响

若不考虑延续径流量，本试验研究中，地表径流量随坡度的变化呈先增大后减小的趋势，10°地表径流量最大（图 5-9），而渗漏水随坡度的变化规律与之相反。3 种坡度（5°、10°、15°）条件下渗漏水量所占比例虽然总体小于地表径流所占比例，占总径流量的 35.7%～50.7%，但仍然较为发育，试验后期 3 种坡度条件下均出现渗漏径流率高于地表径流率的现象。

若考虑降雨停止后的延续径流量，本试验中渗漏水量所占比例大于地表径流量所占比例，3 种坡度条件下平均渗漏水量占总径流量的 57.9%～79.5%。同样地，3 种坡度下的平均地表径流量随坡度的变化呈先增大后减小的趋势，并都呈现出在 10°地表径流量达到最大的特点（图 5-9）；渗漏水随坡度的变化与之相反。

坡度对总径流量的影响相对要复杂一些：以 1.0 mm/min 雨强为例，不考虑延续径流量时，总径流量随坡度的增加表现为先增加后减小的趋势，15°时的总径流量比 5°时的总径流量小 10.4%，比 10°时的总径流量小 12.6%，同时 10°时的总径流量比 5°时的总径流量大 2.4%；然而，考虑延续径流时，同一雨强条件下，随着坡度的增加，总径流量表现为增加的趋势，5°和 10°总径流量没有明显的差异，15°总径流量明显高于 5°和 10°。

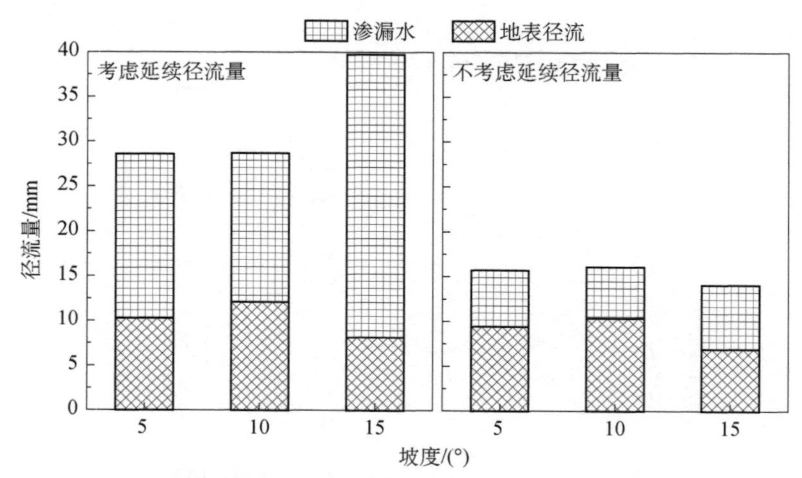

图 5-9　不同坡度条件下的地表径流量和渗漏水量（以 1.0mm/min 雨强为例）

5.3.2　坡度对产沙特征的影响

坡度是侵蚀泥沙的重要影响因子，许多研究认为土壤流失量与坡度呈幂函数关系，但坡度指数的变化幅度较大，我国坡度指数大多数在 0.5～2.5。虽然有研究（魏天兴和朱金兆，2002）表明，若坡度增大，则侵蚀量增大，但也有相反的例子（Wischmerie and Smith，1965）。为了揭示不同坡度对红壤坡面侵蚀过程的影响规律，本试验中，把降雨过程中实测到的累积输沙量和输沙速率变化过程绘制成图。以 1.0 mm/min 雨强为例，3 种坡度条件下的累积输沙量表现为 15°＞10°＞5°（图 5-10），3 种坡度条件下的输沙速率总体表现为 15°＞10°＞5°（图 5-11）。单因素方差分析表明，3 种坡度条件下累积输沙量差异显著（$P<0.05$）。降雨初期雨滴击溅在坡面上产生大量分散的土粒，这些土粒在坡面刚刚形成的薄层水流的搬运下，形成了坡面产沙的高峰。随着降雨的继续，在雨滴的打击作用下，土壤表面形成较致密的临界结皮层，使土壤抗侵蚀力相应增强，而薄层水流的存在，使雨滴击溅的土粒减少，坡面产沙量逐渐下降并趋于稳定。另外，输沙速率在降雨初期上升说明侵蚀过程是以泥沙搬运为主的阶段，而后减小说明侵蚀过程由以泥沙搬运为主的阶段向以分散为主的阶段转变，这个转变在所有坡度下都是降雨刚一开始很快就发生了，小坡度下这个转变需要的时间显然比大坡度下要短一些。另外，由于降雨过程中细沟的发育，侵蚀产沙率随坡度的增加出现了跳跃性的增加，输沙速率随时间的变化有一定的起伏，反映了细沟侵蚀是影响坡面侵蚀产沙的重要因素。累积输沙量随坡度的变化有所不同，在同一雨强下，累积输沙量随坡度的增大而增大。

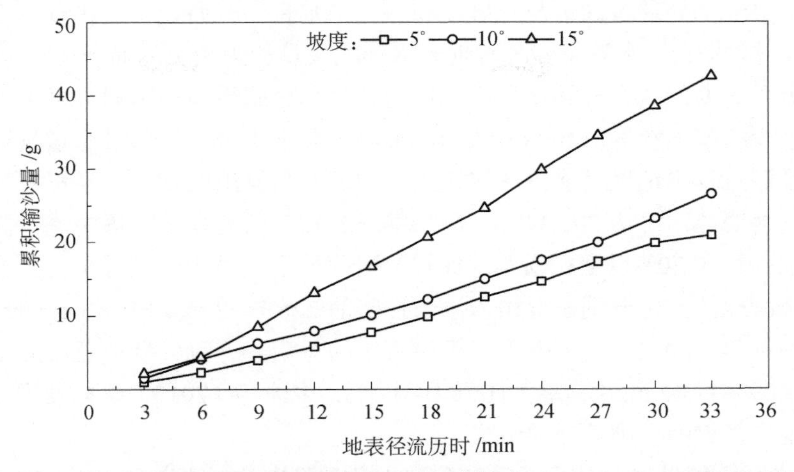

图 5-10 不同坡度条件下的累积输沙量过程曲线（以 1.0 mm/min 雨强为例）

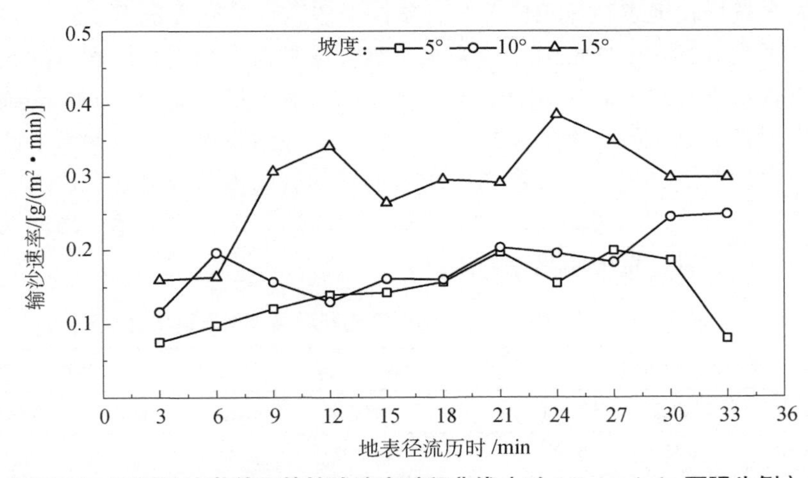

图 5-11 不同坡度条件下的输沙速率过程曲线（以 1.0 mm/min 雨强为例）

事实上，坡度与土壤流失的关系形态并不是单一的，即存在一个临界坡度，大于此坡度后侵蚀量减少，小于此坡度时侵蚀量随坡度的增加而增加。我国多数研究者（江忠善和李秀英，1988；王万忠和焦菊英，1996；张宪奎等，1992）认为这个临界坡度在25°～28°，也有研究者认为在35°～40°，而这一结论是根据坡面水流作用推导而来的。本试验研究中，雨强为1.0 mm/min时，3种坡度条件下的累积输沙量和输沙速率表现为15°＞10°＞5°，但雨强为0.5 mm/min和1.5 mm/min时，3种坡度条件下的累积输沙量和输沙速率则表现为10°＞5°＞15°。可见，坡度对土壤侵蚀的影响较为复杂。

5.3.3 坡度对氮素输出特征的影响

1. 径流中氮素流失特征

氮素随径流的流失有两种基本途径：一种是以颗粒态随侵蚀泥沙被搬运到较低位置，其与水土流失密切相关，主要发生在土壤表面；另一种是以水溶态，一部分随地表径流直接汇入水系，另一部分通过渗漏与土壤水和地下水垂直交换而迁移，还有一部分出露地表而进入地表水体。因此，水溶态养分对地表水环境质量的影响更为显著。贾海燕等（2009）认为，壤中流是主要的水文传输途径，无论是否受到施肥措施的影响，壤中流中养分浓度均高于地表径流；李恒鹏等（2008）认为，土壤水分下渗过滤机制对氮素具有较强的削减作用，暴雨径流过程中地表径流下渗转变为壤中流，总氮浓度减少一半左右，对颗粒态氮的削减作用尤为明显，可达70%以上；陈玲等（2012）研究发现，壤中流对流失总氮、溶解态氮的贡献率均在70%以上；安娟（2012）研究发现，壤中流条件下，径流中硝态氮、铵态氮和正磷酸盐的浓度分别是自由入渗条件下的228.7～294.0倍、38.4～42.9倍和7.3～10.2倍；彭圆圆等（2012）研究发现，壤中流中的氮素养分流失量占径流的比例较大，壤中流含量为9.09～11.42 mg/L，最大比例为61.4%；朱波等（2013）研究发现，紫色土氮素淋失主要表现为氮素随壤中流迁移流失。

表5-10表示不同坡度对地表径流和渗漏水各种形态的氮素养分含量的影响。渗漏水中总氮、硝态氮含量均较地表径流相应养分含量高。渗漏水总氮含量为2.52～4.80 mg/L，地表径流总氮含量为0.28～0.77 mg/L，渗漏水总氮含量是地表径流总氮含量的5.0～10.5倍；渗漏水硝态氮含量为2.12～4.23 mg/L，地表径流硝态氮含量为0.12～0.37 mg/L，渗漏水硝态氮含量是地表径流硝态氮含量的9.5～17.7倍。*t*检验结果表明，渗漏水中的总氮、硝态氮与地表径流中的总氮、硝态氮含量均在95%的置信区间内差异显著。这表明氮的流失途径主要是渗漏。施入土壤的氮易随水向下移动，并随渗漏水流出土体。渗漏水中的铵态氮与地表径流中的铵态氮含量无明显差异。

表5-10　不同坡度条件下地表径流和渗漏水氮素输出含量

坡度	地表径流/（mg/L）			渗漏水/（mg/L）			渗漏水/地表径流		
	总氮	硝态氮	铵态氮	总氮	硝态氮	铵态氮	总氮	硝态氮	铵态氮
5°	0.61	0.28	0.23	3.05	2.67	0.18	5.0	9.5	0.8
10°	0.28	0.12	0.13	2.52	2.12	0.21	10.5	17.7	1.3
15°	0.77	0.37	0.34	4.80	4.23	0.21	6.2	11.4	0.6

从表5-10中还可以看出，氮素的渗漏输出是以硝态氮为主，铵态氮较少，这与已有文献的研究结论以及本书自然降雨田间试验结果相似。这是由于土壤中矿化释放的铵态氮以及肥料铵很快氧化为土壤中矿质态氮且以硝态氮为主，其可占铵态氮和硝态氮总量的83%以上。另外，土壤胶体一般带负电，铵态氮带正电易被土壤所吸附，而硝态氮带负电不易被吸附，易溶淋流失。表5-10显示，对于地表径流的氮流失特征来讲，10°坡度条件下，总氮、硝态氮和铵态氮平均含量均处于最小水平，即总氮、硝态氮和铵态氮平均含量大小顺序分别为：15°＞5°＞10°，也就是在1.0 mm/min雨强条件下，氮流失量随着坡度的增加表现为先降低后增加的趋势。渗漏水的总氮、硝态氮含量与地表径流中对应含量的比值均大于1，显示出氮素尤其是硝态氮更倾向于经渗漏水输出。

图5-12 是不同坡度条件下地表径流与渗漏水氮素含量。从图5-12中可以看出，随着地表径流历时的延长，总氮、铵态氮、硝态氮随地表径流输出含量总体呈现地表径流初期高而后期趋于稳定的趋势。3种坡度条件下的养分平均流失含量总体上是总氮最大，其次

是硝态氮，铵态氮最低。

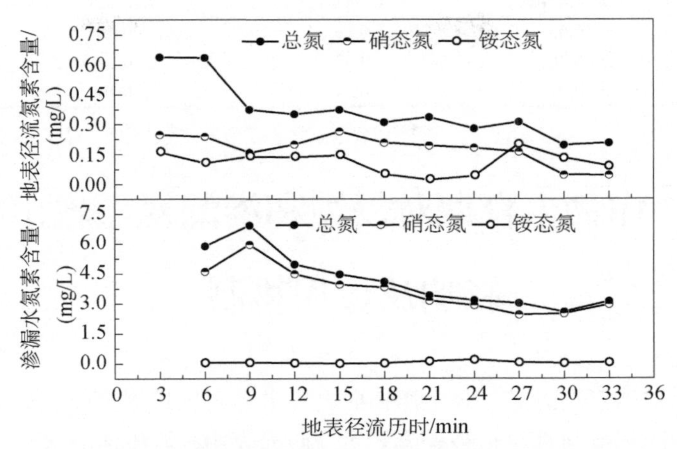

图 5-12　不同坡度条件下地表径流与渗漏水氮素含量

图中数据为5°、10°、15°坡度的平均值

从图5-12中还可以看出，渗漏水输出以总氮和硝态氮为主，且随地表径流历时变化明显，而铵态氮输出含量较小，随地表径流历时延长变化无明显变化。由于土壤中硝化细菌和氧化状况发生变化，土壤中硝态氮的含量不稳定，其不易被土壤吸附，极易被淋移。总之，总氮和硝态氮主要通过渗漏水损失，而铵态氮主要通过地表径流损失。

2. 泥沙中氮素流失特征

表5-11表示坡度对泥沙养分流失量的影响。可以看出，不同养分流失量随坡度的增加存在差异。氮素在泥沙中的特征较为复杂，规律性不明显，并没有出现随坡度的增加而相应增加或降低的趋势，这是因为氮素主要随径流进行迁移，随径流流失程度明显，与径流间存在对应关系。

表 5-11　不同坡度条件下泥沙氮素输出量

坡度	全氮/（kg/hm²）	碱解氮/（g/hm²）	铵态氮/（g/hm²）	硝态氮/（g/hm²）
5°	0.06	3.43	0.78	0.18
10°	0.12	24.62	0.13	0.63
15°	0.10	11.07	1.23	1.54

3. 径流泥沙养分流失总量及途径

表5-12是不同坡度条件下地表径流、渗漏水和侵蚀泥沙挟带的养分流失量统计表。不难看出，不同坡度下，氮素输出量变化复杂。地表径流和侵蚀泥沙中的总氮输出量随坡度增加先增大后有所减小，渗漏水中的总氮随坡度增加先减小后明显增大。以上结果显示了坡度影响土壤中氮素输出特征的差异性以及复杂性。

表 5-12 不同坡度条件下不同途径土壤总氮输出量 （单位：kg/hm²）

坡度	地表径流	渗漏水	侵蚀泥沙	合计
5°	0.03	0.16	0.06	0.26
10°	0.06	0.07	0.12	0.25
15°	0.04	0.34	0.10	0.47

5.4 作物生育期对侵蚀和渗漏氮素输出的影响及作用机制

红壤坡耕地以种植作物为主，对于作物而言，由于其生长周期短且受人为干扰较大，因此对坡面产流产沙的影响与林草植被差异较大。研究表明，坡耕地的水土流失量远大于林草植被类型，产沙量是林地的2～4倍，是天然荒坡的4～7倍，且变化幅度较大；坡耕地坡面产流产沙过程曲线的波动程度也较林草地等剧烈，但是与裸坡相比，具有一定覆盖度的坡耕地，其地表径流量较小，产流时间也会相应推迟。宋孝玉等（2000）研究发现，玉米和麦茬比裸地更易拦截降雨，从而减少了地表产流量；但玉米坡面的产流产沙量均小于麦茬地。Carroll等（1997）研究发现，小麦较高粱和向日葵具有更低的地表径流流失量，而小麦-向日葵轮作可以将潜在的土壤侵蚀危险有效降低。王健等（2007）研究认为，玉米坡面年地表径流量平均较裸地降低了19%，年产沙量平均较裸地降低了30%；苜蓿坡面年地表径流量平均较裸地降低了76%，年产沙量平均较裸地降低了86%。总的来说，作物对坡耕地土壤侵蚀的降低具有积极作用。但是，作物生长周期内冠层的变化剧烈，且其生长季多处于降雨丰沛的夏、秋季节，因此，还需进一步研究作物不同生长阶段下植被覆盖度的变化对坡面产流产沙的影响，以期阐明作物不同生育期对坡面水沙的抑制作用机理和程度，以及对氮素等养分输出的影响及机制，为坡耕地水土流失防治和养分管理提供科学依据。

5.4.1 作物生育期对产流特征的影响

在红壤坡耕地用常规耕作方式种植当地代表性农作物——花生，选择在花生播种初期（植被覆盖度17.4%）和收获后（植被覆盖度0）进行人工模拟降雨试验，分析不同生育期条件下侵蚀、渗漏及氮素输出特征。

1. 作物生育期对产流过程的影响

由图5-13 可知，渗漏水和地表径流滞后降雨时间均存在显著差异。降雨初期，地表径流迅速产生，花生播种初期和花生收获后的地表径流滞后时间分别为232.5 s和65.0 s；地表径流产生的同时，部分雨水通过土壤孔隙渗入土壤下层，一旦蓄满，该土层即产生渗漏水，流量相对较稳定，但滞后于地表径流，花生播种初期和花生收获后的渗漏水滞后降雨时间分别为585.9 s和334.9 s。花生地植被冠层有一定的截雨截流作用，较裸地可稍微延长产流时间；另外，花生播种初期刚刚进行整地不久，地表粗糙度较高，水流阻力大，这也在一定程度上延长了地表产流时间。花生收获后的裸地没有植被覆盖，不能对降雨产生削减作用，降雨直接作用于坡面，使得地表径流迅速产生。

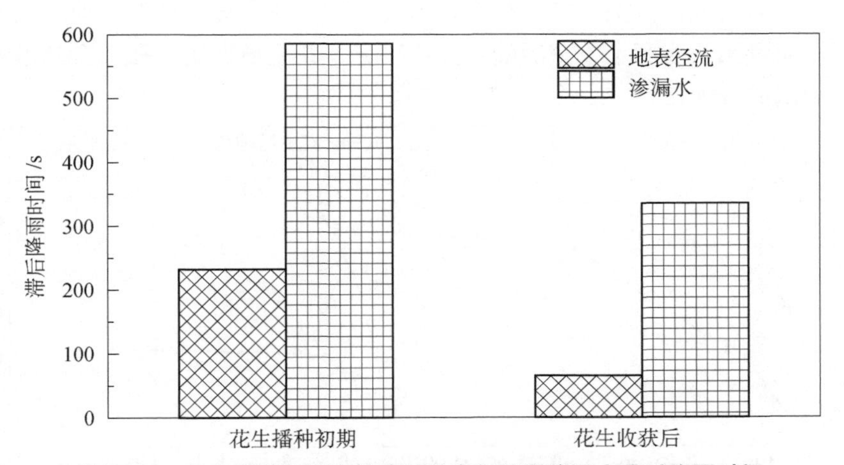

图 5-13　花生播种初期和收获后地表径流和渗漏水滞后降雨时间

图 5-14 为花生播种初期（植被覆盖度 17.4%）和收获后（植被覆盖度 0）情况下坡面平均入渗率变化曲线，可见无论花生播种初期还是收获后，坡面平均入渗率随时间的变化趋势一致。降雨初期，土壤的入渗率较强；随着降雨的不断入渗，土壤含水量不断增大，土壤入渗率逐步减弱，当入渗率小于降雨强度时，即产生坡面径流。由图 5-14 还可以发现，在花生播种初期有植被覆盖的情况下，坡面稳定入渗率平均较收获后无植被覆盖时提高了 2.4 倍，说明花生植株冠层对降雨有一定拦挡作用，使降雨在冠层内停留的时间有所延长，对坡面入渗的增加产生积极作用。

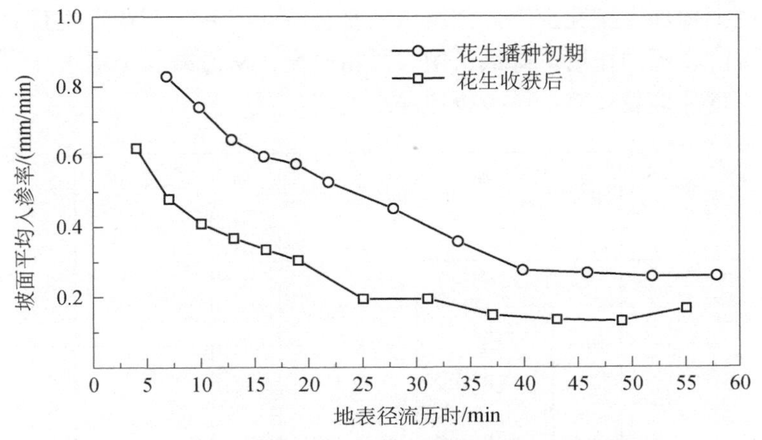

图 5-14　花生播种初期和收获后坡面平均入渗率变化曲线

由于入渗率在降雨过程中不断变化，相应地，坡面产流的径流率也会不断变化。图 5-15 为花生不同生育期下地表径流和渗漏强度曲线。由图 5-15 可知，花生播种初期和收获后两种生育期下，坡面产流过程曲线具有类似的变化规律，随着降雨时间的持续，地表径流率呈现先增加后平稳变化的趋势，均在降雨开始后 40 min 左右接近稳定产流状态，但花生收获后的地表径流率始终高于播种初期的；渗漏强度与之类似，也先快速增加后平稳变化，在降雨结束后逐渐趋于稳定状态，但花生播种初期有植被覆盖情况的渗漏强度远高于花生收获后无植被覆盖情况的渗漏强度。整个产流过程中，花生播种初期的地表径流率始终小于收获后的，而渗漏强度高于收获后的。由此可见，花生植株的存在，有效地调节了地表径流和壤中渗漏的分配。

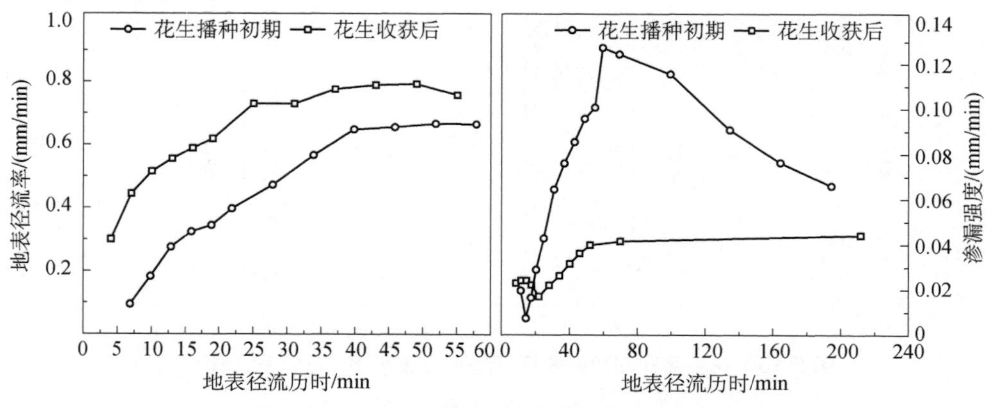

图 5-15　花生播种初期和收获后产流过程曲线

2. 作物生育期对产流量的影响

在降水量、土壤及地形等基本因素一致的条件下，不同的土壤表面特征是引起地表径流及渗漏过程差异的主要因素。本试验中，花生播种初期的花生地的地表径流量较花生收获后的裸地减少了 33.8%，渗漏水量则增加了 1.44 倍（图 5-16），这主要与花生植被截雨减流的作用以及地表土壤松散程度有关。花生播种初期有一定植被覆盖，植物冠层在一定程度上减弱降雨动能，增加土壤表层粗糙率和土壤透水性，增加渗漏水输出，同时花生根系能在一定程度上增加土壤孔隙度，使雨水向垂直方向渗漏；而花生收获后为无植被覆盖的裸地，由于沉降和板结作用，降低土壤表面粗糙度，从而减少土壤水分入渗，使土壤表面产生斥水性，增加地表径流量而减少渗漏水量。

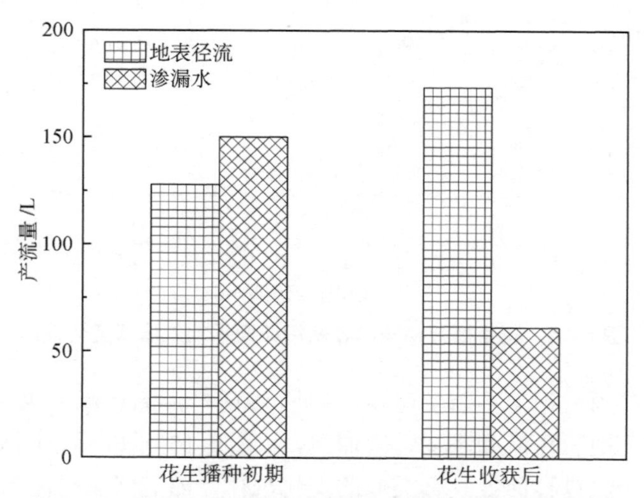

图 5-16　花生播种初期和收获后地表径流量和渗漏水量

试验中，考虑降雨停止后的延续产流量，花生播种初期和花生收获后的花生地渗漏水所占比例分别为 54.0%和 26.1%（表 5-13），占降雨径流的相当一部分，是在红壤坡耕地降雨径流以及养分流失过程中值得考虑的径流组成部分。红壤坡耕地渗漏较为发达与其自身性质、当地气候条件以及人为耕作作用等有关。相对于淀积层，红壤淋溶耕作层的土壤有效孔隙度较大、透水性较好，作物覆盖对雨水具有较好的保持能力，并能增加土壤表层粗糙率和土壤透水性，阻延地表径流流速，减少降雨以地表形式迁移，同时加大了渗漏水输出比例；此外，作物生长根系错综发达，土壤孔隙度增加，加速了雨水向垂直方向渗漏，增加了渗漏水输出量。

表 5-13 花生播种初期和收获后地表径流和渗漏水特征

生育期	产流滞后时间/s		产流前累积降水量/mm		产流量/L		占总径流比例/%	
	地表径流	渗漏水	地表径流	渗漏水	地表径流	渗漏水	地表径流	渗漏水
播种初期	232.5	585.9	4.13	10.42	127.96	150.11	46.0	54.0
收获后	65.0	334.9	1.16	5.95	173.65	61.46	73.9	26.1

5.4.2 作物生育期对产沙特征的影响

为了揭示作物生育期对红壤坡面土壤侵蚀过程的影响规律，把降雨过程中实测到的累积输沙量和含沙量变化过程绘制成图。由图 5-17 和图 5-18 可以看出，与花生收获后的裸地相比，花生播种初期花生地累积输沙量和含沙量均较小。花生植株的存在，使降雨必须先穿过冠层才能到达地表，降雨经过作物冠层时，冠层会吸附小部分雨水，大部分雨水都会以穿透雨和茎秆流的形式进入地表，使降雨对地表的直接作用减小，因此对坡面径流产沙产生一定的截留作用；花生收获后，无植被覆盖时，降雨对地表的直接作用加强，不仅加大了坡面径流量，也加强了地表径流的紊乱程度，同时提高了地表径流挟沙能力，导致坡面含沙量也相应提高。

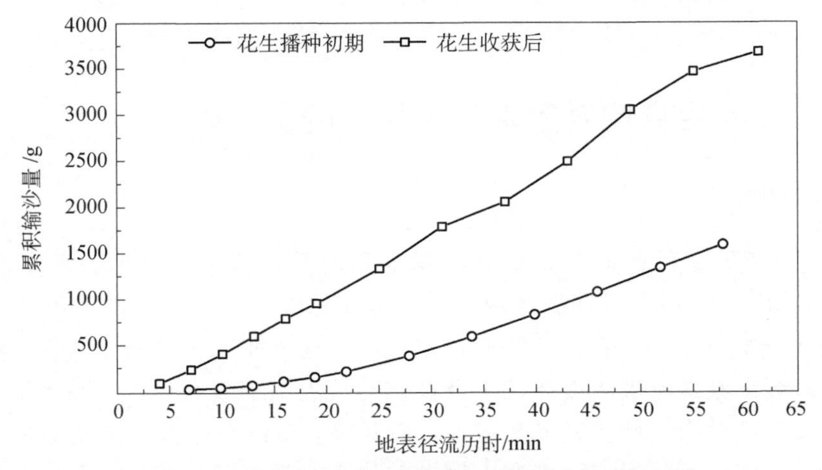

图 5-17 花生播种初期和收获后累积输沙量过程曲线

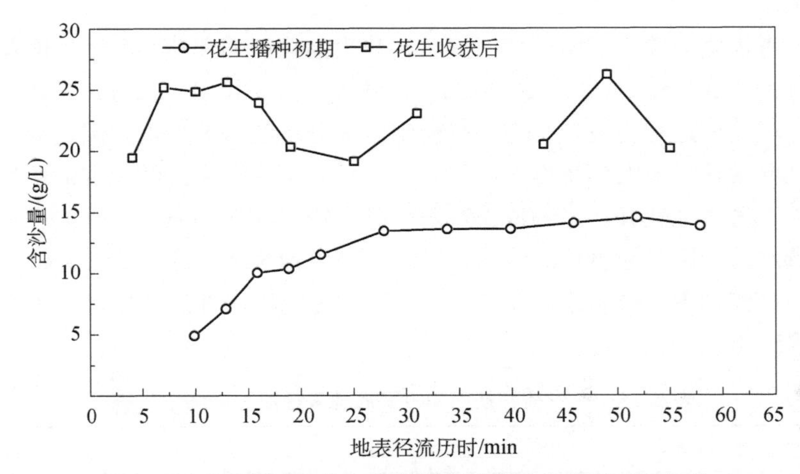

图 5-18 花生播种初期和收获后地表径流含沙量过程曲线

在降水量、土壤性质、地形等基本因素一致的条件下，不同的土壤表面特征是引起坡面产沙过程及产沙量差异的主要因素（范洪杰，2013）。表 5-14 为降雨试验产沙特征参数，由表 5-14 可知，花生收获后的裸地泥沙流失量为 3676.72 g，显著高于花生播种初期的花生地的泥沙流失量 1569.85 g。

表 5-14 花生播种初期和收获后产沙特征参数对比

生育期	含沙量/（g/L）		输沙速率/[g/(m² · min）]		输沙总量/g
	平均	最大	平均	最大	
播种初期	13.11	14.53	6.46	9.70	1569.85
收获后	20.97	26.18	15.13	20.75	3676.72

花生播种初期由于有一定的植被覆盖，对拦截坡面径流挟沙起到一定的作用，因而泥沙流失量低于花生收获后的裸地。与花生播种初期的花生地相比，花生收获后的裸地土壤流失量显著增加（$P<0.05$），这是由于裸地缺少植被保护，土壤抗蚀性变差。南方红壤区降雨多集中在 3～8 月，花生生长周期基本与之一致，因此进行农事活动时密切关注天气变化，可以避免在降雨前采取农事活动，大大减少扰动土壤而产生的水、土及养分流失。

5.4.3 作物生育期对氮素流失特征的影响

1. 径流中氮素流失特征

表 5-15 为花生播种初期和收获后渗漏水和地表径流中各种形态氮素浓度。从表 5-15 中可以看出，两种生育期氮素随地表径流和渗漏水迁移输出的浓度有较大差异，这主要是由于施肥的影响，花生播种时施用肥料，到苗期土壤表层还残存、吸附一些肥料。因此，各形态氮素流失浓度在花生播种初期大大高于收获后。渗漏水中总氮、溶解态总氮、硝态氮含量均较地表径流相应养分含量高，而铵态氮输出浓度则是渗漏水明显低于地表径流。这与不同形态氮素在土壤中的化学行为有关，硝态氮不易被带负电荷的

土壤胶体所吸附，移动性较大，容易随径流向下迁移，而铵态氮易被土壤胶体吸附，移动性小，不易淋失。

表 5-15 花生播种初期和收获后渗漏水和地表径流各种形态氮素浓度

生育期	地表径流/（mg/L）				渗漏水/（mg/L）				渗漏水/地表径流			
	总氮	溶解态总氮	硝态氮	铵态氮	总氮	溶解态总氮	硝态氮	铵态氮	总氮	溶解态总氮	硝态氮	铵态氮
播种初期	10.3	9.25	4.32	3.28	13.01	12.08	8.07	0.38	1.26	1.31	1.87	0.12
收获后	1.32	1.01	0.42	0.19	1.58	1.17	0.343	0.24	1.20	1.16	0.82	1.26

从表 5-16 可以看出，两个生育期通过渗漏水合计输出的总氮量、溶解态总氮量、硝态氮量、铵态氮量分别为 2.00 kg/hm^2、2.23 kg/hm^2、1.29 kg/hm^2、0.18 kg/hm^2，分别占地表径流和渗漏水总养分流失量的 36.8%、42.5%、48.1%、15.3%。可见，总氮、溶解态总氮、硝态氮通过渗漏损失不容忽视，而铵态氮主要通过地表径流损失。因此，要尽可能实施合理的耕作、管理等措施来减少氮素流失量。

表 5-16 花生播种初期和收获后渗漏水和地表径流氮素流失量

生育期	随地表径流流失/(kg/hm^2)				随渗漏水流失/（kg/hm^2）				渗漏水流失占比/%			
	总氮	溶解态总氮	硝态氮	铵态氮	总氮	溶解态总氮	硝态氮	铵态氮	总氮	溶解态总氮	硝态氮	铵态氮
播种初期	2.93	2.63	1.23	0.93	1.78	1.65	1.10	0.05	37.8	38.6	47.2	5.1
收获后	0.51	0.39	0.16	0.07	0.22	0.58	0.19	0.13	30.1	59.8	54.3	65.0

图 5-19 是花生不同生育期下地表径流和渗漏水中氮素输出过程曲线。可以看出，随着地表径流历时的延长，花生播种初期地表径流的总氮、溶解态总氮、硝态氮、铵态氮输出浓度整体表现为前期较高，而后期下降得缓慢并逐渐趋于稳定的趋势。主要原因是地表径流早期，土壤表层氮素养分相对比较富集，随着时间推移，养分相对减少，地表径流与土壤的相互作用达到相对平衡时，氮素养分流失渐趋平缓。伴随降水量和地表径流量的增加，地表径流中氮素被不断稀释，氮素的浓度呈现下降趋势。渗漏水输出以总氮、溶解态总氮、硝态氮为主，且随地表径流历时有一定变化趋势，而铵态氮输出浓度较小，随地表径流历时延长变化不明显，总体上，整个径流过程中相对稳定，主要原因是渗漏水流速缓慢，下渗过程中与土壤进行了充分的相互作用。铵态氮输出浓度非常小，这与其不易淋溶损失的属性有关。渗漏水中的总氮、溶解态总氮和硝态氮输出浓度在产流后期仍呈增长趋势，这与后期渗漏强度增加有关。

如图 5-19 所示，花生收获后，随着地表径流历时的延长，各种氮素养分浓度随时间延长呈现锯齿状变化，波动剧烈，且几种氮素养分之间浓度变化差异较大，这可能与坡面侵蚀演化及作物根系周围残留的氮有关（何晓玲等，2012）。与花生播种初期相比，花生收获后各种养分随地表径流输出含量明显降低，主要是由于易流失的养分大部分在花生生长前期已被冲刷流失以及被植物吸收利用了部分养分。

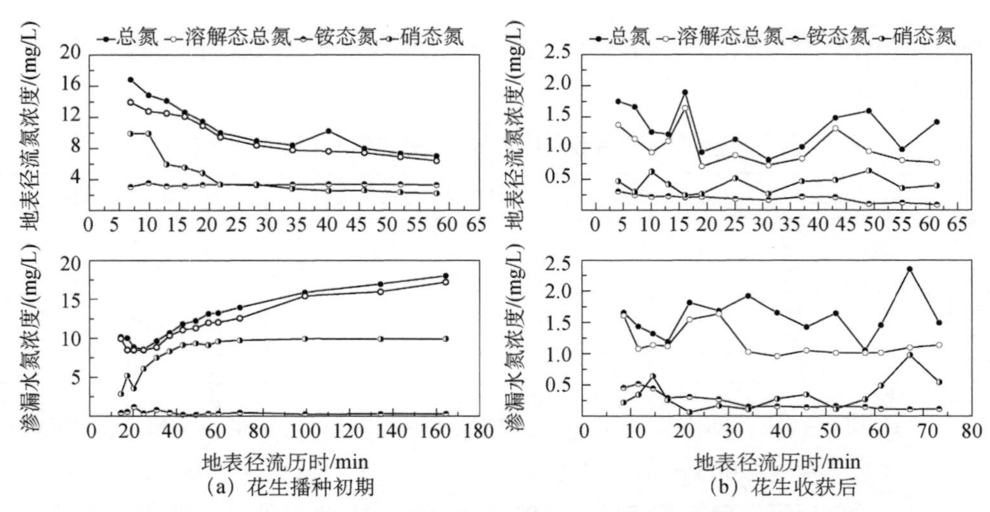

图 5-19 花生播种初期和收获后地表径流和渗漏水中氮素输出过程曲线

通过花生播种初期和收获后的降雨试验可以发现，总氮、溶解态总氮和硝态氮主要通过渗漏损失，而铵态氮主要通过地表径流损失；氮素养分流失主要在施肥初期较为严重。因此，可以通过合理控制施肥、提高肥料利用率、调节径流输出过程来减少氮素养分流失量。

2. 泥沙中氮素流失特征

表 5-17 是花生播种初期和花生收获后泥沙挟带的氮素养分流失量统计表。由表 5-17 可以看出，花生不同生育期下不同养分随泥沙的流失量差异明显。与花生播种初期相比，花生收获后全氮、碱解氮随泥沙流失量均有所增加。一方面是由于花生收获后地表裸露，降雨对地表直接作用加强，导致坡面径流挟沙能力较强，使得泥沙流失量显著高于有植被覆盖的播种初期的泥沙流失量；另一方面是由于养分较易以泥沙结合态形式流失，泥沙氮素养分含量相对较大。

由表 5-17 还可以看出，花生播种初期和收获后，全氮随泥沙流失量分别为 0.50 kg/hm^2 和 2.82 kg/hm^2，花生收获后的裸地氮素流失量明显增加。氮素不易被土壤颗粒固定，主要随径流进行迁移。本试验中花生收获后全氮随泥沙流失量高达 2.82 kg/hm^2，这是由于径流侵蚀后进入泥沙导致泥沙中氮素浓度大大增加（丁文峰和张平仓，2009；谭德水等，2015）。

表 5-17 花生播种初期和收获后泥沙中的氮素流失量 （单位：kg/hm^2）

生育期	全氮	碱解氮
播种初期	0.50	0.38
收获后	2.82	0.79

3. 径流泥沙氮素流失总量及途径

氮素随地表径流、渗漏水和侵蚀泥沙的流失过程存在明显差异，对比研究花生播种初期和收获后各形态养分的流失特征，可进一步发现花生不同生育期对氮素养分流失的影响规律，并为农业面源污染的有效防治提供重要的理论指导。对花生不同生育期下地表径流、渗漏水和侵蚀泥沙挟带的氮素养分流失量统计分析发现（表 5-18），花生播种初期和收获后，随地表径流和渗漏水流失的总氮量分别为 4.71 kg/hm^2、0.73 kg/hm^2，其中渗漏水对氮流失的贡献率分别为 37.8%和 30.1%；随泥沙流失的总氮量分别为 0.50kg/hm^2 和 2.82 kg/hm^2，泥沙对氮流失的贡献率分别为 9.6%和 79.4%。本试验中氮素养分的流失量均略高于其他研究者所得出的结论，主要是本次试验在施肥处理后的播种初期和扰动情况下的花生收获后进行，导致氮素养分输出浓度较高，同时模拟降雨的径流产生量较大，造成流失负荷较高；其次，已有研究主要集中在地表径流对氮素养分流失量的贡献方面，而普遍忽视了渗漏水和侵蚀泥沙对养分流失的贡献（高扬等，2008）。

表 5-18　花生播种初期和收获后不同途径总氮流失量　（单位：kg/hm^2）

生育期	地表径流	渗漏水	侵蚀泥沙	合计
播种初期	2.93	1.78	0.50	5.21
收获后	0.51	0.22	2.82	3.55

在花生播种初期，氮素输出途径以地表径流和渗漏水为主，贡献率分别为 56.2%和 34.2%，而在花生收获后，氮素主要通过泥沙挟带流失，这与花生收获后，地表裸露、泥沙流失量增加以及泥沙中氮素养分含量增加有关。总体上，氮素在渗漏水的流失量中占一定的份额，不容忽视。

有研究表明，渗漏水在红壤坡耕地降雨径流中占有相当份额，氮素损失的载体主要是渗漏水（林超文等，2011；郑海金等，2014）。本试验两种处理条件下，随渗漏水流失的氮素均占一定份额，因此在雨量丰沛的南方红壤区，对氮素流失的控制关键要减少渗漏水的产生。一方面，可进行坡改梯，使上一层梯田形成的渗漏水汇入下一层梯田中，则可减少渗漏水进入地表水，并增加氮素的利用率；另一方面，增加有机质等措施改良土壤保水蓄肥能力，减少深层渗漏。

5.5　本章小结

本章针对红壤坡耕地侵蚀和渗漏氮素输出的关键控制因子——地形、降水、作物生育期等，选取典型农作物类型——花生，设置 3 种降雨强度（0.5 mm/min、1.0 mm/min 和 1.5 mm/min）、3 种坡度（5°、10°和 15°）、2 个生育期（花生播种初期和花生收获后），开展人工模拟降雨试验，系统监测与分析不同组分产流、侵蚀及其氮素流失状况，深入探究红壤坡耕地氮素输出影响因素及机制。主要研究结果如下：

（1）0.5～1.5 mm/min 雨强范围内，各径流组分产流滞后时间均随雨强的增大而减少；各径流组分产流量、侵蚀产沙量和氮流失量均随着雨强的增加而增加。地表径流产流速率及其侵蚀产沙率均呈现出先快速增大后逐渐稳定的规律，且地表产流在降雨结束后迅速停止；渗漏强度在降雨期间也表现出类似的规律，但降雨结束后渗漏仍持续相当时间，且随着时间的推移逐渐减少直至彻底停止产流。

（2）5°～15°坡度范围内，红壤坡面地表径流产流量和侵蚀产沙量随坡度的增加而增加，而渗漏水量则随坡度的增加而减少，氮素流失量随着坡度的增加表现为先减少后增加的趋势。

（3）与花生收获后的裸地相比，花生播种初期的花生地地表径流量相对较少、渗漏水量相对更多，侵蚀产沙量相对更少。在花生播种初期，氮素输出途径以地表径流和渗漏水为主；而在花生收获后，氮素主要通过侵蚀泥沙而挟带流失。

参考文献

安娟. 2012. 东北黑土区土壤侵蚀过程机理和土壤养分迁移研究[D]. 咸阳：中国科学院教育部水土保持与生态环境研究中心.

陈玲，刘德富，宋林旭，等. 2012. 香溪河流域坡耕地人工降雨条件下土壤氮素流失特征[J]. 生态与农村环境学报，28（6）：616-621.

陈炎辉，陈明华，王果，等. 2010. 不同坡度地表径流中污泥氮素流失规律的研究[J]. 环境科学，31（10）：2423-2430.

丁文峰，张平仓. 2009. 紫色土坡面壤中流养分输出特征[J]. 水土保持学报，23（4）：15-19，53.

范洪杰. 2013. 红壤缓坡旱地覆盖和草篱对水土保持和花生生长的影响[D]. 南京：南京农业大学.

付林池，谢锦升，胥超，等. 2014. 不同雨强对杉木和米槠林地表径流和可溶性有机碳的影响[J]. 亚热带资源与环境学报，9（4）：9-14.

高扬，朱波，周培，等. 2008. 紫色土坡地氮素和磷素非点源输出的人工模拟研究[J]. 农业环境科学学报，27（4）：1371-1376.

何晓玲，郑子成，李廷轩. 2012. 玉米种植下紫色坡耕地径流中磷素流失特征研究[J]. 农业环境科学学报，31（12）：2441-2450.

贾海燕，叶闽，雷俊山，等. 2009. 紫色土地区壤中流磷流失特征及其环境效应[J]. 人民长江，40（21）：59-61.

江忠善，李秀英. 1988. 黄土高原土壤流失预报方程中降雨侵蚀力和地形因子的研究[J]. 水土保持研究，（1）：40-45.

李恒鹏，金洋，李燕. 2008. 模拟降雨条件下农田地表径流与壤中流氮素流失比较[J]. 水土保持学报，22（2）：6-9.

李其林，魏朝富，曾祥燕，等. 2010. 自然降雨对紫色土坡耕地氮磷流失的影响[J]. 灌溉排水学报，29（2）：76-80.

林超文，罗春燕，庞良玉，等. 2011. 不同雨强和施肥方式对紫色土养分损失的影响[J]. 中国农业科学，44（9）：1847-1854.

刘刚才，林三益，刘淑珍. 2002. 四川丘陵区常规耕作制下紫色土径流发生特征及其表面流数值模拟[J].水利学报，33（12）：101-108 .

刘俊娥，王占礼，袁殷，等. 2010. 黄土坡面薄层流产流过程试验研究[J]. 干旱地区农业研究，28（5）：223-227.

彭圆圆，李占斌，李鹏. 2012. 模拟降雨条件下丹江鹦鹉沟小流域坡面径流氮素流失特征[J]. 水土保持学报，26（2）：1-5.

宋孝玉，康绍忠，史文娟，等. 2000. 长武黄土沟壑区不同下垫面条件农田产流产沙规律及其影响因素[J]. 水土保持学报，14（2）：28-30.

谭德水，江丽华，谭淑樱，等. 2015. 湖区小麦-玉米轮作模式下不同施肥措施调控氮磷养分流失研究[J]. 土壤学报，52（1）：128-137.

王健，蔡焕杰，刘红英. 2007. 免耕覆盖夏玉米耗水特性及土壤环境变化研究[J]. 干旱地区农业研究，25（2）：35-39.

王万忠，焦菊英. 1996. 中国的土壤侵蚀因子定量评价研究[J]. 水土保持通报，16（5）：1-20.

魏天兴，朱金兆. 2002. 黄土残塬沟壑区坡度和坡长对土壤侵蚀的影响分析[J]. 北京林业大学学报，24（1）：59-62.

吴发启，赵西宁，佘雕. 2003. 坡耕地土壤水分入渗影响因素分析[J].水土保持通报，23（1）：17-19.

徐宪立，马克明，傅伯杰，等. 2006. 植被与水土流失关系研究进展[J]. 生态学报，26（9）：3137-3143.

张会茹，郑粉莉. 2011. 不同降雨强度下地面坡度对红壤坡面土壤侵蚀过程的影响[J]. 水土保持学报，25（3）：40-43.

张宪奎，许靖华，卢秀琴，等. 1992. 黑龙江省土壤流失方程的研究[J]. 水土保持通报，12（4）：1-9.

郑海金，胡建民，黄鹏飞，等. 2014. 红壤坡耕地地表径流与壤中流氮磷流失比较[J]. 水土保持学报，28（6）：41-45，70.

周明华，朱波，汪涛，等. 2010. 紫色土坡耕地磷素流失特征及施肥方式的影响[J].水利学报，41（11）：1374-1381.

朱波，周明华，况福虹，等. 2013. 紫色土坡耕地氮素淋失通量的实测与模拟[J]. 中国生态农业学报，21（1）：102-109.

Carroll C, Halpin M, Burger P, et al. 1997. The effect of crop type, crop rotation, and tillage practice on runoff and soil loss on a Vertisol in central Queensland[J]. Australian Journal of Soil Research, 35：925-939.

Croke J, Mockler S. 2001. Gully initiation and road to stream linkage in a forested catchment, southeastern Australia[J]. Earth Surface Processes and Landforms, 26(2)：205-217.

MacDonald L H, Sampson R W, Anderson D M. 2001. Runoff and road erosion at the plot and road segment scales, St John, US Virgin Islands[J]. Earth Surface Processes and Landforms, 26(3)：251-272.

Wischmerie W H, Smith D D. 1965. Predicting rainfall-erosion losses from cropland east of the Rocky Mountains [R]. Washington DC：USDA.

第6章

侵蚀和渗漏对活性氮损失的影响与贡献

活性氮损失是氮素损失的重要组成部分，主要包括氨（NH_3）挥发、氧化亚氮（N_2O）排放、以硝态氮或铵态氮形式随地表径流泥沙流失（氮侵蚀）以及随土壤水分渗漏淋洗（氮渗漏）等，容易引起一系列环境问题，如温室气体排放增加、水体富营养化和土壤酸化等（朱波等，2013；Denk et al.，2017）。活性氮污染已成为仅次于气候变暖和生物多样性衰减的全球性环境威胁（Sutton et al.，2011），农田生态系统的活性氮损失过程机理是近年来农业与环境领域最受关注的研究议题之一。本书第 3 章分析了红壤坡面降雨-入渗-产流机制与特征，第 4 章、第 5 章探究了红壤坡耕地氮素随侵蚀和渗漏输出特征及影响机制。为进一步全面评估红壤坡耕地氮素侵蚀和渗漏等去向及氮素表观平衡，同时揭示侵蚀和渗漏对活性氮素损失的影响，本章采用具有水土流失观测功能的小型土壤水分渗漏实验装置，同步观测研究了常规耕作下土壤-花生种植体系两个生长季氮素去向及表观平衡状况，以及尿素氮肥施用后 4 种途径（NH_3、N_2O、侵蚀和渗漏）活性氮的损失变化与贡献，从而为探讨减少花生旱坡地氮素损失的技术途径、优化南方红壤坡耕地氮素管理提供参考。

6.1 材料与方法

6.1.1 试验装置

试验在可收集地表径流泥沙和渗漏水的钢化渗漏实验土槽（lysimeter）中开展观测，土槽规格为 3 m（长）×0.75 m（宽）×0.6 m（深），可观测采集坡面地表径流泥沙和渗漏水量（图 5-1 和图 6-1）。综合考虑红壤坡耕地坡度分布状况及试验代表性，同时为与大型土壤水分渗漏试验（第 4 章）相映射，本试验将土槽坡度设定为 8°。为保证试验过程中水分自由下渗，土槽底部按 15cm×15 cm 间距均匀打孔（孔径 10 mm），并铺设一层土工布，以防止水洗砂堵塞小孔。在土工布上铺一层 10 cm 细沙（过 5 mm 筛）；然后分 4 次、每次 10 cm 填装已过 10 mm 筛。充分搅拌均匀的供试土壤，代表常见红壤坡耕地耕作层厚度和结构特征。填土容重按大田实测值 0～20 cm 控制在 1.15 g/cm^3 左右（代表耕作层），20～40 cm 控制在 1.32 g/cm^3 左右（代表犁底层）。供试土壤为园区内第四纪红黏土发育的表层红壤。2017 年试验前土壤有机质含量 7.64 g/kg，全氮含量 0.52 g/kg，全磷含量 0.18 g/kg，碱解氮

图 6-1 集成 lysimeter 功能的实验土槽

含量 33.32 mg/kg，速效磷含量 0.34 mg/kg，pH（H_2O）5.3，<0.002 mm 黏粒、0.002～0.05 mm 粉粒和 0.05～2.0 mm 砂粒含量分别是 28.39%、50.32%和 21.29%；2018 年试验前土壤有机质含量 5.60 g/kg，全氮含量 0.52 g/kg，全磷含量 0.18 g/kg，碱解氮含量 34.24 mg/kg，速效磷含量 5.12 mg/kg，pH（H_2O）5.0，黏粒、粉粒和砂粒含量分别为 28.12%、61.39%和 10.49%。将填土后的土槽置于野外，待其沉降稳定后开展试验。

6.1.2 试验设计

试验处理设置常规施肥处理（FT）和不施肥处理（CK），每个处理重复 3 次，共 6 个试验土槽，随机排列。供试花生品种为‘纯杂 1016’，2017 年 5 月 17 日播种花生，8 月 19 日收获；2018 年 5 月 4 日播种花生，8 月 16 日收获。花生播种前按常规方式翻耕土壤 20 cm 深，采取穴播方式，行距 15～17cm、穴距 30～33cm、穴深 4～5 cm，每个土槽种植花生 11 行、3 列共 33 穴，每穴 3 粒，定苗 2 株。2017 年施肥处理按照当地花生常规施肥水平 172 kg N/hm^2、117 kg P_2O_5/hm^2、100 kg K_2O/hm^2 施用尿素（N，46.4%）、钙镁磷肥（P_2O_5，14%）和氯化钾（K_2O，60%）。其中，钙镁磷肥和氯化钾全部用作基肥，尿素按照 3∶2 的比例分基肥和追肥两次施用。基肥均匀撒施后覆土，追肥于 7 月 7 日小雨后撒施。2018 年按照常规的养分施用量（N、P_2O_5、K_2O 分别为 150 kg/hm^2、117 kg/hm^2、100 kg/hm^2）进行施用，均匀穴施后覆土。因花生长势良好，2018 年试验期未追肥。

6.1.3 试验观测

（1）产流产沙及其氮含量测定：按照《水土保持试验规程》（SL 419—2007），连续两年在整个花生生长季进行逐场次自然降雨条件下的降雨、产流、产沙观测。其中，根据径流桶安装的水位尺读数，通过试验站预先率定的公式计算径流量（含地表径流和渗漏水），并采用烘干法测定径流含沙量，计算侵蚀产沙量。每次产流结束后，将各径流桶中的水静置 4 h 后取 1 瓶 500 mL 水样，每瓶水样现场添加 2～3 滴浓硫酸固定并带回实验室存入 4 ℃冰箱保存，在 48 h 内分析完毕；径流桶底部泥沙全部取出称重并计算侵蚀泥沙量（以干重计），再用塑封袋收集 500 g 泥沙样风干过 100 目筛备用。

参考《环境分析法》《土壤农业化学分析方法》检测样品的氮素含量，其中，TN 或 DTN 采用碱性过硫酸钾消解-紫外分光光度法测定，NH_4^+-N 采用水杨酸分光光度法测定，NO_3^--N 采用硫酸肼还原法测定；径流中颗粒态氮根据差减法求得；径流中无机氮主要包括 NH_4^+-N 和 NO_3^--N；侵蚀泥沙样检测 TN 含量，采用半微量凯氏定氮法测定。

（2）土壤样品采集与分析：试验结束前后，用土钻取 0～40 cm 土样，每个土槽取 5 个样点混合均匀，按 0～5 cm、5～10 cm、10～20 cm、20～30 cm 分 4 层采集，新鲜土样带回实验室后，立即用 $CaCl_2$ 浸提后再用流动注射分析仪测定 NH_4^+-N 和 NO_3^--N 含量；土壤样 TN 含量采用半微量凯氏定氮法测定。

（3）气态活性氮（NH_3 和 N_2O）测定：土壤 NH_3 挥发采用通气法进行监测（王朝辉等，2002）。采样装置由聚氯乙烯（PVC）硬质塑料管制成，内径 15 cm、高 10 cm。采样时，将 PVC 管下部插入土壤 2 cm，将两块厚度为 2 cm、直径为 16 cm 的海绵用磷酸甘油（50 mL 磷酸+40 mL 丙三醇定容至 1000 mL）均匀浸透，置于 PVC 管内，下层海绵距管底 5 cm，收集土壤挥发的 NH_3，上层置于 PVC 管顶部，以防空气中的 NH_3 干扰。土壤 NH_3 挥发的捕获于施肥后当天开始，放置 24 h 后取样。取样时，将下层海绵从顶部取出，迅速装入预先编好号的自封袋密封避光保存，随后更换 PVC 管放置位置。施肥后连续监测 NH_3 挥发 20 d，每天取样 1 次，此后根据测定结果将采样频率调至每周采集 2～3 次，直至监测不到 NH_3 挥发为止。取样时间为上午 8：00～9：00，雨天停止采样。将捕获装置中下层的海绵分别装入 500 mL 的塑料瓶中，加入 300 mL 2.0 mol/L 的氯化钾溶液，使海绵完全浸于其中，振荡 1 h 后，浸取液中的 NH_4^+-N 用纳氏试剂分光光度计测定。

土壤 N_2O 使用密闭式静态暗箱-气相色谱法测定（Wang Y S and Wang Y H，2003）。密闭式静态暗箱由不锈钢采样箱和底座组成，采样箱顶部预装三通阀用于抽取气体样品，温度计自箱顶置于箱体内部，箱外加包 5 cm 厚海绵并贴反光锡箔纸隔热，以保证盖箱期间箱内温度变化小于 3℃。实验前，用硅胶涂抹所有的焊缝与接口，确保装置的密闭性。底座上口焊有深 2 cm、宽 1 cm 的凹槽方便连上箱体后水封。花生播种后，在各土槽中间预先放置并固定一个不锈钢底座作为水封。采样时，将采样箱罩在该底座上，箱内装有微型风扇以保证气体均匀混合。施肥后前 2 天每天取样 1 次，以后每周采样 2 次，每次采集时间为上午 8：30～12：00，遇降雨事件，雨停后次日增加一次采样。各采样点每次采样 4 个，每个间隔 10 min，样品量为 30 mL，现场将其注入 100 mL 的样品瓶中保存，同时记录箱内温度。样品送至华中农业大学，采用改进的气相色谱仪（型号：Agilent GC7890A，产地：美国）分析，检测器为电子捕获检测器 ECD，检测器温度为 330℃，柱箱温度为 55℃，使用的 CA-5 气体样品进样仪为中国科学院大气物理研究所获得的国家专利产品（Zheng et al.，2008；Wang Y S and Wang Y H，2003）。N_2O 浓度通过标准气体峰面积比值确定，标准气体由国家标准物质中心提供。

此外，同步监测土壤温度、土壤含水量以及降水量、气温等。土壤温度通过读取预先埋设在地下 0～10 cm 的土壤温度计获取，土壤含水量（指质量含水量，下同）采用烘干法测定，降水量和气温分别通过自动气象站的虹吸式雨量计和百叶箱观测获得。

6.1.4 数据处理

（1）产流产沙及其氮含量计算：参见 4.1.1 节。

（2）氮平衡的计算采用“氮素总输入= 氮素总输出”的公式。为了简化计算，在本试验中假定大气氮素沉降、生物固氮及灌溉水中氮素的输入与不施肥处理土壤氮素的本底损失相当；施氮处理的氮素矿化量是用无氮区氮素矿化量进行估计，即不考虑氮肥的激化效应。根据以上假定，在土壤-花生种植体系中氮平衡的项目可简化为：输入项——肥料投入氮量、土壤起始无机氮量和有机物质矿化氮量，输出项——作物吸收氮量、土壤残留无机氮量和表观损失氮量。本试验条件下表观损失包括氮素渗漏损失、氮素地表径流泥沙携走和氮素气体损失等。由于对照处理没有施用氮肥故因此就没有氮肥的损失，根据以上氮素平衡公式可计算氮素矿化量。氮素去向及表观平衡分析过程中所用公式如下（丁燕等，2015；刘学军等，2002）：

TN（NO_3^--N、NH_4^+-N 等）表观渗漏损失量（kg/hm^2）
=施氮处理 TN（NO_3^--N、NH_4^+-N 等）渗漏损失量－空白处理 TN（NO_3^--N、NH_4^+-N 等）渗漏损失量 （6-1）

TN（NO_3^--N、NH_4^+-N 等）渗漏损失率（%）
= TN（NO_3^--N、NH_4^+-N 等）表观渗漏损失量/施氮量×100% （6-2）

TN（NO_3^--N、NH_4^+-N 等）表观侵蚀损失量（kg/hm^2）
=施氮处理 TN（NO_3^--N、NH_4^+-N 等）侵蚀（含地表径流和泥沙）损失量−
空白处理 TN（NO_3^--N、NH_4^+-N 等）侵蚀（含地表径流和泥沙）损失量 （6-3）

TN（NO_3^--N、NH_4^+-N 等）侵蚀损失率（%）
=TN（NO_3^--N、NH_4^+-N 等）表观侵蚀损失量/施氮量×100% （6-4）

土壤起始（残留）无机氮量（kg/hm^2）=土层厚度×土壤容重×试验前（后）土壤无机氮含量/10 （6-5）

土壤氮素矿化量（kg/hm^2）=空白处理作物吸氮量 + 空白处理收获时土壤无机氮+空白处理表观损失氮−空白处理播前土壤无机氮 （6-6）

氮素表观损失量（kg/hm^2）=氮输入量−作物吸收氮量−土壤残留无机氮量 （6-7）

氮肥表观利用率（%）=（施氮处理植株吸氮量−空白处理植株吸氮量）/施氮量×100% （6-8）

氮肥表观残留率（%）=（施氮处理土壤残留 N_{min}−空白处理土壤残留 N_{min}）/施氮量×100% （6-9）

氮肥表观回收率（%）=氮肥表观利用率 + 氮肥表观残留率 （6-10）

氮肥表观损失率=100%−氮肥表观回收率 （6-11）

（3）气态活性氮（NH_3 和 N_2O）计算：NH_3 挥发速率计算公式为

$$NH_3\text{-}N_i = \frac{M_i}{D_i \times S} \times 10^{-2} \tag{6-12}$$

式中，NH_3-N_i 为第 i 次采样的 NH_3 挥发速率，kg N/(hm^2 · d)；M_i 为通气法单个装置第 i 次采样测得的 NH_3-N，mg；S 为捕获装置的横截面积，m^2；D_i 为第 i 次连续收集的时间，d；10^{-2} 为单位换算系数。

NH_3 挥发累积量计算公式为

$$P = \frac{1}{2}\sum_{i=1}^{n}(NH_3\text{-}N_i + NH_3\text{-}N_{i-1})(T_i - T_{i-1}) \tag{6-13}$$

式中，P 为 NH_3 挥发累积量，kg/hm^2；NH_3-N_i 为第 i 次采样 NH_3 挥发速率，kg N/(hm^2 · d)；T_i 为第 i 次采样所处的时间，d；n 为总采样次数。

N_2O 排放通量计算公式为

$$F_i = \rho \times \frac{V}{A} \times \frac{\Delta c_i}{\Delta t_i} \times \frac{273}{273 + T_i} \times \frac{28}{44} \times 24 \tag{6-14}$$

式中，F_i为第 i 次采样 N_2O 排放通量，mg N/(m^2·d)；ρ为标准状态下 N_2O 密度，1.98 kg/m^3；V 为密闭箱内有效的空间体积，m^3；A 为密闭箱覆盖的土壤面积，m^2；$\frac{\Delta c_i}{\Delta t_i}$ 为第 i 次采样时密闭箱内 N_2O 浓度变化速率，$10^{-6}\,h^{-1}$；T_i 为第 i 次采样时密闭箱的温度，℃；$\frac{28}{44}$ 为每摩尔 N_2O 分子中 N 的质量分数比；24 为时间换算系数。

N_2O 累积排放量计算公式为

$$M=\sum\left[\frac{F_{i+1}+F_i}{2}\left(t_{i+1}-t_i\right)\right]\times 10^{-2} \tag{6-15}$$

式中，M 为 N_2O 累积排放量，kg N/hm^2；F_i 为第 i 次采样 N_2O 排放通量，mg N/(m^2·d)；i 为采样次数；t 为第i次采样所处的时刻，d；10^{-2} 为单位换算系数。

试验数据采用 SPSS 11.5 软件开展相关分析，采用 Excel 2013、Origin Pro 2017 和 R 3.5.0 软件处理数据、绘制图表。

6.2 坡地农作系统氮素表观平衡与损失

氮平衡研究是评价生态系统中氮素循环和氮肥去向的有力工具，也是研究土壤氮素利用与损失的常用方法之一。由于土壤无机氮是作物吸收利用的主要氮素养分，其表观平衡更能准确反映作物氮素利用及土壤残留和损失的总体状况，对于推荐施肥更为重要，所以相关研究多集中在土壤-作物系统的无机氮平衡方面（郭守春，2013）。

6.2.1 氮素表观平衡

表 6-1 列出了 2017～2018 年花生生长季的氮素表观平衡结果。从表 6-1 中可以看出，2017 年氮素矿化量为 51.16 kg/hm^2，各处理土壤起始无机氮为 60.08 kg/hm^2，土壤自身供氮量（即土壤氮素矿化量和起始无机氮之和）为 111.24 kg/hm^2，超过施氮处理的作物吸氮量（107.90 kg/hm^2），表明供试土壤因长年耕作施肥已具有较强的供氮能力。当施氮量为 172 kg/hm^2 时，常规耕作处理（FT）氮素输出主要体现为作物吸收、土壤残留无机氮、侵蚀和渗漏损失上，氮素表观损失 149.02 kg/hm^2。由于不施肥处理（CK）不施氮肥，其作物吸氮量（59.97 kg/hm^2）低于施肥处理的作物吸氮量（107.90 kg/hm^2）。

表 6-1 2017～2018 年花生生长季的氮素表观平衡 （单位：kg/hm^2）

项目		2017 年		2018 年	
		FT	CK	FT	CK
氮素输入	施氮量	172	0	150	0
	氮素矿化量	51.16	51.16	108.24	108.24
	起始无机氮	60.08	60.08	36.67	36.67
	小计	283.24	111.24	294.91	144.91

续表

项目		2017 年		2018 年	
		FT	CK	FT	CK
氮素输出	作物吸收	107.90	59.97	107.16	69.38
	土壤残留无机氮	26.32	9.25	91.62	69.44
	氮素地表径流损失	20.07	11.27	0.68	0.54
	氮素侵蚀泥沙损失	5.22	3.87	0.80	0.77
	氮素渗漏损失	54.86	26.88	11.18	4.78
	其他（气体损失等）	68.87	—	83.47	—
	小计	283.24	111.24	294.91	144.91

注：氮素矿化、起始无机氮和残留仅统计 0～40 cm，无机氮指鲜土铵态氮和硝态氮之和；其他采用质量平衡差减法计算。

2018 年氮素矿化量为 108.24 kg/hm^2，各处理土壤起始无机氮量为 36.67 kg/hm^2，土壤自身供氮量为 144.91 kg/hm^2，超过施氮处理的作物吸氮量（107.16 kg/hm^2），同样表明供试土壤具有较强的供氮能力。当施氮量为 150 kg/hm^2 时，FT 处理氮素输出主要体现为作物吸收、土壤残留无机氮和渗漏损失上，氮素各项表观损失 96.13 kg/hm^2。由于 CK 处理不施氮肥，CK 处理的作物吸氮量（69.38 kg/hm^2）低于施肥处理的作物吸氮量（107.16 kg/hm^2）。

不同气候年型对花生生长季的氮素平衡影响较大。例如，对于 FT 处理，2017 年、2018 年氮素输入的总量变化不大，分别为 283.24 kg/hm^2、294.91 kg/hm^2；但是氮素输出在土壤残留、侵蚀流失、渗漏损失和其他表观损失之间的分配却发生很大的变化。2018 年因遭遇历史上少见的干旱（整个花生生长季降水量仅为同期多年平均的 1/2 左右），侵蚀和渗漏损失的氮量较雨水充沛的 2017 年明显下降。以 CK 处理为例，2017 年、2018 年地表径流、侵蚀和渗漏损失的总氮量分别为 42.02 kg/hm^2 和 6.09 kg/hm^2，2018 年比 2017 年下降 85.51%；又如，FT 处理，2017 年、2018 年地表径流、侵蚀和渗漏损失的总氮量分别为 80.15 kg/hm^2 和 12.66 kg/hm^2，2018 年比 2017 年下降 84.20%。

6.2.2 氮肥表观去向

表 6-1 仅从氮素输入、输出总量的角度分析了花生生长季氮素平衡的情况。表 6-2 则进一步从百分率的角度总结了 2017～2018 年花生生长季氮肥的表观去向。从表 6-2 中可知，土壤-花生种植体系氮肥利用率为 25.19%～27.87%，表明红壤坡耕地氮肥利用潜力很大；在正常施肥条件下，残留土壤中的肥料氮还有 9.92%～14.79%可供第二季作物利用；氮肥回收率为 37.79%～39.98%，绝大部分以各种形式损失。

表 6-2 2017～2018 年花生生长季氮肥的表观去向(占施氮量的比例) (单位：%)

年份	氮肥利用率	土壤无机氮残留率	氮肥回收率	表观损失率
2017	27.87	9.92	37.79	62.21
2018	25.19	14.79	39.98	60.02

注：氮肥回收率为氮肥利用率与土壤无机氮残留率之和；土壤无机氮残留率指 0～40 cm 无机氮残留率。

6.2.3 氮肥损失途径

根据以上氮肥表观去向的计算结果，不难发现，在常规耕作条件下，红壤坡耕地土壤-花生种植体系中高达 72.13%～74.81%的肥料氮未被作物吸收利用，其中 60.02%～62.21%的肥料氮损失。那么，这部分氮素究竟主要以哪种途径损失？各种损失途径在氮素总损失中比例如何？这是本试验要回答的关键问题。根据红壤旱坡地土壤、气候特点，本试验重点将氮肥的损失集中在渗漏损失和侵蚀损失（含地表径流和侵蚀泥沙）两方面。

1. 侵蚀和渗漏特征

气象条件是导致农田氮素侵蚀和渗漏损失的主要原因。根据试验区气象站采集的数据（表 6-3），2017 年花生生长季平均气温为 27.9℃，总降水量为 976.2 mm，分别比常年同期（5～8 月）高 0.5℃和多 255.8 mm；2018 年花生生长季平均气温为 28.6℃，总降水量为 408.7 mm，分别比常年同期（5～8 月）高 1.2℃和少 311.7 mm。根据当地长期观测资料，降雨频率小于 25%为丰水年，大于 75%为枯水年，介于二者之间为平水年，因此 2017 年为丰水年，2018 年为枯水年。

表 6-3 2017～2018 年花生生长季降雨、气温情况

年份	花生生长时期	降雨			气温		
		总降水量/mm	占全年降水量百分比/%	平均雨强/（mm/h）	平均气温/℃	最高气温/℃	最低气温/℃
2017	基肥期	571.9	31.1	1.34	25.6	31.4	21.8
	追肥期	404.3	22.0	5.10	30.6	34.4	25.6
	整个生长季	976.2	54.8	2.11	27.9	34.4	21.8
2018	整个生长季	408.7	35.3	4.35	28.6	33.7	20.8

在 2017 年花生整个生长季，各处理的渗漏水量为 388.81～468.30 mm，渗漏系数（渗漏水量除以降水量，下同）为 0.40～0.48；地表径流量为 246.94～261.20 mm，地表径流系数（地表径流量除以降水量，下同）为 0.25～0.27。在 2018 年花生整个生长季，各处理的渗漏水量为 36.12～50.95 mm，渗漏系数为 0.09～0.12；地表径流量为 18.77～22.33 mm，地表径流系数为 0.04～0.05（表 6-4）。可知，两年来各处理的渗漏水量均大于地表径流量，渗漏水量占总径流量的 61.16%～73.08%，说明渗漏是红壤旱坡地降雨径流的主要支出方式，这与基于自然降雨+大型土壤水分渗漏装置的试验观测结果一致。此外，地表径流含沙量大，导致可观的侵蚀产沙，2017 年侵蚀产沙量为 6109.17～7587.82 kg/hm^2，2018 年侵蚀产沙量为 1228.54～1323.62 kg/hm^2，而渗漏水的含沙量很低。

表 6-4　2017～2018 年花生生长季产流、产沙情况

年份	处理	产流量				产沙量/（kg/hm²）
		渗漏水/mm	地表径流/mm	总径流/mm	渗漏水占比/%	
2017	FT	468.30±131.46	261.20±44.77	729.50±107.96	64.19	7587.82±2199.38
	CK	388.81±95.36	246.94±50.15	635.75±107.95	61.16	6109.17±593.83
2018	FT	50.95±16.04	18.77±3.59	69.72±19.63	73.08	1323.62±159.08
	CK	36.12±3.98	22.33±2.10	58.45±6.08	61.80	1228.54±103.63

注：平均值+标准差，下同。

不同气候年型对花生生长季的产流产沙影响较大（表 6-4）。在 2018 年（枯水年），因遭遇历史上少见的干旱（整个花生生长季降水量仅为同期多年平均的 1/2 左右），各处理产流产沙量远低于 2017 年（丰水年），2018 年花生生长季的产流量和产沙量分别为 2017 年花生生长季的 9.20%～9.56%和 17.44%～20.11%。由此可见，丰水年更容易引起强烈的水土流失。

2. 氮素渗漏损失

研究氮素淋洗的方法主要包括三种，即渗漏计法、土壤溶液抽提法和土钻法，只要条件控制适宜，三种方法都可以反映特定生产条件下氮素的淋洗状况。本节主要采用渗漏计法对氮素渗漏损失进行了研究。试验观测得到花生生长季氮素随渗漏输出量及占比如表 6-5 所示。2017 年和 2018 年花生生长季渗漏水中总氮（TN）输出量分别为 26.88～54.86 kg/hm² 和 4.78～11.18 kg/hm²，其中溶解态总氮（DTN）输出量分别为 24.12～49.69 kg/hm² 和 4.41～10.08 kg/hm²，依次占渗漏水总氮输出量的 89.73%～90.58%和 90.16%～92.26%，这表明氮素输出以径流溶解态为主；监测期内 NO_3^--N 是渗漏水氮素流失的主要形态，2017 年占 37.80%～50.33%、2018 年占 70.57%～75.31%，NH_4^+-N 占有很少比例，2017 年占 3.61%～5.10%、2018 年占 5.37%～6.07%（表 6-5）。这与基于自然降雨+大型土壤水分渗漏装置的试验观测结果一致。

表 6-5　2017～2018 年花生生长季氮素渗漏输出量及占比

年份	处理	输出量/（kg/hm²）				占比/%		
		TN	DTN	NH_4^+-N	NO_3^--N	DTN	NH_4^+-N	NO_3^--N
2017	FT	54.86±12.10	49.69±10.60	1.98±0.77	27.61±5.63	90.58	3.61	50.33
	CK	26.88±7.57	24.12±6.86	1.37±0.43	10.16±3.01	89.73	5.10	37.80
2018	FT	11.18±4.27	10.08±3.47	0.60±0.14	7.89±3.48	90.16	5.37	70.57
	CK	4.78±0.74	4.41±0.46	0.29±0.04	3.60±0.24	92.26	6.07	75.31

进一步分析外源氮（肥料氮）渗漏输出情况（表 6-6），可知本试验中 2017 年花生生长季外源氮随渗漏水的输出量为 27.98 kg/hm²，占其投入量（172 kg/hm²）的 16.27%；2018 年花生生长季外源氮随渗漏水的输出量为 6.40 kg/hm²，占其投入量（150 kg/hm²）的 4.27%。外源氮输出又以无机氮特别是硝态氮为主，其中硝态氮输出量占总输出量的 62.37%～67.03%。

表 6-6 2017～2018 年花生生长季外源氮渗漏输出量

年份	项目	总氮	水溶性氮	无机氮		
				小计	铵态氮	硝态氮
2017	输出量/（kg/hm²）	27.98±4.53	25.57±3.74	18.06±2.96	0.61±0.34	17.45±2.62
	占输出量百分比/%	100.00	91.39	64.55	2.18	62.37
	占肥料投入量百分比/%	16.27	14.87	10.50	0.35	10.15
2018	输出量/（kg/hm²）	6.40±3.53	5. 67±3.01	4.60±3.34	0.31±0.10	4.29±3.24
	占输出量百分比/%	100.00	88.59	71.87	4.84	67.03
	占肥料投入量百分比/%	4.27	3.78	3.07	0.21	2.86

注：2017 年、2018 年氮肥投入量分别为 172 kg / hm²、150 kg / hm²，下同。

3. 氮素侵蚀损失

试验观测得到 2017～2018 年花生生长季氮素随地表径流输出量及占比，如表 6-7 所示。本试验中 2017 年花生生长季地表径流中 TN 输出量为 11.27～20.07 kg/hm²，其中 DTN 输出量为 8.86～17.39 kg/hm²，占地表径流 TN 输出量的 78.62%～86.65%；2018 年花生生长季地表径流中 TN 输出量为 0.54～0.68 kg/hm²，其中 DTN 输出量为 0.43～0.56 kg/hm²，占地表径流总氮输出量的 79.63%～82.35%，这表明地表径流氮素输出以溶解态为主，悬浮颗粒态较少。

表 6-7 2017～2018 年花生生长季氮素随地表径流输出量及占比

年份	处理	输出量/（kg/hm²）				占比/%		
		TN	DTN	NH_4^+-N	NO_3^--N	DTN	NH_4^+-N	NO_3^--N
2017	FT	20.07± 3.72	17.39± 3.03	6.09± 0.74	4.19± 0.94	86.65	30.34	20.88
	CK	11.27± 2.71	8.86± 2.08	3.09± 0.96	1.51± 0.85	78.62	27.42	13.40
2018	FT	0.68±0.14	0.56±0.10	0.27±0.19	0.11±0.06	82.35	39.71	16.18
	CK	0.54±0.04	0.43±0.06	0.19±0.06	0.07±0.03	79.63	35.19	12.96

进一步分析外源氮（肥料氮）的输出情况（表 6-8），可知本试验中 2017 年花生生长季外源氮随地表径流的输出量为 8.80 kg/hm²，占其投入量（172 kg/hm²）的 5.12%；2018 年花生生长季外源氮随地表径流的输出量为 0.14 kg/hm²，占其投入量（150 kg/hm²）的 0.09%。外源氮随地表径流输出又以无机氮（铵态氮和硝态氮）为主，占总输出量的 64.54%～78.57%。

表 6-8 2017～2018 年花生生长季外源氮地表径流输出量

年份	项目	总氮	水溶性氮	无机氮		
				小计	铵态氮	硝态氮
2017	输出量/（kg/hm²）	8.80±1.01	8.53± 0.95	5.68± 0.09	3.00±0.00	2.68± 0.09
	占输出量百分比/%	100.00	96.93	64.54	34.09	30.45
	占肥料投入量百分比/%	5.12	4.96	3.30	1.74	1.56
2018	输出量/（kg/hm²）	0.14±0.10	0.13±0.04	0.12±0.16	0.08±0.13	0.04±0.03
	占输出量百分比/%	100.00	92.86	78.57	57.14	21.43
	占肥料投入量百分比/%	0.09	0.09	0.08	0.05	0.03

本试验中 2017 年花生生长季侵蚀泥沙中总氮（TN）输出量为 3.87～5.22 kg/hm²、外源氮输出量为 1.35 kg/hm²；2018 年花生生长季侵蚀泥沙中 TN 输出量为 0.77～0.80 kg/hm²、外源氮输出量为 0.03 kg/hm²（表 6-9）。2017 年、2018 年侵蚀泥沙的外源氮输出量分别占其投入量的 0.78%和 0.02%。

表 6-9 2017～2018 年花生生长季氮素随侵蚀泥沙输出量 （单位：kg/hm²）

年份	处理	总氮	外源氮
2017	FT	5.22±1.28	1.35±0.77
	CK	3.87±0.41	—
2018	FT	0.80±0.08	0.03±0.00
	CK	0.77±0.08	—

4. 氮素侵蚀和渗漏损失占比

若将氮肥的损失集中在侵蚀流失、渗漏淋失和气体损失三方面，在本试验条件下的氮素平衡中，用质量平衡差减法得出氮素气态（如氨挥发、硝化-反硝化等）等其他损失率（占施氮量的比例）。由表 6-10 可知，侵蚀和渗漏导致的肥料氮表观损失率为 4.38%～22.17%。气候类型对氮素侵蚀和渗漏损失影响显著，丰水年（2017 年）比枯水年（2018 年）高 17.79 个百分点。

表 6-10 2017～2018 年花生生长季氮肥的损失途径

年份	氮肥损失量/（kg/hm²）				氮肥损失率/%			
	氮肥表观损失	氮素侵蚀流失	氮素渗漏淋失	其他表观损失（硝化反硝化、气体损失等）	氮肥表观损失	氮素侵蚀流失	氮素渗漏淋失	其他表观损失（硝化反硝化、气体损失等）
2017	107.00	10.15	27.98	68.87	62.21	5.90	16.27	40.04
2018	90.04	0.17	6.40	83.47	60.02	0.11	4.27	55.64

土壤中本身的氮素以及人为施入肥料中的氮素的基本归宿主要有 3 个方面：一是被作物吸收；二是在土壤剖面中以无机氮形态或有机结合形态残留；三是以各种形式损失。探明土壤-作物系统氮素去向及氮素平衡是探寻合理施肥的重要依据。土壤-作物的平衡体系范围主要包括地上部分的作物冠层、地下根层范围的土壤。氮的输入途径主要有氮肥的投入和土壤矿化等；氮的输出途径主要有氮的渗漏淋失、侵蚀流失、土壤残留、作物吸收和气体损失等。当前，关于农田生态系统氮平衡研究主要从氮转化的机理、氮素循环利用、氮肥利用率、肥料氮的损失途径、农田氮循环的模型等角度研究氮的转化和平衡，但主要集中在平地农田生态系统，对坡地农田生态系统氮素的研究相对较少。本节通过长达两年的野外试验观测发现，红壤坡耕地花生种植体系氮肥利用率为 25.19%～27.87%，土壤无机氮残留率 9.92%～14.79%，氮肥表观损失率 60.02%～62.21%。与朱兆良（2008）在总结国内研究结果的基础上对我国平地农田生态系统中化肥氮的去向估计结果（氮肥利用率 35%，氮肥表观损失率 52%，以及土壤无机氮残留率 13%）相比，本试验得出的土壤无机氮残留率与其较为接近，氮肥利用率偏低，氮肥表观损失率偏高。其中，氮肥利用率偏低，可能与花生为固氮作物，对肥料氮的需求相对其他作物偏低等有关；氮肥表观损失率偏高，主要由于前人研究针对平地而本试验针对坡地，不仅可能增加了氮素随地表径流泥沙的迁

移输出，还增加了氮素随侧渗水的迁移输出。本试验结果中，氮肥表观损失率大于氮肥表观利用率，将造成大量的氮损失于土壤-作物这一系统，对环境造成严重氮负荷；不管是土壤氮残留还是表观损失，二者都是过量施氮的标志。因此，通过科学施肥（如优化施氮）降低氮肥损失、减少对环境的损害，具有十分重要的意义。

6.3 侵蚀和渗漏对活性氮素损失的影响和贡献

国内外许多学者开展了农田活性氮素损失的定量评价和研究（Aguilera et al., 2013；桑蒙蒙等，2015），这些研究为探讨减少氮素损失、降低环境损害、优化田间管理提供了宝贵的参考价值。然而，各种途径活性氮损失过程受气候条件、土壤性状和耕作管理等因素的影响，造成活性氮损失在时间和空间上的多样性；此外，已有研究集中在种植小麦、玉米、水稻等的农田，同时受全球气候变化的影响，对 NH_3 挥发、N_2O 排放的研究较为丰富（Bell et al., 2016; Li et al.，2017），对坡地农田，尤其是同时考虑侵蚀和渗漏损失影响的研究还比较少，这对了解坡耕地土壤-作物系统活性氮损失、指导优化施氮管理带来了一定障碍。为全面评估红壤坡耕地土壤-花生种植体系活性氮损失及其对水环境和大气环境的影响，本节进一步开展常规耕作条件下不同途径活性氮损失比较。为直观反映施用的氮肥对大气和水体的影响和贡献，本次试验结果采用施氮处理区与对照区的差值来反映。此外，本节将活性氮损失分为水体和气态两种类型，其中，水体损失主要包括氮径流和氮渗漏，而气态损失主要包括 NH_3 挥发和 N_2O 排放。

6.3.1 不同途径活性氮损失的时间动态变化

1. 活性氮水体损失浓度

本试验收集了 2017 年试验期 9 次径流水和 11 次渗漏水。如图 6-2 所示，从施肥导致渗漏水的 NH_4^+-N 和 NO_3^--N 浓度变化来看，基肥期渗漏水的 NO_3^--N 和 NH_4^+-N 浓度峰值分别为 8.990 mg/L 和 0.459 mg/L，高于追肥期渗漏水的 NO_3^--N 和 NH_4^+-N 浓度峰值（分别为 5.731 mg/L 和 0.117 mg/L）。整个试验期施肥导致渗漏水的 NO_3^--N 浓度一直处于较高水平，浓度范围为 0～8.990 mg/L，均值为 2.029 mg/L，而 NH_4^+-N 浓度一直处于较低的水平，浓度范围为 0～0.459 mg/L，均值为 0.117 mg/L。从施肥导致径流水的 NH_4^+-N 和 NO_3^--N 浓度变化来看，基肥期径流水的 NO_3^--N 和 NH_4^+-N 浓度峰值分别为 1.668 mg/L 和 1.585 mg/L，也高于追肥期径流水的 NO_3^--N 和 NH_4^+-N 浓度峰值（分别为 1.154 mg/L 和 1.447 mg/L）。整个试验期施肥导致径流水的 NH_4^+-N 浓度范围为 0.585～1.585 mg/L，均值为 1.022 mg/L，而 NO_3^--N 浓度范围为 0～1.668 mg/L，均值为 0.730 mg/L，径流水中 NH_4^+-N 浓度总体高于其 NO_3^--N 浓度。无论渗漏水还是径流水，基肥期的 NH_4^+-N 和 NO_3^--N 浓度峰值均分别高于追肥期的 NH_4^+-N 和 NO_3^--N 浓度峰值，这可能与基肥期施肥量大于追肥期施肥量（基追比为 3∶2）有关。该生长季内单次产流降水量变化范围为 8.8～193.1 mm，平均为 81.9 mm；单次产流降雨强度变化范围为 0.40～11.78 mm/h，平均为 3.21 mm/h（图 6-3）。相关分析表明（表 6-11），花生生长季施加尿素氮肥导致的渗漏水的 NO_3^--N 浓度与产流降水量呈显著正相关（P<0.05）、与产流降雨强度相关性不明显（P>0.05），NH_4^+-N 浓度与降水量和降雨强度相关性均不明显（P>0.05）；径流水的 NO_3^--N 浓度与降雨强度呈极显著正相关（P<0.01）、与降水量未达显著相关（P>0.05），NH_4^+-N 浓度与降水量和降雨强度相关性均不明显（P>0.05）。

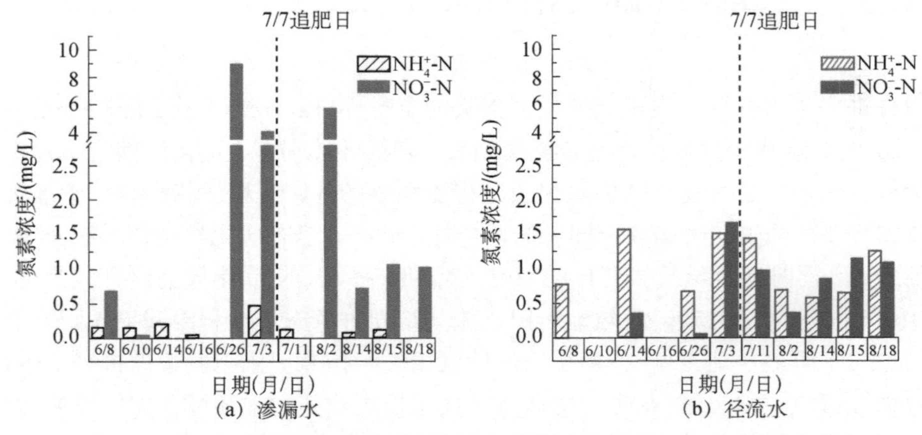

图 6-2 2017 年施肥导致渗漏水和径流水的 NH_4^+-N 和 NO_3^--N 浓度变化

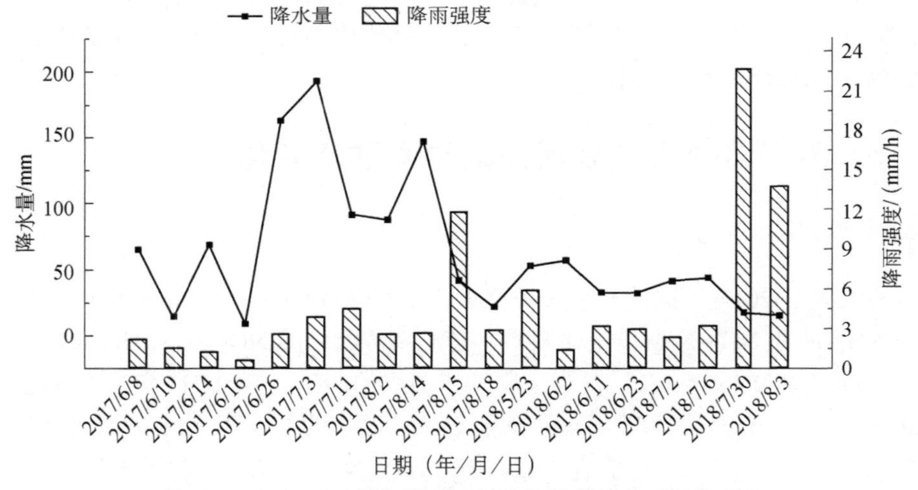

图 6-3 2017～2018 年花生生长季降水量和降雨强度变化

表 6-11 2017～2018 年降水量、降雨强度与不同途径氮素浓度的相关系数

不同途径氮素	2017 年		2018 年	
	降水量	降雨强度	降水量	降雨强度
渗漏水 NH_4^+-N	0.436	−0.041	0.431	−0.444
渗漏水 NO_3^--N	0.616*	0.404	0.736*	−0.672
径流水 NH_4^+-N	0.413	0.273	0.301	−0.310
径流水 NO_3^--N	0.393	0.893**	−0.404	0.120

*表示在 0.05 水平显著，**表示在 0.01 水平显著，Spearman 双尾检验。

本试验收集了2018年试验期8次径流水和4次渗漏水。如图6-4所示，从施肥导致渗漏水的NH_4^+-N和NO_3^--N浓度变化来看，整个试验期施肥导致渗漏水的NO_3^--N浓度范围为0.503～10.165 mg/L，均值为4.875 mg/L，而NH_4^+-N浓度范围为0.171～2.041 mg/L，均值为0.741 mg/L，渗漏水的NO_3^--N浓度高于NH_4^+-N浓度。从施肥导致径流水的NH_4^+-N和NO_3^--N浓度变化来看，整个试验期施肥导致径流水的NH_4^+-N浓度范围为0.151～1.074 mg/L，均值为0.454 mg/L，而NO_3^--N浓度范围为0.107～0.994 mg/L，均值为0.487 mg/L，径流水中NH_4^+-N浓度与NO_3^--N浓度相差不大。该生长季内单次产流降水量变化范围为14.9～56.5 mm，平均为36.3 mm；单次产流降雨强度变化范围为1.17～22.53 mm/h，平均为6.82 mm/h（图6-3）。相关分析表明（表6-11），花生生长季施加尿素氮肥导致的渗漏水的NO_3^--N浓度与产流降水量呈显著正相关（$P<0.05$）、与产流降雨强度未达显著相关（$P>0.05$），NH_4^+-N浓度与降水量和降雨强度也未达显著相关（$P>0.05$）；径流水的NH_4^+-N和NO_3^--N浓度与降水量和降雨强度均未达显著相关（$P>0.05$）。

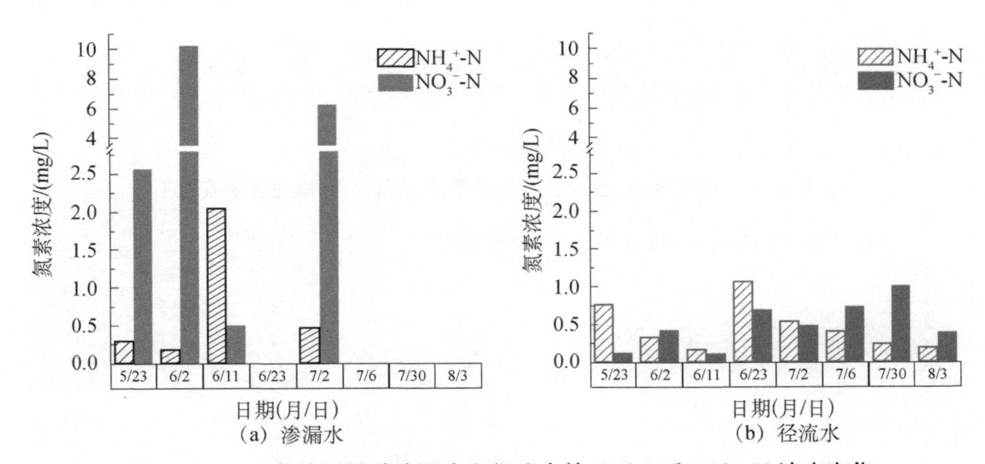

图6-4 2018年施肥导致渗漏水和径流水的NH_4^+-N和NO_3^--N浓度变化

根据《地表水环境质量标准》(GB 3838—2002)，2017年花生生长季地表径流中NH_4^+-N最高浓度（1.585 mg/L）高于Ⅳ类水质标准值1.5 mg/L，平均浓度（1.022 mg/L）也超过Ⅴ类水质标准值1.0 mg/L；2018年花生生长季期间地表径流中NH_4^+-N平均浓度（0.454 mg/L）略低于0.5 mg/L的Ⅱ类水质标准值，但最高浓度（1.074 mg/L）超过Ⅲ类水质标准值；根据《地下水质量标准》（GB/T 14848—2017），2017年和2018年花生生长季期间渗漏水中NO_3^--N浓度均低于20.0 mg/L的Ⅲ类水质标准值。由此可知，本试验施肥导致的活性氮水体损失对地表水有潜在威胁，对地下水威胁相对较小。

2. 活性氮气态损失速率

如图6-5所示，在2017年花生生长季期间，施肥导致的NH_3挥发（采用施氮处理区与对照区的差值来反映）在基肥施用后20 d出现峰值，随后逐渐下降，在追肥施用后18 d再次出现峰值，但追肥尿素的NH_3挥发峰值明显低于基肥尿素的峰值，这主要与该生长季尿素基追比为3∶2有关。施肥导致的N_2O排放高峰期出现在基肥施用后的16～22 d和追肥施用的 5～7 d，基肥期峰值出现在基肥施用后 20 d，追肥期峰值出现在追肥施用后 5 d。2017 年生长季内空气温度变化范围为 21.8～34.4 ℃，平均 27.9 ℃；土壤温度变化范围为 22.3～35.1 ℃，平均 28.4 ℃；土壤含水量变化范围为 8.06%～20.11%，平均 14.84%（图 6-6）。相关分析表明（表 6-12），该花生生长季施加尿素氮肥导致的 N_2O 排放通量与土壤含水量相关性明显（$P<0.05$），其他未达显著相关（$P>0.05$）。

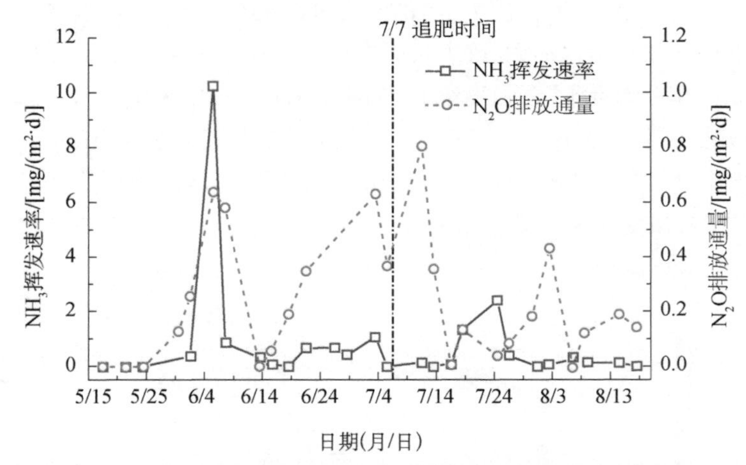

图 6-5 2017 年施肥导致 NH_3 挥发速率和 N_2O 排放通量变化

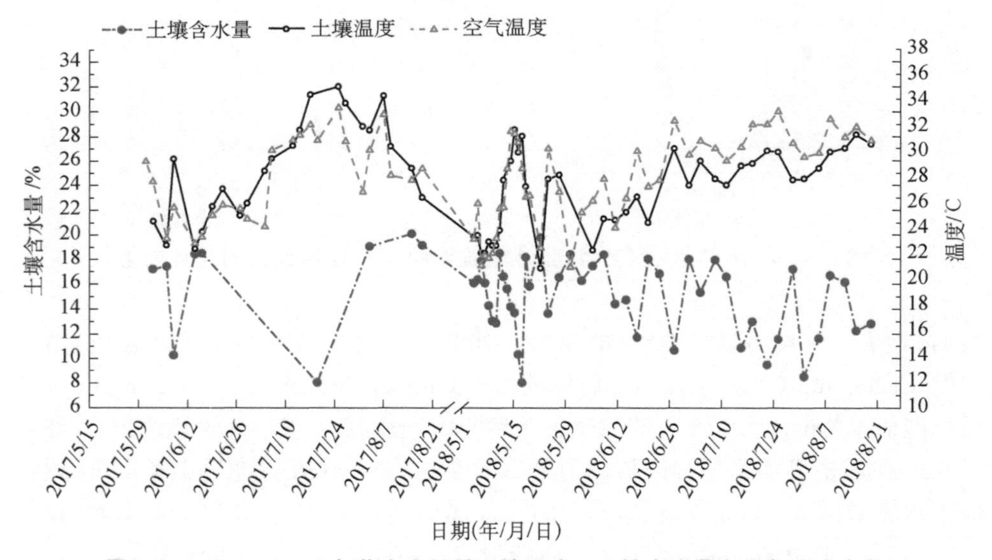

图 6-6 2017～2018 年花生生长季土壤温度、土壤含水量和空气温度变化

如图 6-7 所示，在 2018 年花生生长季期间，施肥导致 NH_3 挥发（采用施氮处理区与对照区的差值来反映）在尿素施用后 11 d 出现峰值，随后逐渐下降至低值区小幅波动。施肥导致的 N_2O 排放高峰期出现在尿素施用后的 1～3d 和 29～39 d，最大峰值出现在尿素施用后 36 d。2018 年花生生长季内空气温度变化范围为 26.8～33.7 ℃，平均 28.6 ℃，空气温度总体较 2017 年高；土壤温度变化范围为 20.9～31.8 ℃，平均 27.0 ℃，土壤温度总体较 2017 年低；土壤含水量变化范围为 8.05%～19.80%，平均 14.81%，土壤含水量与 2017

年相差不大。相关分析表明（表 6-12），该花生生长季施加氮肥导致的 N_2O 排放通量与土壤温度、土壤含水量、空气温度达极显著相关（$P<0.01$）；花生生长季施加氮肥导致的 NH_3 挥发速率与土壤温度、土壤含水量、空气温度未达显著相关（$P>0.05$）。

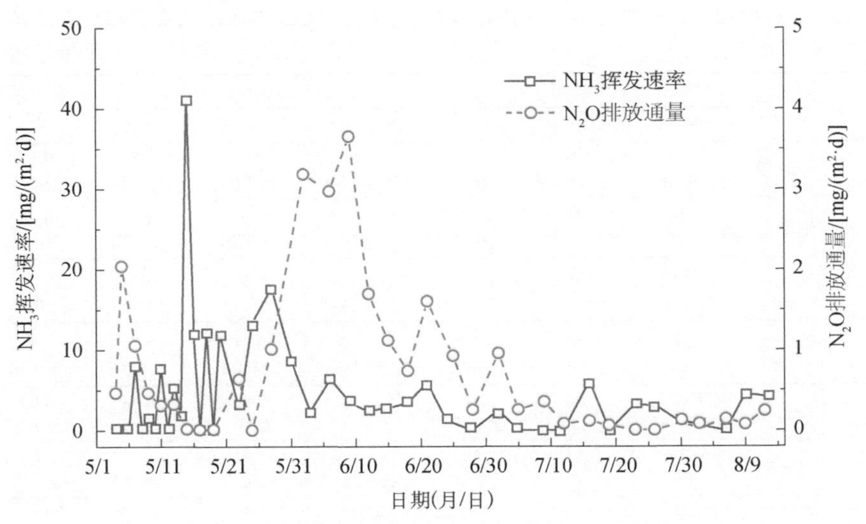

图 6-7 2018 年施肥导致 NH_3 挥发速率和 N_2O 排放通量变化

表 6-12 施肥导致氮素气态损失速率与土壤温度、土壤水分、气温的相关系数

不同途径氮素	2017 年			2018 年		
	土壤温度	土壤含水量	空气温度	土壤温度	土壤含水量	空气温度
NH_3 挥发速率	−0.224	−0.076	−0.034	0.112	0.027	−0.011
N_2O 排放通量	0.006	0.418*	−0.143	−0.686**	0.520**	−0.656**

*表示在 0.05 水平显著，**表示在 0.01 水平显著，Spearman 双尾检验。

6.3.2 不同途径活性氮损失量及损失率比较

分别统计不同时期不同途径的活性氮损失量，结果见表 6-13 和图 6-8。从不同时期不同途径活性氮损失量来看，2017 年基肥施用导致的尿素氮损失途径以 NO_3^--N 渗漏为主，占基肥期尿素氮损失总量的 81.0%；其他途径如 NH_4^+-N 和 NO_3^--N 地表径流损失相当，分别占基肥期尿素氮损失总量的 7.2%和 7.1%；NH_4^+-N 渗漏损失、N_2O 排放和 NH_3 挥发较低，均不足 3%。追肥施用导致的尿素氮损失途径以硝酸盐地表径流和深层渗漏损失为主，占追肥期尿素氮损失总量的 24.9%～36.9%；NH_4^+-N 地表径流损失也较高，占追肥期尿素氮损失总量的 30.5%；N_2O 排放、NH_3 挥发和 NH_4^+-N 渗漏损失较小，均低于 4%。因基肥期施氮量大于追肥期（基追比 3∶2），基肥期各途径氮素损失总量是追肥期的 3.6 倍。2018 年不同途径氮素损失量差异同样明显。尿素氮导致的氮素损失途径以硝酸盐渗漏损失为主，占该年试验期尿素氮损失总量的 51.4%；NH_3 挥发损失也较高，占尿素氮损失总量的 40.2%；NH_4^+-N 渗漏和径流损失、NO_3^--N 径流损失和 N_2O 排放均较小，不足 3.7%。2018 年尿素肥料采取穴施方式，这是该年度无机氮径流损失极少、硝态氮淋失占绝对比例的重要原因之一。结合 2017 年、2018 年整个花生生长季的统计数据可以看出，NO_3^--N 渗漏损失量最高，占各年尿素氮损失总量的 51.4%～71.4%，说明尿素氮转化为 NH_4^+-N，再转化为 NO_3^--N，主要以硝酸盐形式被淋洗损失。

表 6-13　2017～2018 年花生生长季各处理 NH_3 挥发、N_2O 排放、氮渗漏和径流通量

（单位：kg/hm^2）

处理	年份	花生生长时期	氮渗漏			氮径流			N_2O-N 排放	NH_3-N 挥发
			NH_4^+-N	NO_3^--N	小计	NH_4^+-N	NO_3^--N	小计		
FT	2017	基肥期	1.52±0.50	23.30±4.98	24.82±5.40	3.48±1.13	2.21±0.64	5.69±1.77	0.17±0.09	3.48±0.97
		追肥期	0.46±0.27	4.31±0.66	4.77±0.88	2.61±0.75	1.98±0.65	4.59±1.26	0.12±0.06	1.38±0.38
		整个生长季	1.98±0.77	27.61±5.63	29.59±6.28	6.09±0.74	4.19±0.94	10.28±1.67	0.29±0.15	4.86±1.34
	2018	整个生长季	0.60±0.14	7.89±3.48	8.49±3.38	0.27±0.19	0.11±0.06	0.38±0.04	0.41±0.08	13.19±2.04
CK	2017	基肥期	1.02±0.33	7.82±2.56	8.84±2.72	2.11±1.14	0.86±0.56	2.97±1.55	0.09±0.04	3.16±0.39
		追肥期	0.35±0.11	2.34±0.46	2.69±0.55	0.98±0.22	0.65±0.29	1.63±0.14	0.03±0.01	1.17±0.55
		整个生长季	1.37±0.43	10.16±3.01	11.53±3.26	3.09±0.96	1.51±0.85	4.60±1.56	0.12±0.05	4.33±0.95
	2018	整个生长季	0.29±0.04	3.60±0.24	3.89±0.28	0.19±0.06	0.07±0.03	0.26±0.01	0.14±0.02	9.83±0.31

注：由于数值修约所致误差。

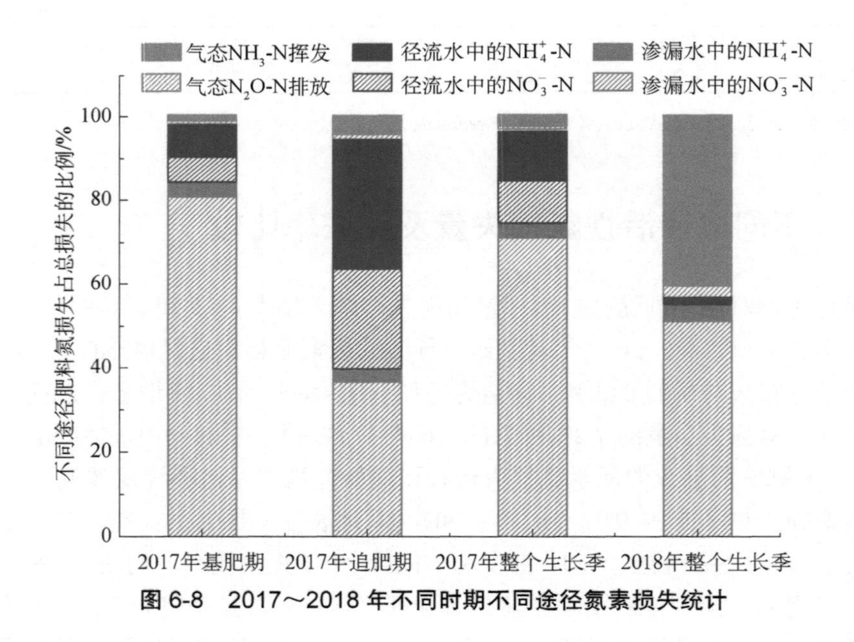

图 6-8　2017～2018 年不同时期不同途径氮素损失统计

如表 6-14 所示，从不同时期不同途径肥料氮损失率（不同时期不同途径活性氮损失量占施入氮量的百分比）来看，2017 年、2018 年试验期均表现为氮渗漏损失率最高，氮径流损失率或 N_2O 排放损失率最低。氮渗漏损失率最高，这源于红壤为酸性可变电荷土壤，土壤阳离子交换量低，对大量养分元素的保蓄能力较差，故氮素养分的淋失十分突出；N_2O 排放损失率较低，这主要是因为 N_2O 排放与 pH 呈极显著负相关（李梦雅等, 2009），酸性红壤不利于 N_2O 排放。本节研究表明，肥料氮损失率年际间变化较大。氮径流和渗漏损失率从 2017 年的 13.80%降低到 2018 年的 3.15%，主要与这两年的降水量不同有关。已有研究表明，土壤淋溶水量及径流水量与降水量呈显著正相关关系（谭德水等, 2011），这一点在我国南方地区尤为明显（卢程隆等, 1989）。2017 年花生生长季总雨量、产流降水量、单次降雨最大雨量分别是 2018 年的 2.4 倍、3.1 倍和 4.4 倍，从而导致 2017 年的地表径流量和渗漏水量分别是 2018 年的 12.4 倍、9.8 倍，多雨年份以渗漏或径流途径带走较多的氮素。本节研究中 2018 年的氨挥发系数高于 2017 年，可能原因是 2017 年播种花生后的第 3 天就开始降雨，且整个试验期降雨频繁与雨量丰富，尿素被淋洗到土壤深层，加上随后土表板结，从而阻碍了氨气向土表的扩散和逸出。同时，2018 年整个试验期高温少雨，利于土壤中铵离子向氨分子的转化。相应地，2018 年的 N_2O 排放系数也高于 2017 年。

表 6-14　2017～2018 年花生生长季施肥导致的不同途径肥料氮损失率

年份	花生生长时期	氮肥用量/(kg/hm^2)	氮渗漏损失率/%	氮径流损失率/%	N_2O 排放损失率/%	NH_3 挥发损失率/%	4 种途径氮素总损失率/%
2017	基肥期	103.2	15.52	2.64	0.08	0.31	18.55
	追肥期	68.8	3.01	4.29	0.13	0.31	7.74
	整个生长季	172.0	10.50	3.30	0.10	0.31	14.21
2018	整个生长季	150.0	3.07	0.08	0.18	2.24	5.57

注：由于数值修约所致误差。

6.3.3　活性氮损失形态与重点途径

1. 活性氮水体损失的形态

径流和渗漏是活性氮损失的重要途径，以往大部分研究认为，渗漏水和径流水中的氮素形态均以 NO_3^--N 为主（王兴祥和张桃林，1999；何圆球等，2002；张玉茗等，2006；周静等，2007；谭德水等，2011）。本试验利用 2017～2018 年两个花生生长季的实测数据，分析了尿素施用导致的活性氮随地表径流和渗漏水的损失特征，从而深化对肥料氮水体损失规律的理解。本试验表明，渗漏水和径流水中的活性氮主要形态有所差异。对于径流水，无论是浓度（图 6-4 和图 6-6），还是通量（表 6-13），施肥导致径流水的 NH_4^+-N 相当于甚至高于 NO_3^--N，与桑蒙蒙等（2015）的研究报道，以及本节研究基于自然降雨+大型土壤水分渗漏装置的观测结果一致。这一方面与氮肥的氮素形态和强降雨有关。尿素为酰胺态氮肥，需要在脲酶作用下水解为铵态氮，再在微生物作用下经硝化作用转化为硝态氮（张宇等, 2014），强降雨条件下尿素中的氮水解为 NH_4^+-N 还未来得及进一步转化为 NO_3^--N 就被冲刷流失了。另一方面，与土壤胶体和氮肥位置有关。地表径流中含有较多悬移质如土壤胶体等，而土壤胶体一般带负电，NH_4^+-N 带正电易被胶体所吸附，而 NO_3^--N 带负电则不易被吸附，同时尿素氮多存留在土壤表面或浅层，易被径流水冲刷带走；对于渗漏水，无论是浓度（图 6-2 和图 6-4），还是通量（表 6-13），NO_3^--N 在淋溶损失途径中占绝对比例，与同类地区已有多数文献（何圆球等, 2002; 周静等, 2007; 郑海金等, 2014）的研究结论，以及本节研究基于自然降雨+大型土壤水分渗漏装置的观测结果一致。这是因为红壤施入尿素一段时间后，通过亚硝化细菌的硝化作用转化为硝态氮（仓恒瑾等, 2004），土壤溶液中 NO_3^--N 浓度增高，在水分下移运动的作用下，极易发生 NO_3^--N 淋失。此外，渗漏水相对于地表径流与土壤相互作用时间长，土壤中氮素溶解更为充分，导致单位水分溶解的氮素更多。

已有研究发现，普通尿素在足量的淋洗条件下十分容易损失掉（谭德水等，2011），本节研究证实了这一点。本节研究表明，花生生长季尿素施用导致的活性氮损失以渗漏损失尤其是 NO_3^--N 淋失为主。本节研究还发现花生追肥期（7～8 月）为暴雨易发季节，如 2017 年追肥撒施后于 7 月 9 日和 8 月 14 日分别发生了雨强为 4.46 mm/h 和 11.78 mm/h 的强降雨，追肥氮不仅易渗漏淋失，还易径流流失，该年花生生长季尿素追肥撒施后氮渗漏损失率和氮径流损失率分别为 3.01%和 4.29%（表 6-14）。如前所述，施肥导致的活性氮水体损失对地表水有潜在威胁，因此建议红壤旱坡花生地追肥时采用施肥后覆土、穴施等方式减少肥料流失，或者追肥不用尿素，改用缓控释肥料，因为其较大的包膜肥料颗粒在土壤的覆盖下不容易随水冲走和快速溶解（谭德水等，2011），还可以选择多种保护性措施，如带状生草覆盖、等高植物篱等减少水-土-养分流失。

2. 活性氮损失的重点途径

高量施用氮肥，会使氮肥利用率较低，氮素损失严重，成为农田面源污染和温室气体的重要来源（朱波等，2013；Denk et al.，2017）。本节研究对红壤旱坡花生地 4 种途径损失的活性氮进行了为期两年的同步观测，以全面评估坡地农田氮素损失及其对环境的影响。本节研究表明（表 6-14），整个花生生长季尿素氮施用导致的 NH_3 挥发损失率（即氨挥发损失量占施入氮量百分比）为 0.31%～2.24%，在红壤地区相近施氮水平且相近施肥方式条件下尿素氮施用后 NH_3 挥发损失率为 0.14%～12.93%（艾绍英等，1999；周静等，2007；崔健等，2008），但低于相近条件下北方潮土地区施尿素氮肥后的氨挥发损失率为 11.9%～20.9%（苏芳等，2007；谢迎新等，2015），也低于 IPCC 的推荐值 10%（IPCC，2006）和用模型估算的全国 NH_3 挥发损失率 24%（Wang et al.，2014），这进一步证实了南方红壤 NH_3 挥发相对较低。这是因为第四纪红黏土发育的红壤质地黏重，pH 低，不利于氨挥发。本试验整个花生生长季尿素氮施用导致的 N_2O 排放损失率为 0.10%～0.18%，接近中国旱田 N_2O 排放损失率范围的下限值 0.22%（Zheng et al., 2004），低于朱兆良（2008）的全国估计值 1%和国际农田推荐值 1.25%（Bouwman, 2001），表明红壤旱地 N_2O 排放较少，这与崔健等（2008）的研究结果一致。这是因为，pH 在 5.6～8.0，土壤的硝化率随 pH 升高而增大（李辉信等，2000；王新为等，2003；范晓晖等，2005），本试验中土壤 pH 为 5.0 左右（详见 6.1.1 节），酸性土壤抑制了土壤硝化。本试验中 2017 年和 2018 年氮径流、渗漏损失率分别为 13.80%和 3.15%（表 6-14），与相近施氮条件下同类地区的研究结果（周静等, 2007）相比，不同试验年间有所不同。周静等（2007）在中国科学院红壤生态实验站大田通过试验得出，160 kg/hm^2 施氮条件下马唐草红壤旱地尿素氮径流和淋溶损失率为 1.57%，本试验中枯水年（2018 年）的结果与之接近，但丰水年（2017 年）的结果显著偏高，偏高的主要原因在于降水量、淋溶时间、试验场所等的差异。与周静等（2007）大田试验相比，本试验坡度大、周期长、降水量大且频次多，淋溶时间长，且渗漏水量能够全部收集到，这是造成本试验结论2017年氮素径流和淋溶损失量偏高的重要原因。

赖涛等（1995）和桑蒙蒙等（2015）在种植玉米的红壤旱地、周静等（2007）在种植马唐草的红壤旱地研究得出，氮肥施用后的损失途径主要是渗漏损失和氨挥发等气逸损失。本节研究的结果与前人的研究结果不完全一致。本试验对种植花生的红壤旱地肥料氮4种损失途径的同步观测发现，对于枯水年（2018年），人造活性氮素损失的主要途径为淋洗和氨挥发，这与前人研究结论一致；但对于丰水年（2017年），人造活性氮素损失的主要途径除气逸外，还表现为淋洗和径流。这主要是因为本节研究对象为旱坡地，2017年花生生长季降水量大且集中，导致强烈的土壤侵蚀，地表径流对肥料氮损失的影响增大，而前人的研究针对平地，忽略了土壤侵蚀对活性氮损失的影响。同时，前人的研究主要针对作物的一个生长季，没有考虑年际变化尤其是降水年型的影响。需要指出的是，土壤侵蚀不仅造成农田养分随地表径流以水相而损失，还会使其随泥沙以颗粒相而损失。因本试验未对侵蚀泥沙挟带的肥料氮进行观测，这就极可能低估了土壤侵蚀对肥料氮损失的贡献。

6.4 本章小结

本章于2017～2018年同步研究了常规耕作红壤坡耕地两个花生生长季氮素侵蚀和渗漏输出等去向及氮素表观平衡状况，以及尿素氮肥施用后的农田氧化亚氮（N_2O）排放、氨（NH_3）挥发、硝态氮和铵态氮淋洗（氮渗漏）和径流（氮径流）的变化及损失贡献。结果如下：

（1）花生对氮肥利用率为25.19%～27.87%，土壤无机氮残留率为9.92%～14.79%，表观损失率为60.02%～62.21%，其中侵蚀和渗漏导致的氮肥表观损失率为4.38%～22.17%；不同降水年型对氮素水体表观损失率具有较大影响，丰水年比枯水年高17.79个百分点。

（2）在尿素氮施用水平为150 kg/hm^{2}和172 kg/hm^{2}的条件下，整个花生生长季4种途径活性氮素总损失率分别为5.57%和14.21%，其中，N_2O排放损失率分别为0.18%和0.10%，NH_3挥发损失率分别为2.24%和0.31%，氮渗漏损失率分别为3.07%和10.50%，氮径流损失率分别为0.08%和3.30%。

（3）红壤坡耕地花生种植体系N_2O排放、NH_3挥发、硝态氮和铵态氮淋洗与径流损失主要受降雨和施肥方式的影响，丰水年以渗漏和径流为主，枯水年以渗漏和氨挥发为主；基肥施用以渗漏为主，追肥施用以渗漏和径流为主。合理的施肥管理和采取水土保持措施是减少氮素尤其是活性氮素损失的有效技术途径。

需要指出的是，本试验在野外开展了两年，得出了氮素（含活性氮）侵蚀和渗漏去向及表观平衡特征，但在大田乃至区域尺度上准确估算红壤坡耕地氮素排放量仍然需要进一步研究。

参考文献

艾绍英，姚建武，刘国坚，等. 1999. 热带-亚热带多雨湿润区旱地土壤尿素氨挥发研究[J]. 中国农学通报，15（6）：13-171.

仓恒瑾，许炼峰，李志安，等. 2004. 农田氮流失与农业非点源污染[J]. 热带地理，24（4）：332-336.

崔健，周静，马友华，等. 2008. 我国红壤旱地氮素平衡特征[J]. 土壤，40（3）：372-376.

丁燕，杨宪龙，同延安，等. 2015. 小麦-玉米轮作体系农田氮素淋失特征及氮素表观平衡[J]. 环境科学学报，35（6）：1914-1921.

范晓晖，孙永红，林德喜，等. 2005. 长期试验地红壤与潮土的矿化和硝化作用特征比较[J]. 土壤通报，5：34-36.

郭守春. 2013. 保护地菜田氮素去向及氮素平衡研究[D]. 呼和浩特：内蒙古农业大学.

何圆球，王兴祥，胡锋，等. 2002. 红壤丘岗区人工林土壤水分、养分流失动态研究[J]. 水土保持学报，16（4）：91-93，97.

赖涛，李茶苟，李清平，等. 1995. 红壤旱地氮素平衡及去向研究[J]. 植物营养与肥料学报，1（1）：85-89.

李辉信，胡锋，刘满强，等. 2000. 红壤氮素的矿化和硝化作用特征[J]. 土壤，32（4）：194-197，214.

李梦雅，徐明岗，王伯仁，等. 2009. 长期不同施肥下我国旱地红壤 N_2O 释放特征及其对土壤性质的响应[J]. 农业环境科学学报，28（12）：2645-2650.

刘学军，赵紫娟，巨晓棠，等. 2002. 基施氮肥对冬小麦产量、氮肥利用率及氮平衡的影响[J].生态学报，22（7）：1122-1128.

卢程隆，黄炎和，李荣源，等. 1989. 闽东南花岗岩侵蚀区的土壤侵蚀与治理 I. 降雨参数对土壤侵蚀的影响[J]. 福建农学院学报，（4）：504-509.

桑蒙蒙，范会，姜珊珊，等. 2015. 常规施肥条件下农田不同途径氮素损失的原位研究：以长江中下游地区夏玉米季为例[J]. 环境科学，36（9）：3358-3364.

苏芳，丁新泉，高志岭，等. 2007. 华北平原冬小麦-夏玉米轮作体系氮肥的氨挥发[J]. 中国环境科学，27（3）：409-413.

谭德水，江丽华，张骞，等. 2011. 不同施肥模式调控沿湖农田无机氮流失的原位研究——以南四湖过水区粮田为例[J]. 生态学报，31（22）：3488-3496.

王朝辉，刘学军，巨晓棠，等. 2002. 田间土壤氨挥发的原位测定-通气法[J]. 植物营养与肥料学报，8（2）：205-209.

王新为，孔庆鑫，金敏，等. 2003. pH 值与曝气对硝化细菌硝化作用的影响[J]. 解放军预防医学杂志，（5）：319-322.

王兴祥，张桃林. 1999. 红壤旱坡地农田生态系统养分循环和平衡[J]. 生态学报，19（3）：335-341.

谢迎新，刘园，靳海洋，等. 2015. 施氮模式对砂质潮土氨挥发、夏玉米产量及氮肥利用率的影响[J]. 玉米科学，23（2）：124-129.

张宇，荣湘民，王心星，等. 2014. 覆盖与生态拦截对旱地土壤地表径流和氮素流失的影响[J]. 水土保持学报，28（2）：15-19.

张玉茗，张佳宝，胡春胜，等. 2006. 华北太行山前平原农田土壤水分动态与氮素的淋溶损失[J]. 土壤学报，43（1）：17-25.

郑海金，胡建民，黄鹏飞，等. 2014. 红壤坡耕地地表径流与壤中流氮磷流失比较[J]. 水土保持学报，28（6）：41-45,70.

周静，崔健，胡锋，等. 2007. 马唐牧草红壤氮肥的氨挥发、径流和淋溶损失[J]. 土壤学报，44(6)：1076-1082.

朱波，周明华，况福虹，等. 2013. 紫色土坡耕地氮素淋失通量的实测与模拟[J]. 中国生态农业学报，21（1）：102-109.

朱兆良. 2008. 中国土壤氮素研究[J]. 土壤学报，45（5）：778-783.

Aguilera E, Lassaletta L, Sanzcobena A. 2013. The potential of organic fertilizers and water management to reduce N_2O emissions in Mediterranean climate cropping systems: A review[J]. Agriculture Ecosystems & Environment, 164(4)：32-52.

Bell M J, Hinton N J, Cloy J M. 2016. How do emission rates and emission factors for nitrous oxide and ammonia vary with manure type and time of application in a Scottish farmland [J] ? Geoderma, 264：81-93.

Bouwman A F. 2001. Factors regulating nitrous oxide and nitric oxide emission [C]//Bouwman A F, Boumans L J M, Batjes N H. Global Estimates of Gaseous Emissions of NH_3, NO and N_2O from Agricultural Land. Rome, Italy：FAO and IFA：11-16.

Denk T R A, Mohn J, Decock C. 2017. The nitrogen cycle：A review of isotope effects and isotope modeling approaches[J]. Soil Biology and Biochemistry, 105：121-137.

IPCC. 2006. IPCC Guidelines for National Greenhouse Gas Inventories. Volume 4：Agriculture, Forestry, and Other Land Use[R]. Geneva：IPCC.

Li Y Y, Huang L H, Zhang H, et al. 2017. Assessment of ammonia volatilization losses and nitrogen utilization during the rice growing season in alkaline salt-affected soils[J]. Sustainability, 9(1)：132.

Sutton M A , Oenema O, Erisman J W. 2011. Too much of a good thing[J]. Nature, 472(7342)：159-161.

Wang G L, Chen X P, Cui Z L, et al. 2014. Estimated reactive nitrogen losses for intensive maize production in China[J]. Agriculture, Ecosystems & Environment, 197：293-300.

Wang Y S, Wang Y H. 2003. Quick measurement of CH_4, CO_2 and N_2O emissions from a short-plant ecosystem[J]. Advances in Atmospheric Sciences, 20(5)：842-844.

Zheng F L, Huang C H, Norton L D. 2004. Effects of near-surface hydraulic gradients on nitrate and phosphorus losses in surface runoff[J]. Journal of Environmental Quality, 33(6)：2174-2182.

Zheng X H, Mei B L, Wang Y H, et al. 2008. Quantification of N_2O fluxes from soil plant systems may be biased by the applied gas chromatograph methodology[J]. Plant and Soil, 311(1-2)：211-234.

第7章

侵蚀和渗漏对肥料氮去向的^{15}N示踪

由于植物对土壤和外源添加氮素的利用效率普遍不高，土壤中本身的氮素以及人为施入土壤的肥料中的氮素，除了被植物吸收或在土壤中残留外，还会以侵蚀、渗漏、气逸等各种形式损失（Baker and Laflen，1983； Zheng et al.，2004），造成水体富营养化、地下水污染、土壤酸化和温室气体排放等一系列生态环境问题（Matsushima et al.，2009； 叶静等，2011）。土壤-植物系统氮素损失的问题日益受到关注（汪庆兵等，2013； 王巧兰等，2007）。探明土壤-植物系统氮素吸收、利用、残留、损失等去向是探寻合理施肥的重要依据。^{15}N 稳定同位素示踪技术被认为是研究肥料氮去向的理想方法。近年来，国内外学者利用 ^{15}N 稳定同位素示踪技术开展了大量的土壤-植物系统氮素损失研究。整合国内2014～2016年 ^{15}N 田间示踪微区试验数据（72篇文献、320条数据）发现，我国86%的 ^{15}N 田间示踪试验在小麦、玉米、水稻上开展，在花生上开展的鲜见；多研究平地农田“施氮量”、“施氮时期”和“施氮方法”的影响，对坡耕地的研究鲜见。采用 ^{15}N 稳定同位素示踪技术精准研究侵蚀和渗漏双重影响下红壤坡耕地不同作物的氮肥去向，可为该区域坡耕地农田的氮素管理提供依据。本书第6章采用质量平衡差减法比较了常规耕作条件下红壤坡耕地花生种植体系侵蚀和渗漏等氮素去向及表观平衡，但通常质量平衡差减法结果偏高。为精准量化红壤坡耕地肥料氮的利用与去向，本章利用 ^{15}N 稳定同位素示踪技术，进一步探讨红壤旱坡花生地的氮素吸收、利用、残留、损失等去向与来源，以期为该地区采取科学合理的措施提高坡地农田氮素的有效利用率提供参考。

7.1 ^{15}N 稳定同位素示踪技术在农田生态系统氮循环研究中的应用

稳定同位素技术（stable isotope techniques，SIT）是生态学领域中逐渐兴起的一项新型应用技术，在生态学诸多研究领域中发挥了重要作用（汪庆兵等，2013）。稳定同位素作为一种非放射性、无破坏性的示踪剂，广泛应用于生态循环和大气循环的相关研究中。通过测量空气、植物和土壤中的稳定性同位素组成，可以研究传统生态学无法解释的复杂生态学过程，定量、及时分析生态系统中各种元素动态，克服生态系统多种元素固持的时间和空间变异问题，客观地揭示生态系统中不同元素动态的现象和原理（方运霆等，2020）。稳定同位素技术具有示踪、整合和指示等多项功能，以及检测快速、结果准确、没有干扰等特点，已逐渐成为生态学研究中最有效的手段之一。

农田生态系统是地球上重要的氮库来源之一，但关于氮循环的关键过程及其源或汇的研究却十分有限。随着全球变化趋势的日趋明显，农田生态系统在氮素的吸收、转移、储存和释放过程中所起的作用越来越受到人们的关注。农田土壤氮的动态变化和循环特征成为当今生态学、生物地球化学和环境科学研究的热点。加强对农田土壤氮动态变化过程和调控机制的认识，对于深入认识陆地生态系统氮循环过程和准确估算全球氮平衡有着重要意义。^{15}N 稳定同位素示踪技术在农田生态系统的应用开始于20世纪50年代，最早是用来研究作物对氮的吸收与生理代谢。80 年代后，随着稳定同位素示踪技术的不断革新，以及同位素标记物和仪器检测成本的下降，^{15}N 稳定同位素示踪技术已逐渐应用到农田生态系统尺度上的各个方面（方运霆等，2020）。^{15}N 稳定同位素示踪技术在研究农田生态系统生物固氮、氮肥去向及氮素转化方面发挥了重要作用，为指导田间管理工作提供了技术手段。

7.1.1 ^{15}N 稳定同位素示踪技术

1. 起源与发展

国际上，20 世纪 30 年代末 Rittenberg 等首次应用 ^{15}N 稳定同位素示踪技术研究生物固氮；40～50 年代是 ^{15}N 稳定同位素示踪技术的发展初期，该时期以 ^{15}N 添加法为代表，由于要在实验中添加 ^{15}N 富集的同位素，只能在密闭条件下进行，因而限制了其推广应用；50～60 年代是慢速发展期，该时期新兴的 ^{15}N 稀释法，基于固氮植物和非固氮植物对土壤中 ^{15}N 具有相同吸收模式的假设，通过定量测定植物体内的 $\delta^{15}N$ 值，来确定大气中 N_2 对植物固氮量的贡献；70～80 年代是发展中期，该时期丰富了 ^{15}N 自然丰度法，以大气中 ^{15}N 丰度作为 ^{15}N 的标准自然丰度值，固氮植物和非固氮植物利用氮源的不同，导致植物 ^{15}N 丰度产生差异，以此来测定生物固氮量，后来其逐渐成为一种使用范围广、被普遍接受的定量研究生物固氮的方法；进入 21 世纪后，^{15}N 稳定同位素技术作为一种了解生态系统中物质循环和能量转换过程的工具，在生态学、环境科学、林学和农学等相关领域得到了广泛应用，在研究食物链营养级评价、污染物来源、水体富营养化治理、植物氮素营养动态变化、农田生态系统氮素循环、大气氮沉降量估计和来源分析等方面发挥了重要作用。

我国同位素示踪技术起步较晚，始于放射性同位素示踪技术的应用。从 20 世纪 50 年代末开始，放射性同位素示踪技术广泛应用于土壤、肥料、作物营养代谢、农业环境保护、作物育种、植物保护和畜牧兽医等研究领域。我国的核工业部门最先使用同位素质谱仪测量同位素的丰度，而地质和地球化学研究单位则最早从事自然界多种元素稳定同位素自然丰度变异的研究，直到 20 世纪 60 年代中期，才建立了生物样品的 ^{15}N 质谱分析方法。从 20 世纪 80 年代开始，随着科学技术的发展，由于高性能同位素质谱仪器的普遍使用，以及价格适宜的稳定同位素标记化合物的商品化，我国的稳定性同位素示踪和质谱分析技术进入了一个高速发展的阶段，稳定同位素技术的应用日趋广泛，遍及农业、生态、环境、食品溯源和考古等很多研究领域。

2. 基本原理

同位素（isotope）是指具有相同质子数和不同中子数的原子。核素中不具有放射性的同位素称为稳定同位素（stable isotope）（郑永飞和陈江峰，2000）。环境同位素指在环境中广为存在的自然产生的同位素 H、C、N、O、S 等，这些元素的稳定同位素可作为水、碳、养分和溶质循环的示踪剂。

自然界的氮元素有两种稳定同位素，即 ^{14}N 和 ^{15}N，^{15}N 是指质子数为 7、中子数为 8 的氮元素，它是一种稳定同位素，无放射性。由于 ^{15}N 比普通的氮元素多一个质量单位，而

且其核自旋 I=1/2，具有核磁共振信号，因此可利用它的同位素效应和质量效应，借助质谱等测试技术将其作为示踪原子（刘焕鲜等，2013）。^{15}N 是一种罕见的氮稳定同位素，常用于农业和医学研究。通常情况下，稳定同位素之间没有明显的化学性质差别，但其物理性质诸如分子键能、分解速率和在气相中的传导率等会因其质量的不同而有微小差异，导致物质反应前后在同位素组成上有明显差异（汪庆兵等，2013）。^{15}N 浓度通常用丰度和原子百分超来表示。丰度是指在原子总个数中，^{15}N 原子所占的比例，用%表示。它们在氮元素中存在的比例为 ^{14}N 占 99.63%，^{15}N 仅占 0.37%。这个组成比例在地球和大气各处以及所有含氮生物体中都基本相同，在一般计算中可忽略不计，故在 ^{15}N 示踪应用中称 0.37%为 ^{15}N 的自然本底值。原子百分超是指任意 ^{15}N 同位素丰度值与自然本底值之差（刘焕鲜等，2013）。由此可知，自然界素中 ^{15}N 的原子百分超为 0%。丰度和原子百分超概念是区别微量的自然 ^{15}N 与大量的人造 ^{15}N 的数量依据，也是 ^{15}N 示踪技术的基本依据。

稳定氮同位素示踪是指利用 ^{15}N 自然丰度变异对氮元素演变的自然环境进行反演，或利用其原位标记的特性对含氮物质的运动规律进行示踪的方法。常用的示踪方法有两种：一种是利用自然条件下氮源和氮汇中 ^{15}N 不同丰度的差异；另一种是应用人工富集 ^{15}N 源的同位素稀释法。^{15}N 自然丰度法通常以大气的氮同位素组成为标准，用示踪原子的变异系数（δ）来表示，它是样品中两种含量最多的同位素比率与国际标准中氮的相应比率之间的千分差（汪庆兵等，2013）。对于氮，以氮同位素的丰度值 $\delta^{15}N$ 计算，$\delta^{15}N$ 是表征含氮物质同位素比值相对大小的参数，该丰度值是相对于大气中氮的同位素比值得到的，样品中的 $\delta^{15}N$ 值由式（7-1）得出：

$$\delta^{15}\mathrm{N}(‰, \mathrm{air}) = \left[\left({}^{15}\mathrm{N}/{}^{14}\mathrm{N}\right)_{\mathrm{sample}} / \left({}^{15}\mathrm{N}/{}^{14}\mathrm{N}\right)_{\mathrm{air}} - 1\right] \times 1000‰ \tag{7-1}$$

式中，δ 值能直接反映出样品同位素组成相对于标准样品变化的方向和程度。δ 值为正，表明样品较标准富含重同位素；δ 值为负，表明样品较标准富含轻同位素；δ 值为 0，表明样品的同位素组成与标准相同（王晶晶，2015）。^{15}N 同位素稀释法则以 ^{15}N 的原子百分超（A）来表示（王静等，2012）：

$$A = \frac{n_{15}}{n_{15} + n_{14}} \times 100\% \tag{7-2}$$

无论是 ^{15}N 自然丰度法还是 ^{15}N 同位素稀释法，都要求氮源和背景中 ^{15}N 的原子百分比有显著的差异。

7.1.2 农田生态系统氮循环

生态系统氮循环是指大气中的氮经微生物等作用进入土壤，为动植物所利用，最终又在微生物的参与下返回大气中。植物利用根系从土壤中吸收硝酸根离子或铵离子以获取氮素。在无氧（低氧）条件下，厌氧细菌最终将硝酸中氮的成分还原成 N_2 归还到大气中去。

农田生态系统中氮的输入（图 7-1）主要包括大气氮沉降、化肥氮素、生物固氮（姜旭，2013）。农田生态系统最主要的氮素输入即施肥，氮肥肥料多为尿素和磷酸氢二铵，施用粪肥也是重要途径；大气氮的干沉降包括有机氮，颗粒态（气溶胶态）NH_4^+ 和 NO_3^-，气

态 NH_3、HNO_3、NO_x 等。由于地理位置的不同及气候多样化，大气氮的干沉降量在不同地区差异很大。大气氮的湿沉降是指铵态氮、硝态氮（NH_4^+ 和 NO_3^-）以及可溶性有机态氮随雨、雪、雾等的下降。另外，全球气候变化，特别是氮沉降的增加，会增加农田土壤可利用性氮含量，促进农田生态系统氮循环；生物固氮是以豆科植物和根瘤菌的共生固氮为主，其是农业生态系统氮素的另一个重要来源，也是地球化学中氮素循环的一个重要环节。

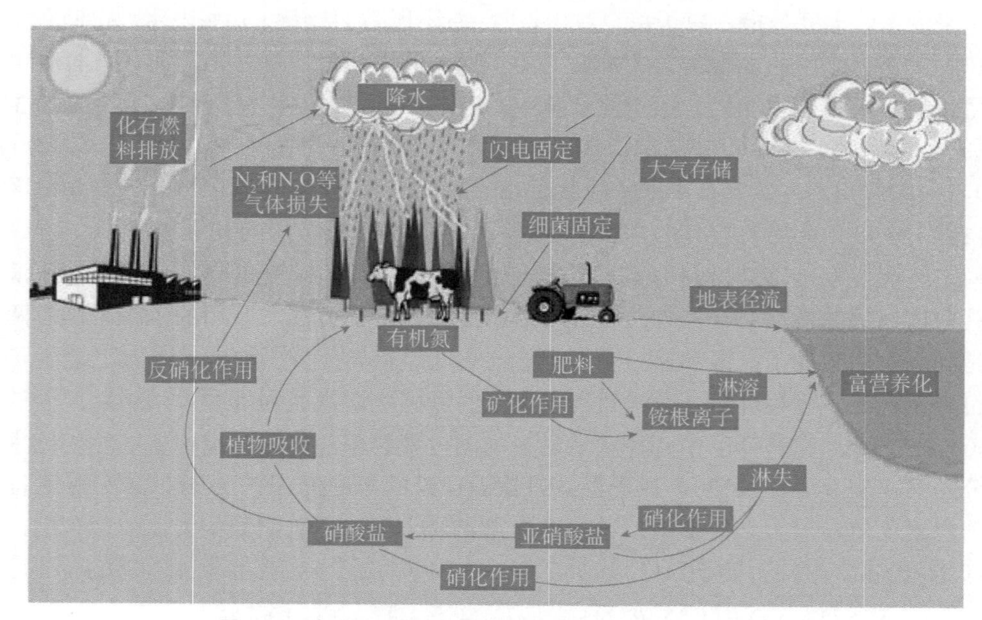

图 7-1　农田生态系统氮循环示意图（姜旭，2013）

农田土壤中氮素的转化包括有机氮的矿化、硝化过程、反硝化过程及铵根离子的固定。氮素的转化是在微生物的驱动作用下完成的，氨化细菌、硝化细菌、反硝化细菌和固氮细菌分别影响着上述四种转化作用。有机态氮的矿化是作物所需氮素的重要来源，有机氮的矿化受土壤温度、湿度、pH 和施肥等许多因素的影响；硝化过程是硝化细菌将氨（或铵）氧化成硝态氮的过程，硝态氮未被作物充分利用的部分多数发生淋洗或径流，这样一来，作物吸氮量减少的同时又使水体环境受到了污染。因此，科学施肥对提高肥料利用率及降低氮对生态环境的污染意义深远且重大。硝化过程受土壤含氧量、pH、湿度、温度等因素影响；硝酸根在氧气不足的条件下被反硝化细菌作用而还原成氮氧化物（NO_x）或氮气而挥发，其影响因素主要有土壤氮素物质基础、土壤氧浓度、硝态氮浓度和温度等；铵根离子的固定是指铵态氮被土壤黏土矿物吸持，进入硅层晶穴形成非交换态铵。这部分氮素不能被植物吸收利用，但仍然是一种重要的土壤氮素资源。土壤铵的固定受黏土矿物组成、黏粒占有量、铵态氮浓度、温度、含水量等影响。

农田生态系统中氮的输出主要包括氮的淋失和流失、氮的气态输出、作物氮吸收。氮淋失是指土壤中的氮随水向下移动至根系活动层以下，从而不能被作物根系吸收所造成的氮素损失，它是一种累积过程。淋失的氮主要包括土壤的累积氮、化肥的残留氮和当年施入的肥料氮。农田生态系统中氮淋失主要受降水量、灌溉方式、施肥量和施肥方式等因素影响。氮的流失是指溶解于径流中的无机氮，或吸附于泥土沙石上以无机态和有机质形式存在的氮随径流的流失。降雨、径流、土壤性质（土壤种类、结构、质地等）以及土地植被覆盖情况是影响氮流失的因素，降雨和径流是土壤氮流失的主要影响因素，同时，植被的存在可以减少土壤侵蚀，所以也是氮流失的主要途径；硝化-反硝化作用在其生物化学过程中产生 NO、NO_2、N_2O 等气体氮氧化物，导致农田氮的损失。硝化作用的进行需要充足的氧气，且必须在一定的 NH_4^+ 浓度水平下。当土壤 pH 介于 5.8～8.0 时，硝化速率会随着 pH 的增加而增加。而当温度在 30～67℃、pH 在 7～8 时，反硝化作用最强；农田生态系统中最主要的氮输出途径是作物收获的氮输出。该输出量，即作物总吸氮量与生物量和作物体内氮含量有直接关系。

土壤酸度、土壤温度、土壤湿度、土壤水分、土壤质地及土壤容重等环境因素均会影响土壤微生物生长、繁殖及其生化作用的强弱，继而影响农田生态系统氮循环，并且有研究认为，影响土壤耕层氮转化循环的最主要因素是土壤 pH、土壤温度和土壤湿度。土壤硝化作用受温度影响显著，过高或过低的温度均有碍于土壤硝化作用的发生。由于自养硝化作用需氧，因此水分对土壤硝化作用的影响与 O_2 的可获得性紧密相关。目前有研究显示，硝化作用可以在酸性条件下进行（姜旭，2013）。影响反硝化作用的因素主要是 NO_3^- 和有机物浓度、土壤温度和水分含量、pH、C/N 等。土壤温度的升高对土壤反硝化作用强度有一定的轻微抑制作用，土壤 pH 越大，反硝化作用越强，土壤湿度又促进土壤反硝化能力的增强。土壤物理性质是影响硝态氮淋失的主要因素，如质地、空隙。土壤中粉粒、黏土和有机质越多，硝态氮的淋失速率就越低。农田生态系统氮循环还受其他一些因素的影响，实际上，它是降水、灌溉、施肥、植被、气候等多种因素共同作用的结果。

7.1.3　^{15}N 稳定同位素示踪技术在氮肥去向方面的应用

1. 在植物氮素吸收、利用和分配方面的应用

^{15}N 稳定同位素稀释示踪氮肥去向主要是将具有一定丰度、形态和数量的 ^{15}N 标记物质加入待测样品中，分离、测定目标组分中 ^{15}N 含量（王静等，2012）。由于 ^{15}N 的标记特性、可测定性及与普通氮素易于区别等特点，^{15}N 一直以来都被广泛用于植物氮素营养的机理研究。采用对不同形态的氮素肥料进行 ^{15}N 标记，可以了解植物对不同形态氮的利用率，不同来源氮在植物体内的吸收利用、运输分配和损失的特征（汪庆兵等，2013）。

1）在植物体内氮素吸收利用

进入 21 世纪以来，氮稳定同位素示踪技术逐渐被广泛用于解决农作物和林木肥料吸收利用问题。中国农业科学院原子能利用研究所是我国早期应用 ^{15}N 示踪技术的主要单位，采用 ^{15}N 和 ^{32}P 标记的氮、磷肥，按照肥料管理措施进行施肥处理，考察了复合肥和单肥处理对水稻（*Oryza sativa* L.）、烟草（*Nicotiana tabacum*）和小麦（*Triticum aestivum*）等作物各项生长指标的影响，不同生长时期对肥料的吸收状况，不同时期施肥对产量和产量构成的影响以及掺和复合肥料的比例对作物吸收氮、磷营养的影响等。这些研究成果在一定程度上可以有效地指导农业、林业生产管理，为提高植物对土壤和外源添加氮素的利用

效率提供理论支持。

不同类型的植物及植物的不同部位对氮肥的吸收利用率不同。Epstein 等（1998）的研究表明，C3 植物群落对 ^{15}N 的吸收利用率高于 C4、C3-C4 混合群落的利用率，三者利用率分别为 41%、27%和 32%（尹浩冰等，2014）；刘焕鲜等（2013）的研究也表明，小麦、水稻、烟草、果树、豆科植物（*Leguminosae* sp.）和其他植物对氮肥的利用率是不同的。

植物对不同形式氮肥的吸收利用率不同。Stevens 和 Laughlin（1989）测定了黑麦草（*Lolium perenne*）对 ^{15}N 标记的硝酸铵和尿素的平均利用率分别为 73.9%和 82.0%。添加不同标记部位的硝酸铵肥料（$^{15}NH_4NO_3$、$NH_4{}^{15}NO_3$ 和 $^{15}NH_4{}^{15}NO_3$）的利用率分别为 76.7%、69.4%和 75.7%，说明对硝酸根部分的利用率低于铵根部分。而 Chaney 和 Paulson（1988）研究发现，尿素的利用率低于硝酸铵，可能尿素的添加方式不同，导致其挥发量不同。Jenkinson 等（2004）研究添加标记氮素 19 年后的氮去向时也发现，铵态氮的利用率（69.6%）要高于硝态氮（64.3%），而损失率低于硝态氮。李玉中等（2002）研究了铵态氮、硝态氮在羊草中的去向，发现铵态氮和硝态氮的利用率分别为 11.2%和 20.1%，且铵态氮的损失率高达 61.9%，而硝态氮的损失率仅为 10.7%。

不同类型植物及不同部位对不同形式氮肥的吸收利用率是不同的，这不仅与植物本身对不同形式氮素的偏好、土壤理化性质及季节性变化相关，而且与肥料添加时间、添加方式也有密不可分的联系。

2）在植物体内氮素运输分配

由于 ^{15}N 能够区别目标植物吸收利用的肥料氮和土壤氮，通过 $\delta^{15}N$ 来测定植物氮素利用率，能真实地反映植物实际利用肥料的状态。Yun 和 Ro（2009）运用 ^{15}N 示踪法和 ^{15}N 自然丰度法，认为植物吸收的土壤无机氮和土壤中无机氮的含量直接相关，而当土壤中无机氮含量不足时，氮更趋向于转向植物新生长部分。李延菊（2006）利用稳定性同位素 ^{15}N 示踪技术，得知果实不同发育期叶面涂抹 ^{15}N 尿素后，^{15}N 在树体内的运转、分配随生长中心的转移而转移，叶片吸收优先分配到新生器官果实、梢顶嫩叶和新梢中，少量 ^{15}N 外运至储藏器官。董雯怡等（2009）研究了毛白杨（*Populus tomentosa*）对 ^{15}N 标记的硝态氮和铵态氮的吸收能力，认为氮素在毛白杨器官中的分配趋势为叶＞根＞茎，且器官之间差异显著，叶中的 NO_3^--^{15}N 的分配率显著高于 NH_4^+-^{15}N，苗木主要通过茎将吸收的氮素输送到叶等生长旺盛的部位。赵广才等（1998）研究表明，小麦在收获期各器官的含氮量为籽粒＞叶片＞根系＞叶鞘＞颖壳，各器官从肥料中吸收的氮以根系最多，其次为籽粒和茎秆。马兴华等（2006）认为，在小麦生殖器官籽粒中的氮素分配比例约为 80%，营养器官中的氮素分配比例约为 20%，这与赵广才等（1998）的研究结果是一致的（汪庆兵等，2013）。封幸兵等（2005）研究发现，烟株从饼肥和秸秆肥中吸收的氮素在烟株各器官中的分布为顶部叶＞上部叶＞中部叶＞下部叶＞茎＞根。Epstein 等（1998）研究表明，植物吸收的 ^{15}N，C3 植物中平均有 77%的 ^{15}N 分配到茎中，而 C4 植物只有 56%，C4 植物将更多的氮分配到根部和顶部。

这些研究都表明氮素在植物不同器官中的分配比例是不同的，而且相同器官氮素的吸收还受到施肥时间的影响。赵登超等（2006）报道，不同时期对冬枣施 ^{15}N 尿素，翌年 ^{15}N 尿素的分配情况不同，认为施肥时期越迟，氮素越容易分配到根系，在果实硬核期施肥较有利于休眠期储藏氮的积累和翌年春新器官的生长发育。周丕生等（2003）用 ^{15}N 标记的肥料氮示踪郁金香（*Tulipa gesneriana*）对氮素的吸收利用情况，结果表明，生长初期郁金香种球以向根叶输送体内储存的氮为主，开花期后，才将吸收的氮素向新的种球转运，认为在花蕾期追施适量氮肥较合适。沈其荣和徐国华（2001）报道小麦、玉米（*Zea mays*）在不同时期追施 ^{15}N 尿素，不仅可以改善所施肥料成分中相应元素的营养状况，而且能够促进植株对氮、磷的吸收和提高氮、磷转运到籽粒中的比例。

综上所述，氮素在不同植株不同器官的运输分配是不同的，氮素施入的时期也会影响氮素在植株内的分配。$\delta^{15}N$ 值作为氮素运输、氮素循环的综合指示因子，结合对生态过程的进一步研究，可以明确指导氮素肥料在植株体内被运输和分配的动态，对适时采用追肥等措施具有指导意义。

2. 在氮素损失方面的应用

农田中化肥氮的去向可分为作物吸收、土壤残留和损失。肥料氮施入土壤后可以通过 NH_3 挥发、硝化-反硝化（N_2O 排放）、淋溶、径流等途径损失，易引起大量环境问题，如水体富营养化、地下水污染、温室效应等（王静等，2012）。有研究表明，氮肥施入水稻田土壤后，水稻能吸收其中的 25%～50%，肥料中的 ^{15}N 在土壤中的残留比例为 10%～35%，其余的 ^{15}N 亏损部分则可能是以 NH_3 挥发、地下水渗漏淋失或者反硝化形式损失（汪庆兵等，2013）。不同形态的氮肥挥发损失的情况不同，一般认为，碳铵的挥发损失最大，其次是硫铵和硝铵，尿素最低（汪庆兵等，2013）。

续勇波和蔡祖聪（2014）在江西亚热带典型红壤区就亚热带土壤厌氧培养条件下反硝化的气态产物问题进行了探讨，结果表明，厌氧培养 7 d 内反硝化作用产生的气态产物中 N_2O 占总气态氮损失的 17.1%，N_2 占 8.7%，估计 NO 可能是主要的反硝化产物之一。以未能回收的氮计算，NO 占总气态氮损失的 67.5%～78.6%，平均为 74.1%。反硝化气态产物中 NO 和 N_2O 总量占总气态氮损失的 91.3%。NO、N_2O 和 N_2 分别占总施入氮量的 18.6%、4.4%、2.0%。Matsushima 等（2009）采用 ^{15}N 示踪技术研究氨挥发损失的氮素，在温室培养条件下研究了不同肥料组成在不同时间段的 NH_3 挥发量，结果表明，在开始的 10 d 内，高浓度的无机肥释放的 NH_3 是低浓度的 3 倍多，后期随时间变化二者 NH_3 的挥发量出现不同的变化趋势，得出不同的有机肥和无机肥配比对 NH_3 挥发量影响显著的结论（汪庆兵等，2013）。汤文广等（2018）就土壤气态氮损失及其对长期模拟氮沉降的响应，从微生物角度阐明了土壤气态氮损失对氮沉降的响应机制，结果表明，雨季土壤气态氮的损失速率大于旱季土壤气态氮的损失速率，通过研究土壤微生物过程对气态氮损失的贡献及其对氮添加的响应发现，土壤反硝化作用贡献了 39%～58%的 N_2O，然而这种贡献率随着氮添加的增加而降低。相反，反硝化和异养硝化作用对 N_2O 损失贡献率（42%～61%）随着氮添加的增加而增加。另外，土壤 N_2 的损失主要受反硝化作用（98%～100%）的影响，而厌氧氨氧化和反硝化作用对 N_2 的损失影响相对较小（0%～2%）。卢成等（2014）利用 ^{15}N 同位素示踪技术对水稻中氮肥的损失途径进行了定量评价和研究，结果表明，节水灌溉与合理施肥的组合模式可以在增产的同时，减少肥料氮的损失。

利用同位素示踪技术，可以清楚地示踪氮素在各种损失途径中所占的比例。黄见良等(2004)研究了水稻不同生育期吸收的 ^{15}N 在各器官中的分配和后期植物组织中的挥发损失情况，认为成熟期 ^{15}N 有 46%转运至水稻的籽粒中，水稻在分蘖期和幼穗分化期吸收的氮素在后期可以通过植株组织挥发损失，至成熟期损失的比例分别达 16.7%和 13.4%。彭佩钦等（2009）采用 ^{15}N 对尿素和水稻秸秆交叉标记，认为有机无机肥配施在提高化肥氮利用率的同时，也提高了有机形态氮的残留，降低了无机形态氮的残留。房祥吉等（2011）亦报道，适宜的沙土配比有利于植物的生长和氮素的吸收利用，较低的沙土配比对土壤氮素损失起保护作用。

利用 ^{15}N 同位素示踪技术对农田生态系统氮素损失途径的研究中，多研究的是气态氮的损失，同样也可以研究径流流失、渗漏淋失等带走的氮素。刘晗（2005）对中稻（杂交稻）的氮素营养、氮素淋失、稻田肥料氮平衡等方面进行了研究，结果表明，渗漏水中含氮量与施肥量呈正相关，通过渗漏水淋失的肥料氮所占比例小于 0.5%。过去都一直认为淋溶损失是茶园肥料氮损失的主要途径，但近年来用同位素 ^{15}N 进行示踪之后却没有得到证实。相反，作为肥料氮本身淋失量并非很大，就对淋失量最大的硝酸铵来说，每年每公顷也只损失 5～6 kg 的氮，只占其施肥量的 1%～2%，硫酸铵和尿素淋失量更少，每年每公顷只有 1 kg 以下氮损失，不到其施肥量的 1%（吴洵，1983）。这个试验结果是在平地开展得到的，作为水土流失程度更严重的坡地，水土流失及渗漏淋洗带走的氮素较平地可能会更多，这也是本书研究的出发点。

7.1.4 ^{15}N 稳定同位素示踪法与质量平衡差减法的比较

农田生态系统氮循环的研究中经常使用的方法是 ^{15}N 稳定同位素示踪法和质量平衡差减法。质量平衡差减法又称间接法或非同位素法，通常用于田间试验中，以估计农作物的肥料氮回收率。施肥地中植物的总氮吸收量减去对照地中植物的总氮吸收量，然后除以添加到施肥地块中的氮量，就可以得出氮素回收率。但是，该方法的假设是对照地和氮肥地的矿化、固定化和土壤氮的转化都是相同的，如微生物活性和根系生长不受肥料添加的影响。该假设可能导致数据结果的较大偏离。为了避免质量平衡差减法固有的可能错误，研究人员采用了同位素示踪技术。同位素示踪剂可以区分肥料氮和土壤氮，并且研究人员可以直接确定肥料氮的回收率。然而，在标记、施肥、取样、样品处理和分析过程中，^{15}N 稳定同位素示踪法的同位素的交换反应容易受到非标记物的污染或者高丰度样品对低丰度样品的污染。因此，也有不少研究认为示踪法测得的结果可能低估氮肥利用率。这两种方法应用到农田生态系统氮循环的研究中各有优缺点（表 7-1）。

许多研究比较了两种计算肥料氮回收率的方法，发现质量平衡差减法始终提供更高的结果。例如，Westerman 和 Kurtz（1974）估计了苏丹草[*Sorghum sudanense*（Piper）Stapf.]对肥料氮的回收率，并且发现质量平衡差减法在 1966 年和 1967 年分别高估了施用尿素的回收率 35%和 23%。Moraghan 等（1984）于 1981 年对半干旱热带地区进行的研究中发现，当用质量平衡差减法计算时，所有处理均显示出较高的回收率。其他报道质

量平衡差减法比 ^{15}N 稳定同位素示踪法能产生更多氮肥回收的研究人员包括 Legg 和 Allison（1959）及 Torbert 等（1992）。虽然关于这两种方法的适用性一直存在争议，但是在实际应用中，这两种方法在不同的研究目的下得到广泛采用。一般来说，从农学的角度评价氮肥的利用效果时多采用质量平衡差减法，因为它反映了施用氮肥后作物氮素营养的实际提高程度；在研究化肥氮的转化和去向时多采用 ^{15}N 稳定同位素示踪法，以了解化肥氮的利用、残留及损失的真实情况，同时还可以知道化肥氮在植株各器官的累积和分配状况。

表 7-1　^{15}N 稳定同位素示踪法与质量平衡差减法的比较

类别	优点	缺点
^{15}N 稳定同位素示踪法	（1）不需要设置对照； （2）非放射性，不随着时间衰变	（1）价格昂贵，因此仅限于小型温室或微样土地调查； （2）施入 ^{15}N 土壤-植物系统会进行生物交换，关于氮的吸收解释变得复杂； （3）计算结果普遍偏低
质量平衡差减法	（1）操作简单； （2）不仅适合小样地，还适合大田	（1）假设对照和氮肥地矿化、固定化和土壤氮的转化都是相同的，较为理想化； （2）计算结果的精确度与准确度可能与实际偏差较大，计算结果总体偏高

本章利用 ^{15}N 稳定同位素示踪技术，区分土壤氮和肥料氮，进一步探讨红壤旱坡花生地氮素侵蚀和渗漏损失浓度、通量、来源等特征以及肥料氮利用与损失等去向情况，并将 ^{15}N 稳定同位素示踪结果与质量平衡差减结果进行比较，以期明确侵蚀和渗漏对红壤旱坡花生地氮素损失的影响及机制。

7.2　不同坡度条件下侵蚀和渗漏对红壤坡耕地氮素损失的 ^{15}N 示踪

坡度是地面形态的主要要素，历来是土壤侵蚀学的重要研究领域，它是影响降雨径流的重要因素。许多学者的研究结果表明，在临界坡度范围内，随坡度增加，径流量加大，侵蚀力增强，土壤侵蚀量增加（张宪奎等，1992；陈法扬，1995；王万忠和焦菊英，1996）。江西是农业大省，坡地农业在江西乃至我国南方广大红壤丘陵地区占有重要地位。据统计，江西现有宜农荒坡地 650 万亩，相当于全省耕地面积的 1/6，是全省农业发展的宝贵土地资源。但这些坡面若保护不当，极易发生严重的水-土-养分流失。

本节选择典型丘陵红壤为材料，种植当地代表性坡耕地农作物——花生，利用稳定同位素 ^{15}N 示踪结合自然降雨试验，开展不同坡度条件下红壤坡耕地侵蚀和渗漏特征比较及其对肥料氮利用与去向的影响研究，揭示红壤坡耕地典型农作系统氮素随侵蚀和渗漏损失的比例。

7.2.1 材料与方法

1. 试验装置

试验在可收集地表径流泥沙和渗漏水的钢化渗漏土槽中开展（图6-1）。为保证土体均一性，本次试验填土容重按翻耕后的大田实际控制在1.20 g/cm^{3}左右。供试土壤为试验区内第四纪红黏土发育的表层红壤，有机质、总氮（TN）和总磷（TP）含量分别为7.09 g/kg、0.52 g/kg和0.22 g/kg，铵态氮（NH_4^+-N）和硝态氮（NO_3^--N）含量分别为2.57 mg/kg和4.59 mg/kg，^{15}N丰度为0.508 atom%；黏粒、粉粒和砂粒含量（美国制）分别为28.39%、50.32%和21.29%。

2. 试验设计

试验设置两个坡度处理，分别为5°和10°，每个处理重复3次。选择种植红壤旱坡地主栽作物——花生，品种为‘纯杂1016’；采用穴播方式，每个试验土槽以8000穴/hm^2、每穴3粒播种花生，定苗两株。为去除花生自身固氮影响，试验再设置施^{15}N尿素和普通尿素两个处理，所用^{15}N尿素由上海化工研究院提供，丰度为10.20%。按照当地常规的养分施用量进行施肥，每个试验土槽施用尿素（N，46.8%）50.0 g、钙镁磷肥（P_2O_5，14%）188.4 g和氯化钾（K_2O，60%）37.5 g，混匀后均匀撒施；其他管理措施同当地耕作管理习惯一致。花生于2016年4月26日播种，8月23日收获。将土槽置于野外，开展逐场次自然降雨条件下的试验观测。

3. 试验观测

降水量和降雨历时采用试验区旁设置的虹吸式自记雨量计进行监测；地表径流量和渗漏水量通过径流桶壁的水位尺读数，由预先率定的公式计算得到。每次产流结束后，将各径流桶中的水静置4 h后取500 mL水样，现场加浓硫酸固定并带回实验室存入4℃冰箱，在72 h内分析完毕；径流桶底部泥沙全部取出称重并计算侵蚀泥沙量（以干重计），再用塑封袋收集500 g泥沙样风干备用。分析检测时，首先将水样充分摇匀取适量检测总氮（TN）含量（含悬浮颗粒态和溶解态）及其^{15}N丰度，然后将剩余水样经0.45 μm微孔滤膜过滤后测定溶解态总氮（DTN）、铵态氮（NH_4^+-N）和硝态氮（NO_3^--N）含量。TN或DTN采用碱性过硫酸钾消解-紫外分光光度法测定，NH_4^+-N采用水杨酸分光光度法测定，NO_3^--N采用硫酸肼还原法测定。侵蚀泥沙样检测TN含量及其^{15}N丰度，其中TN采用半微量凯氏定氮法测定。

为减少对土壤的扰动，分别于幼苗期（5月2日）、结荚期（7月7日）、成熟期（8月23日）在每个小区随机剪茎采集4株地上部植株样，在室内自然风干后，在70℃条件下烘至恒重后粉碎并过60目筛，然后将其保存在密封塑料袋中，用于测定植株TN含量及其^{15}N丰度，其中植株TN的测定采用浓硫酸和双氧水联合消解、蒸馏法定氮。花生收获时按实收统计生物量，精度为0.1 g。

径流样定氮后取滴定液适量，酸化，加热（温度控制在65～70℃）浓缩制成^{15}N待测样品；径流、泥沙和植株样品中的 ^{15}N 丰度由上海化工研究院采用 MAT-271 同位素质谱仪测定。

4. 数据处理

来自径流泥沙的氮量及比例参照 Zanetti 和 Nösberger（1997）方法计算。为去除花生自身固氮影响，试验中把施用 ^{15}N 肥料的植株样品 ^{15}N 的丰度与不施 ^{15}N 的植株样品的丰度差值计为该样品的 ^{15}N 原子百分超（atom% excess，A%E）。根据氮素质量平衡原理，采用差值法计算得出 ^{15}N 土壤残留量和气态损失量等。

以上各个指标测定均做 3 组平行试验，取平均值。采用 SPSS 11.5 软件做相关分析、Excel 2010 软件绘制图表。

7.2.2 侵蚀和渗漏损失氮素特征及来源

1. 侵蚀和渗漏特征

在本试验花生整个生长季，渗漏水量大于地表径流量，渗漏水量占总径流量的 70%左右（表 7-2）。从坡度来看，在整个花生生长季，地表产流产沙量表现出随坡度的增大而增大，而渗漏水量则相反。因渗漏水占总径流的绝对比例，故总径流量随坡度增大表现出减小的特征。此外，地表径流含沙量大，导致可观的侵蚀产沙，而渗漏水的含沙量非常低。

表 7-2 不同坡度条件下侵蚀和渗漏情况

坡度	生育期	总径流/mm	渗漏水/mm	地表径流/mm	侵蚀泥沙/（t/km²）
5°	幼苗期	160.33±66.65	160.33±66.65	—	—
	花荚期*	688.65±136.86	464.62±129.20	224.03±7.66	4003.72±2709.40
	饱果成熟期	5.56±0.10	—	5.56±0.10	31.60±1.24
	全生育期	854.54±203.61	624.95±195.85	229.59±7.76	4035.32±2710.64
10°	幼苗期	117.65±8.33	117.65±8.33	—	—
	花荚期*	650.42±204.36	419.31±178.93	231.11±25.43	6055.03±1300.12
	饱果成熟期	3.18±0.48	—	3.18±0.48	57.24±16.98
	全生育期	771.25±213.17	536.96±187.26	234.29±25.91	6112.27±1317.10

*因试验中结荚期几乎无降雨产流，故本试验中将开花下针期和结荚期合并为花荚期。

根据本试验物候观测，幼苗期为 4 月 26 日～5 月 26 日、开花下针期为 5 月 27 日～6 月 20 日、结荚期为 6 月 21 日～8 月 8 日、饱果成熟期为 8 月 9 ～ 23 日，因该年结荚期几乎无降雨产流，故本试验中将开花下针期和结荚期合并为花荚期（下同）。从生育期来看（表 7-2），本试验条件下开花下针期-结荚期（即“花荚期”）产流量占整个生长季总产流量的 80%以上，产沙量占整个生长季总产沙量的 99%以上，产流产沙主要发生在花荚期，与本书 4.1 节采用具有水土流失观测功能的大型土壤水分渗漏装置的试验观测结果基本一致。花荚期尤其是开花下针期地表覆盖度仍较低，但此时期降雨历时长（占生育期总降雨历时的58.6%）、雨量大（占生育期总降水量的61.9%）、雨强高（最大雨强18.9 mm/h），导致产沙量剧增。其中，7月1～5日发生雨量333 mm、历时5850 min的暴雨，其降水量占试验期总降水量（1086.3 mm）的30.65%，产生较大侵蚀量；幼苗期的3次降雨产流事件中地表都没有产流，这可能是因为播种时土体较为松散（容重约1.20 g/cm^3），加上这3次降雨的雨量小（不足45 mm）、雨强低（低于8 mm/h），降雨几乎全部入渗，故地表来不及产流；饱果成熟期的降雨产流事件中几乎没有发生渗漏，主要是因为该时期以短历时高强降雨为主，降雨来不及入渗就以地表径流形式流失了。

2. 氮素输出浓度变化

在两种坡度条件下，地表径流中各氮素浓度随坡度增大而增大，但渗漏水则正好相反。渗漏水中TN、DTN、NO_3^--N含量分别是地表径流的4.2～5.2倍、4.3～5.4倍和3.9～4.3倍（表7-3）；经方差分析和*t*检验，渗漏水中的TN、DTN、NO_3^--N与地表径流中的TN、DTN、NO_3^--N含量均在95%的置信区间内差异显著。

表7-3 不同坡度条件下侵蚀和渗漏的氮素输出平均浓度 （单位：mg/L）

坡度	径流组分	总氮（TN）	溶解态总氮（DTN）	铵态氮（NH_4^+-N）	硝态氮（NO_3^--N）
5°	渗漏水（IN）	15.97±1.00	15.21±0.80	0.75±0.24	5.76±0.43
	地表径流（SN）	3.06±0.77	2.84±0.69	1.32±0.09	1.35±0.77
	IN/SN	5.2	5.4	0.6	4.3
10°	渗漏水（IN）	14.62±1.60	13.77±1.56	0.63±0.11	5.47±0.54
	地表径流（SN）	3.50±0.42	3.19±0.30	1.57±0.27	1.40±0.33
	IN/SN	4.2	4.3	0.4	3.9

氮素的渗漏输出浓度中NO_3^--N较高、NH_4^+-N较低，其中NO_3^--N浓度是NH_4^+-N浓度的7.7～8.7倍，这与已有文献（周林飞等，2011； 彭圆圆等，2012）的研究结论相似，也与本书4.1节采用具有水土流失观测功能的大型土壤水分渗漏装置的试验观测结果一致。这是由于土壤中矿化释放的NH_4^+-N以及肥料铵很快氧化为土壤中矿质态氮（以NO_3^--N为主），可占NH_4^+-N和NO_3^--N总量的94%以上。渗漏水中的NH_4^+-N浓度均低于地表径流中的NH_4^+-N浓度，这与NH_4^+-N带正电易被地表径流中的悬移质泥沙吸附有关。

3. 氮素输出通量比较

1）总氮（TN）

归结起来，坡耕地氮素水体输出途径主要有渗漏水、地表径流及侵蚀泥沙等。两种坡度条件下，花生生长季的TN渗漏水输出通量为77.50～93.86 kg/hm^2，TN地表径流输出通量为4.28～4.82 kg/hm^2，TN侵蚀泥沙输出通量为34.60～43.62 kg/hm^2（表7-4）。各处理的TN输出通量组成特征基本一致：随渗漏水输出通量占61.8%～70.4%，随地表径流输出通量占总输出量的3.4%～3.6%，随侵蚀泥沙输出通量占26.0%～34.8%。可以看出，无论何种坡度，红壤旱坡花生地 TN 水体输出均以渗漏水为主要途径，其次是侵蚀泥沙，最后是地表径流。

表 7-4 不同坡度条件下侵蚀和渗漏的 TN 输出通量 （单位：kg/hm²）

坡度	生育期	总输出通量	渗漏水输出通量	地表径流输出通量	侵蚀泥沙输出通量
5°	幼苗期	32.35±13.22	32.35±13.22	—	—
	花荚期	100.23±30.91	61.51±12.33	4.45±0.31	34.27±18.90
	成熟期	0.70±0.09	—	0.37±0.14	0.33±0.05
	全生育期	133.28±44.03	93.86±25.55	4.82±0.45	34.60±18.95
10°	幼苗期	18.07±1.80	18.07±1.80	—	—
	花荚期	106.64±32.36	59.43±23.25	4.01±0.12	43.20±8.99
	成熟期	0.69±0.06	—	0.27±0.03	0.42±0.09
	全生育期	125.40±4.22	77.50±25.05	4.28±0.15	43.62±9.08

从不同坡度来看，土壤侵蚀量表现为 10°＞5°，导致随侵蚀泥沙输出的 TN 也表现出随坡度的增大而增大；由于径流中 TN 输出量与径流输出量和 TN 浓度相关，不同坡度处理间径流中的 TN 输出量差异与不同坡度处理间产流量和氮素浓度差异类似。从不同生育期来看，红壤旱坡花生地 TN 输出主要发生在花荚期，与 4.1 节采用具有水土流失观测功能的大型土壤水分渗漏装置的试验观测结果基本一致，本试验中该时期 TN 输出量占生长季总输出量的 75%以上，这主要与该时期产流产沙量大有关。

2）溶解态总氮（DTN）

上述分析表明，径流溶解态挟带是红壤旱坡花生地径流尤其是渗漏水氮素输出的主要形式，故进一步分析溶解态总氮的输出通量及形态（表 7-5）。在花生整个生长季，对于渗漏水，溶解态总氮随径流输出以无机态氮为主，占 55.4%～57.4%；对于地表径流，这一点表现得更为明显，两种坡度处理下无机态氮占溶解态总氮输出的比例为 94.9%～97.6%。从溶解态总氮的输出形态来看（图 7-2），监测期内 NO_3^--N 是渗漏水溶解态总氮流失的主要形态，NH_4^+-N 占有很少比例；但对于地表径流，NH_4^+-N 亦是地表径流溶解态总氮流失的主要形态，与本书中 4.1 节和 5.3 节的结果一致，这主要与氮肥的氮素形态、强降雨、土壤胶体和氮肥位置等有关。

表 7-5 不同坡度条件下侵蚀和渗漏溶解态氮输出通量及形态 （单位：kg/hm²）

坡度	径流组分	溶解态总氮（DTN）	有机氮（DON）	无机氮（DIN）			占 DTN 比例/%	
				NH_4^+-N	NO_3^--N	小计	DON	DIN
5°	渗漏水	89.02±24.06	39.70±8.80	4.68±2.58	44.64±12.68	49.32±15.26	44.6	55.4
	地表径流	4.47±0.20	0.23±0.03	3.03±0.15	1.21±0.12	4.24±0.03	5.1	94.9
10°	渗漏水	72.40±18.78	30.87±1.08	2.73±0.48	38.80±17.22	41.53±17.70	42.6	57.4
	地表径流	3.68±0.01	0.09±0.02	2.71±0.10	0.88±0.09	3.59±0.01	2.5	97. 6

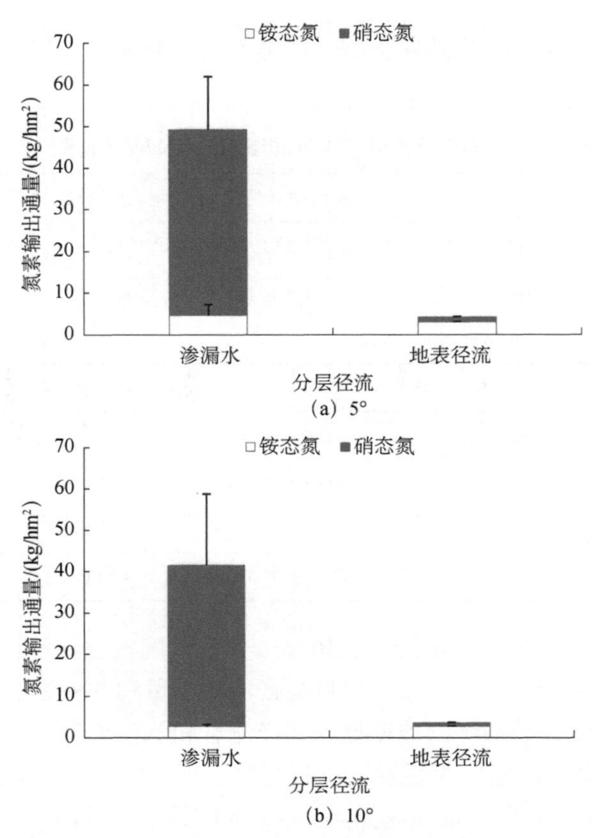

(a) 5°

(b) 10°

图 7-2 不同坡度条件下渗漏水和地表径流中溶解态无机氮输出通量

4. 氮素输出来源情况

表 7-6 是花生各生育期损失的氮素来源情况。由表 7-6 可知，5°和 10°条件下随渗漏水、地表径流、泥沙损失的总氮量分别有 2.7%～8.2%和 8.8%～12.9%来自肥料氮，分别有 91.8%～97.3%和 87.1%～91.2%来自土壤氮，说明红壤花生旱坡地随侵蚀和渗漏损失的氮素绝大部分来自土壤氮。

表 7-6 不同坡度条件下花生各生育期随侵蚀和渗漏损失的氮素来源

损失途径与损失量		5°			10°		
		幼苗期	花荚期	饱果成熟期	幼苗期	花荚期	饱果成熟期
随地表径流输出	总量/（kg/hm^2）		3.05	6.28		4.12	8.31
	来自肥料/（kg/hm^2）		0.31	0.33		0.35	0.35
	占总量百分比/%		10.2	5.3		8.5	4.2
	来自土壤/（kg/hm^2）		2.74	5.95		3.77	7.96
	占总量百分比/%		89.8	94.7		91.5	95.8
随侵蚀泥沙输出	总量/（kg/hm^2）		34.27	68.86		43.20	86.83
	来自肥料/（kg/hm^2）		1.37	1.37		1.80	1.83
	占总量百分比/%		4.0	2.0		4.2	2.1
	来自土壤/（kg/hm^2）		32.90	67.49		41.40	85.00
	占总量百分比/%		96.0	98.0		95.8	97.9

续表

损失途径与损失量		5°			10°		
		幼苗期	花荚期	饱果成熟期	幼苗期	花荚期	饱果成熟期
随渗漏水输出	总量/（kg/hm^2）	18.27	64.77	64.77	9.61	54.44	54.44
	来自肥料/（kg/hm^2）	0.50	6.72	6.72	1.11	10.98	10.98
	占总量百分比/%	2.7	10.4	10.4	11.6	20.2	20.2
	来自土壤/（kg/hm^2）	17.77	58.05	58.05	8.50	43.46	43.46
	占总量百分比/%	97.3	89.6	89.6	88.4	79.8	79.8
合计	总量/（kg/hm^2）	18.27	102.09	139.91	9.61	101.76	149.58
	来自肥料/（kg/hm^2）	0.50	8.40	8.42	1.11	13.13	13.16
	占总量百分比/%	2.7	8.2	6.0	11.6	12.9	8.8
	来自土壤/（kg/hm^2）	17.77	93.69	131.49	8.50	88.63	136.42
	占总量百分比/%	97.3	91.8	94.0	88.4	87.1	91.2

幼苗期的 3 次降雨产流事件中地表没有产流产沙，该时期随渗漏水流失的氮素 2.7%～11.6%来自肥料氮，88.4%～97.3%来自土壤氮。幼苗期随渗漏水损失的肥料氮较少（不足12%），这主要与花生播种时肥料氮施于土壤表层，加上距离施肥时间较短，肥料氮向土壤深处淋溶迁移较少有关。

花荚期随地表径流流失的氮素 8.5%～10.2%来自肥料氮，89.8%～91.5%来自土壤氮；随侵蚀泥沙流失的氮素 4.0%～4.2%来自肥料氮，95.8%～96.0%来自土壤氮；随渗漏水损失的氮素 10.4%～20.2%来自肥料氮，79.8%～89.6%来自土壤氮。与幼苗期相比，花荚期随渗漏水损失的肥料氮增加了 7.7～8.6 个百分点，表明肥料氮通过渗漏水损失量明显增加，这主要与随着时间的推移，肥料氮更多地向土壤深处淋溶迁移有关。

饱果成熟期随地表径流和侵蚀泥沙流失的肥料氮较花荚期减少，分别降至 4.2%～5.3%和 2.0%～2.1%，相应地，随地表径流和侵蚀泥沙流失的土壤氮继续增加，分别增加至94.7%～95.8%和 97.9%～98.0%。因饱果成熟期渗漏水未产生，故随渗漏水损失的肥料氮比例与花荚期相比无变化。受肥料氮不断向土壤深层淋溶迁移和作物吸收利用的影响，与花荚期相比，饱果成熟期肥料氮通过侵蚀泥沙的流失量有所下降。

7.2.3 侵蚀和渗漏影响下肥料氮去向跟踪

表 7-7 和图 7-3 是花生各生育期肥料氮素去向情况。由此可知，在花生幼苗期，随地表径流、侵蚀泥沙和渗漏水损失的氮素占总施氮量的 0.5%～1.1%，受花生植株较小等影响，该时期被地上植物吸收的氮素占总施氮量 1.6%～3.1%，绝大部分添加氮素被残留于土壤或以气态挥发损失，占总施氮量 96.4%～97.3%。在花生花荚期，随地表径流、侵蚀泥沙和渗漏水损失的氮素有所增加，累计肥料氮损失量占总施氮量的 8.1%～12.6%。该时期花生生长加快，植株生物量明显增大，被地上植物吸收利用的氮素提升至 10.2%～11.6%；相应地，被土壤残留或以气态挥发损失的肥料氮降低至 77.2%～80.3%。到花生饱果成熟期，随地表径流、侵蚀泥沙和渗漏水损失的氮素有所增加，累计肥料氮损失量占总施氮量的 8.1%～12.7%；该时期生物量最大，被地上植物吸收利用的氮素提升至 14.0%～15.4%，故而被土壤残留或以气态挥发损失的肥料氮降低为 71.9%～77.9%。

表 7-7 不同坡度条件下花生各生育期肥料氮去向跟踪 （单位： kg/hm^2）

不同坡度	花生生育期	侵蚀和渗漏输出量			地上植物吸收	土壤残留、气态损失及其他
		渗漏水输出	地表径流输出	侵蚀泥沙输出		
5°	幼苗期	0.50±0.07	—	—	3.27±0.71	100.23±0.78
	花荚期*	6.72±1.63	0.32±0.08	1.36±0.25	12.06±2.10	83.55±4.05
	饱果成熟期**	6.72±1.69	0.33±0.08	1.37±0.25	14.52±3.64	81.06±5.67
10°	幼苗期	1.11±0.37	—	—	1.70±0.55	101.19±0.93
	花荚期*	10.98±4.25	0.34±0.06	1.81±1.00	10.61±5.45	80.25±10.77
	饱果成熟期**	10.98±4.63	0.35±0.06	1.83±1.02	16.03±1.52	74.82±7.23

*表示该时期与上个时期的输出量之和，**表示该时期与前两个时期的输出量之和。

从不同坡度来看，随侵蚀和渗漏损失的肥料氮总量随坡度增大而增加，在5°和10°条件下，肥料氮损失量分别为8.42 kg/hm^2和13.16 kg/hm^2、肥料氮损失率（占肥料氮投入量百分比）分别为8.1%和12.7%。

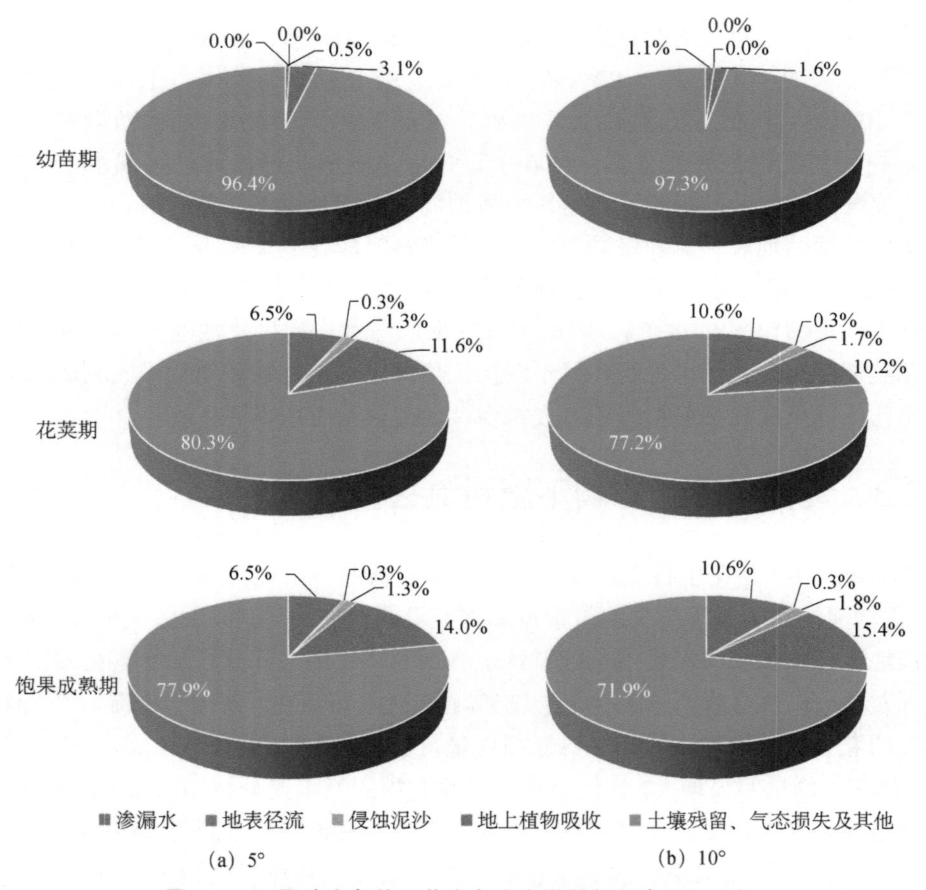

图 7-3 不同坡度条件下花生各生育期肥料氮素去向比例

7.2.4 不同生育期植株吸收氮素来源情况

分别于幼苗期、花荚期和饱果成熟期采取花生地上植株样测定了氮素含量及 ^{15}N 丰度，计算出花生各生育期花生植株地上部吸收的 TN 量以及从土壤和肥料吸收的氮量，如表 7-8 所示。在 5°和 10°两种坡度条件下，随着作物的生长发育，地上植株氮素积累量不断增加，氮肥利用率从幼苗期的 1.6%～3.1%增加到花荚期的 10.2%～11.6%，再增加到饱果成熟期的 14.0%～15.4%。相应地，土壤氮所占比例由 76.8%～88.0%下降到 58.6%～62.5%，再下降到 59.7%～61.6%；不同坡度之间的差异较小。可见，在花生整个生长过程中，其植株吸收氮素主要来源于土壤，占 60%左右。

表 7-8　不同坡度条件下花生地上植株吸收土壤氮和肥料氮的情况

坡度	项目		幼苗期	花荚期	饱果成熟期
5°	地上植株氮素积累量/（kg/hm^2）		14.09±0.43	29.16±5.57	37.86±0.08
	来自肥料氮	数量/（kg/hm^2）	3.27±0.71	12.06±2.10	14.52±3.64
		占总氮百分数/%	23.2	41.4	38.4
	来自土壤氮	数量/（kg/hm^2）	10.82±1.14	17.10±3.47	23.34±3.72
		占总氮百分数/%	76.8	58.6	61.6
	肥料氮利用率/%		3.1±0.68	11.6±2.02	14.0±3.50
10°	地上植株氮素积累量/（kg/hm^2）		14.15±0.63	28.29±12.87	39.81±3.48
	来自肥料氮	数量/（kg/hm^2）	1.70±0.55	10.61±5.45	16.03±1.52
		占总氮百分数/%	12.0	37.5	40.3
	来自土壤氮	数量/（kg/hm^2）	12.45±0.08	17.68±7.42	23.78±1.97
		占总氮百分数/%	88.0	62.5	59.7
	肥料氮利用率/%		1.6±0.53	10.2±5.24	15.4±1.46

在幼苗期，由于花生植株较小，此时施入土壤中的肥料氮被植物吸收利用较少；随着花生的生长发育，植株对肥料氮的吸收积累逐渐增加，花生吸肥高峰在花荚期。尽管如此，两种坡度条件下整个生长季花生植株地上部对肥料氮利用率仅为 14.0%～15.4%，表明红壤旱坡花生地大部分氮肥通过径流泥沙流失、气态挥发损失或残留于土壤中。

7.3 不同耕作措施下侵蚀和渗漏对红壤坡耕地氮素损失的 ^{15}N 示踪

耕作引起土壤及土壤水分再分布，改变土壤结构及其抗蚀性，对土壤侵蚀和水分入渗具有显著影响，进而影响坡地农田氮肥的损失过程。近年来，少免耕作为一种保护性耕作措施在控制水土流失、改善土壤生态环境、维持作物稳产、节省劳力和资本等方面发挥了重要作用（谢宏峰等，2011），在小麦、玉米和水稻等地上结实作物的推广应用范围持续增加（余海英等，2011； 沈浦等，2017）。国内有学者研究表明少免耕可以提高地下结实作物产量，如吴波等（2018）研究湘西北丘岗地油菜-花生免耕连作栽培技术时发现，在油菜收获后种植花生，采取免耕直播（点播）栽培，通过合理密植、施足底肥、科学培管，可以达到高产高效目的。但少免耕措施对花生类地下结实作物的影响因起步较晚、研究较少，技术内涵和推广应用等都有很大的局限性（刘世平等，2006）。采用 ^{15}N 稳定同位素示踪技术精准研究不同作物在不同耕作方式下的氮肥去向，可为坡地农田氮素管理提供依据。

为实现促进花生生产可持续发展和节本增效目的，本章采用 ^{15}N 稳定同位素示踪技术，在常规施肥条件下，比较少免耕和常规翻耕对红壤旱坡地土壤-花生系统氮肥去向的影响，为降低氮肥损失、提高氮肥利用率和制定合理的耕作管理制度提供科学依据。

7.3.1 材料与方法

1. 试验装置

结合坡地农作系统氮素表观平衡与损失试验，于 2018 年同步开展不同耕作措施的 ^{15}N 示踪试验。试验所采用的钢化渗漏土槽坡度及其填装土壤、供试花生品种和栽培方式等与 6.1 节中 2018 年试验完全一致，但填土容重根据大田花生上茬作物（油菜）收获后的实测值控制在 1.32（±0.1）g/cm^3。

2. 试验设计

试验设置两个处理，即常规翻耕（CT）和少免耕（MT），每个处理重复 3 次。鉴于尿素的挥发损失最小，同时去除花生固氮影响，试验中翻耕处理又设置施 ^{15}N 尿素和普通尿素两个处理，每个处理重复 3 次，共 9 个试验土槽，随机区组排列。翻耕处理对土壤翻耕 20 cm 深，花生少免耕则是参考吴波等（2018）前茬作物（油菜）收获后不翻动土壤，点穴播种花生；施肥水平参考当地农民施肥习惯，按照常规的养分施用量进行施肥，每个土槽尿素（N≥46.4%）、钙镁磷硅肥（P_2O_5≥2%）、氯化钾（K_2O≥60%）施用量分别为 73.05 g、1316.25 g、37.50 g。因花生长势良好，试验期不追肥。所用 ^{15}N 尿素由上海化工研究院提供，含氮量为 46.4%，丰度为 10.11%。

3. 试验观测

（1）径流泥沙及其 TN 含量与丰度测定：在花生整个生长期进行逐场次自然降雨条件下的产流、产沙观测，以及径流水相和侵蚀泥沙相 TN 含量及其 ^{15}N 丰度测定。

（2）植株性状及 TN 含量测定：花生于 2018 年 5 月 4 日播种、8 月 16 日收获。于花生幼苗期（播种后 23 d）、开花下针期（播种后 60 d）和饱果成熟期（播种后 101 d）在各土槽上、中、下坡分别采集 1 株全植株样，共 3 株，进行农艺性状测量，调查获取花生植株的株高、荚果干（鲜）重、地上和地下生物量干（鲜）重，并测定植株含氮量；将植株样品洗去根部泥土，于 105℃条件下杀青 30 min、70℃条件下烘至恒重，经粉碎过 0.25 mm（60 目）筛，用于测定花生植株 TN 含量及其 ^{15}N 丰度。花生收获时实收计产，测定荚果和秸秆产量，精度 0.1 g。

（3）土壤残留 TN 含量测定：按 0～5 cm、5～10 cm、10～20 cm、20～30 cm 和 30～40 cm 土层深度多点采集土壤样品，并将同一采样深度的土样混匀后，自然风干、磨细、过 0.15 mm（100 目）筛，用于测定土壤 TN 含量及其 ^{15}N 丰度。

所有样品 TN 含量及 ^{15}N 丰度由自然资源部海洋大气化学与全球变化重点实验室测定。其中，植株 TN 的测定采用浓硫酸和双氧水联合消解，蒸馏法定氮；地表径流/渗漏水样 TN 采用碱性过硫酸钾消解-紫外分光光度法测定；侵蚀泥沙/土壤样 TN 采用半微量凯氏定氮法测定；TN 的 ^{15}N 丰度采用总有机碳分析仪-稳定同位素质谱仪联机测定。

4. 数据处理

花生的氮肥利用特性指标计算公式如下（张妍等，2018）：

$$\text{氮肥表观利用率}=\frac{\text{施氮处理植株总吸氮量}-\text{对照植株总吸氮量}}{\text{施氮量}}\times 100\% \tag{7-3}$$

$$\text{氮肥农学效率}=\frac{\text{施氮处理籽粒产量}-\text{对照籽粒产量}}{\text{施氮量}} \tag{7-4}$$

$$\text{氮肥生理利用效率}=\frac{\text{施氮处理籽粒产量}-\text{对照籽粒产量}}{\text{施氮处理植株总吸氮量}-\text{对照植株总吸氮量}} \tag{7-5}$$

以上各个指标测定均做 3 组平行试验，取平均值。

7.3.2 ^{15}N 植株吸收浓度与累积量

1. 花生生物量与吸氮量

作物对氮素的吸收表现为氮素积累。从花生收获时统计的植株实收生物量和吸氮量数据来看（表 7-9），在同一施肥条件下，与常规翻耕（CT）相比，少免耕（MT）没有明显降低花生荚果产量和秸秆产量，两处理间的地上植株吸氮量也没有明显差异（$P>0.05$）。花生不同生育期经人工取样测定的单株花生的吸氮量数据见表 7-10 和图 7-4。由此可知，少免耕处理的植株氮素积累量与常规翻耕处理差异不显著（$P>0.05$）。

表 7-9 不同耕作措施下花生收获时植株生物量和吸氮量 （单位：g/槽）

处理	荚果产量	秸秆产量	总干物质量	地上植株吸氮量
CT	728.25±15.67a	676.25±30.15a	1404.50±33.04a	26.08±0.64a
MT	714.84±50.54a	660.31±31.11a	1375.15±78.29a	26.54±1.19a

注：平均值±标准差；同列不同字母表示差异显著， LSD 检验（$P<0.05$），下同。

表 7-10 不同耕作措施下各生育期单株花生的吸氮量

生育期	处理	植株含氮量/%	植株干重/（g/株）	植株氮素积累量/（g/株）
幼苗期（播种后 35d）	CT	3.98±0.16a	3.21±0.54a	0.13±0.02a
	MT	4.11±0.15a	3.93±0.71a	0.16±0.03a
开花下针期（播种后 63d）	CT	3.26±0.13a	16.59±0.77a	0.54±0.02a
	MT	3.41±0.20a	12.24±1.94b	0.42±0.07a
饱果成熟期（播种后 101d）	CT	3.86±0.10a	30.81±1.29a	1.19±0.05a
	MT	4.02±0.13a	23.19±2.95b	0.93±0.15a

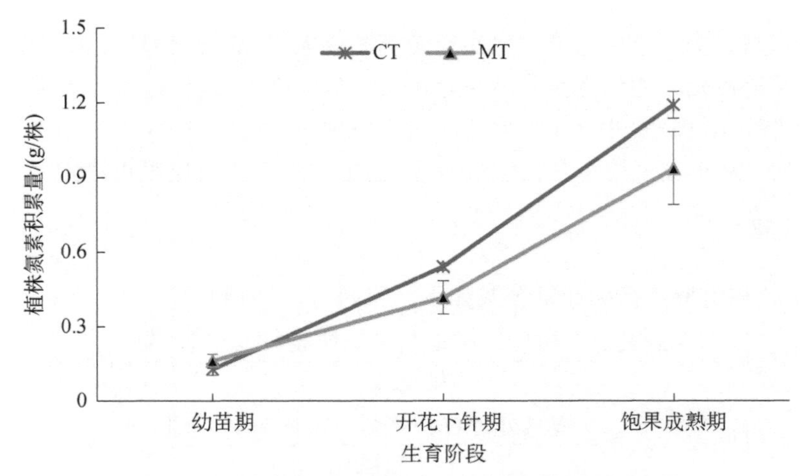

图 7-4　不同耕作措施下花生各生育期的单株吸氮量

氮肥利用率是确定氮效率的有效指标。参考张妍等（2018）研究计算的花生氮肥利用特性指标（表 7-11）。由表 7-11 可知，常规翻耕和少免耕处理的花生氮肥生理利用效率分别为 10.17 g/g、8.48 g/g，氮肥农学效率分别为 3.14 g/g 和 2.74 g/g，均表现为常规翻耕大于少免耕。少免耕处理较常规翻耕处理氮肥表观利用率提高 7.17%。与当地常规翻耕相比，少免耕处理下氮肥利用率提高，同时土壤氮贡献率降低。世界各地农田氮肥利用率普遍低于 50%，我国农作物当季氮肥利用率只有 16%～42%（张婧等，2017）。未被植物吸收的氮残留在土壤中，其易随着降雨和灌溉淋洗到地下水中，造成地下水硝酸盐污染。本节研究中，结合两种耕作方式下的作物产量以及对氮素的吸收利用情况来看，少免耕处理花生对氮肥的吸收利用特性较好，同时有利于减少氮的损失。

表 7-11　不同耕作措施下花生的氮肥利用特性

处理	氮肥生理利用效率/（g/g）	氮肥农学效率/（g/g）	氮肥表观利用率/%
CT	10.17±1.40a	3.14±0.46a	25.08±10.82a
MT	8.48±4.74a	2.74±1.49a	32.25±3.50a

2. 花生生长与 ^{15}N 吸收量

从花生各生育期植株 ^{15}N 吸收浓度与吸收量可以看出（表 7-12），植株 ^{15}N 原子百分超、植株吸收的氮素来自肥料氮的比例、植物吸收的肥料氮量总体表现为饱果成熟期＞开花下针期＞幼苗期。这是因为在一次性施氮前提下，随着作物生长量增加，植株吸收的肥料氮相应增加，说明各生育阶段花生生长从肥料中汲取氮素营养的重要性。幼苗期、开花下针期和饱果成熟期的 ^{15}N 背景值分别为 0.459%、0.433%和 0.418%，可知土壤 ^{15}N 逐期降低，预示土壤供氮能力降低。常规翻耕处理以开花下针期出现吸氮高峰，占全生育阶段吸收氮总量的 61.9%，后期吸氮比例偏低；少免耕处理花生各生育阶段肥料氮的时空流向呈现出幼苗期长势弱，以饱果成熟期吸氮为主，约占全生育阶段吸收氮总量的 51.0%，反映了少免耕后期壮果技术的可行性。在幼苗期、开花下针期和饱果成熟期，少免耕处理的来自肥料氮的比例分别为 37.29%、51.25%和 54.03%，而常规翻耕处理的来自肥料氮的比例分别为 31.58%、47.83%和 47.60%，表明在各生育期少免耕的来自肥料氮的比例均高于常规翻耕；各生育期少免耕的氮肥利用率为 5.81%～42.23%，常规翻耕的氮肥利用率为 3.97%～34.42%，可知总体上少免耕的氮肥利用率高于常规翻耕，与氮肥利用特性指标计算结果（表 7-11）一致。

表 7-12　不同耕作措施下花生各生育期的植株吸收肥料氮情况

取样时期	处理	^{15}N 丰度/%	^{15}N 原子百分超/%	植株吸收的氮素来自肥料氮的比例/%	植物吸收的肥料氮量/（kg/hm²）	植株对肥料氮的利用率/%	本期肥料氮净吸收量/%
幼苗期	CT	3.530±0.320b	3.072±0.320a	31.58±3.29b	5.97±1.50b	3.97±1.00b	11.5
	MT	4.085±0.302a	3.626±0.302a	37.29±3.10a	8.75±0.92a	5.81±0.61a	13.8
开花下针期	CT	5.085±1.046a	4.652±1.046a	47.83±10.76a	38.09±9.46a	25.28±6.28a	61.9
	MT	5.417±0.222a	4.984±0.222a	51.25±2.28a	31.19±3.89a	20.70±2.58a	35.3
饱果成熟期	CT	5.047±0.790a	4.629±0.790a	47.60±8.13a	51.86±15.86a	34.42±10.53a	26. 6
	MT	5.672±0.579a	5.254±0.579a	54.03±5.96a	63.63±5.98a	42.23±3.97a	51.0

注：本期肥料氮净吸收量为该期吸收量与前期吸收量之差值。

从花生各生育期植株吸收的总氮量以及土壤和肥料的贡献情况来看（图 7-5），在花生植株氮素吸收量中，肥料氮所占比例由幼苗期的 31%～37%提高到开花下针期的 47%～51%，再提高到饱果成熟期的 47%～54%，相应地，土壤氮所占比例逐期下降。在幼苗期，由于花生植株较小，此时施入土壤中的肥料氮被植物吸收利用较少，故幼苗期花生植株吸收的氮素大部分来自土壤氮；随着花生的生长发育，植株对肥料氮的吸收积累明显增加。在花生生长过程中，常规翻耕处理的植株吸收氮素主要来源于土壤，占植株吸氮量的 52.4%～68.4%，这是因为翻耕打破土壤紧实胁迫，使得作物吸收的土壤氮素增加；各生育期少免耕处理的植株吸收肥料氮量总体高于常规翻耕，这在一定程度上反映了少免耕提高氮肥利用效率技术的可行性。

需要说明的是，本试验中花生饱果成熟期对肥料氮利用率（34.42%～42.23%，表 7-12）比不同坡度条件下 ^{15}N 示踪试验结果（肥料氮利用率 14.0%～15.4%，表 7-8）偏高，除了两次试验的土壤养分本底、土体坡度、耕作措施等因素影响外，还与本次试验采取花生植株全株样检测氮素含量、前次试验中仅检测植株地上部氮素含量有关。已有研究表明，‘白沙 1016 号’花生在 90 kg/hm² 施氮量条件下，果仁、根、果针+幼果器官的含氮量分别为 4.647%、1.960%、1.882%，均明显高于其地上部植株含氮量 1.712%（孙虎等，2010）。本试验氮肥利用率结果也比前述氮肥表观去向试验研究中的结果（25.19%～27.87%，表 6-2）偏高，同样除了试验土壤养分本底、土体坡度、耕作措施等因素影响外，还与计算方法不同有关，如本次试验采用 ^{15}N 稳定同位素示踪法而前次试验采用质量平衡差减法。但无论何种试验条件，花生整个生育期对肥料氮利用率有限，大部分肥料氮通过侵蚀流失、渗漏淋失、气态挥发或残留于土壤中。

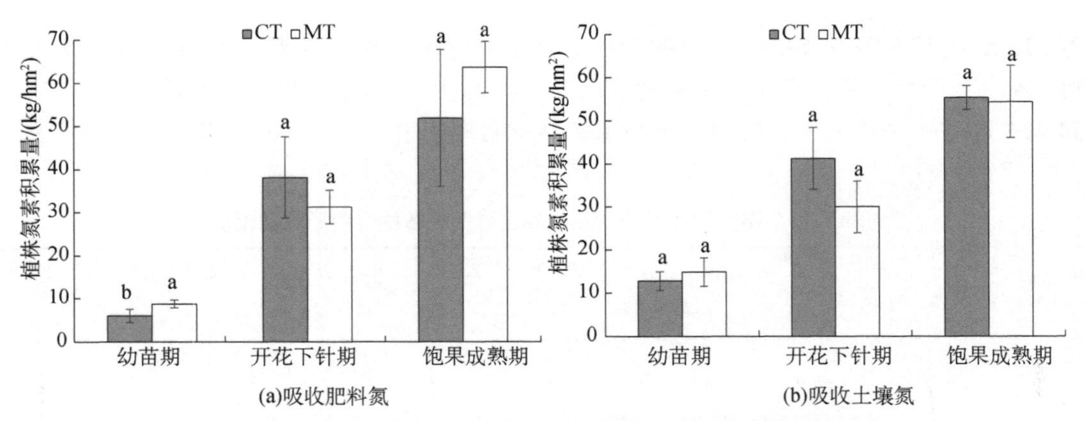

图 7-5　不同耕作措施下花生地上植株吸收土壤氮和肥料氮比较

7.3.3　^{15}N 土壤残留及剖面分布

氮肥施入土壤后，在不同的土层深度中呈现一定的残留规律。从图 7-6 可以看出，肥料氮在土壤中的残留量随土层深度的增加而显著下降。从表 7-13 可以看出，在等氮量下，常规翻耕和少免耕在 0～40 cm 土层中的氮肥残留量分别为 50.79 kg/hm^2、48.07 kg/hm^2，残留率分别为 33.72%、31.91%，可见少免耕减少了 0～40 cm 土层中氮肥总残留量和总残留率。

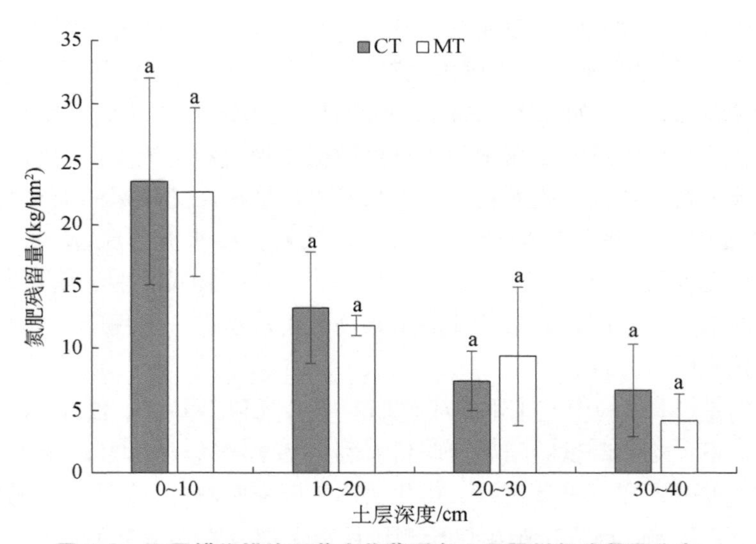

图 7-6　不同耕作措施下花生收获后各土层肥料氮残留及分布

但在不同土层中，两种耕作处理的氮肥残留存在一定差异。花生收获后，肥料氮主要残留在 0～20 cm 土层中，占总残留氮量的 71.8%～72.4%，表明本试验条件下绝大部分未被吸收利用的肥料氮集中残留于 0～20 cm。其次是 20～30 cm 土层，该层土壤中肥料氮残留量占总残留量的 14.5%～19.5%。而在 30 cm 土层以下，仍有少量的肥料氮残留，占总残留量的 8.7%～13.1%。已有研究表明，土壤中肥料氮含量的最高值出现在 0～20 cm 的土层深度（隋常玲和张民，2014），本试验的结果与之一致。残留氮主要集中于根层，这也是本试验氮肥渗漏淋失量低的重要原因之一。不同耕作处理对各土层肥料氮的残留量具有显著的影响，在等氮量下，除 5～10 cm 和 20～30 cm 土层外，少免耕处理的残留氮量均低于常规翻耕处理，其 0～40 cm 土壤残留的肥料氮量较常规翻耕减少了 5.4%。因此，推荐合适的耕作方式，可以有效控制土壤中的残留氮，从而有效降低氮素的淋洗和流失作用。

表 7-13 不同耕作措施下花生生长季各土层氮肥 ^{15}N 残留

处理	土层	^{15}N 丰度/atom%	土壤 ^{15}N 原子百分超/%	土壤残留的氮素来自肥料氮的比例/%	残留的肥料氮量/（kg/hm²）	残留率/%
CT	0～5cm	0.734	0.350	3.59	16.47	10.93
	5～10cm	0.535	0.151	1.55	7.07	4.70
	10～20cm	0.529	0.145	1.49	13.25	8.80
	20～30cm	0.464	0.080	0.82	7.37	4.89
	30～40cm	0.456	0.071	0.73	6.63	4.40
	0～40cm				50.79	33.72
MT	0～5cm	0.629	0.244	2.51	11.80	7.83
	5～10cm	0.612	0.228	2.34	10.88	7.22
	10～20cm	0.505	0.120	1.24	11.84	7.86
	20～30cm	0.485	0.101	1.04	9.36	6.22
	30～40cm	0.429	0.044	0.45	4.19	2.78
	0～40cm				48.07	31.91

注：残留率为残留量除以施入氮量。

需要指出的是，本试验中肥料氮残留率为 31.91%～33.72%，比 6.2.2 节中氮肥表观去向研究中的土壤无机氮残留结果（9.92%～14.79%，表 6-2）偏高，这主要与计算方法和检测指标不同有关。本试验采用 ^{15}N 稳定同位素示踪法而表观去向试验采用质量平衡差减法，本试验检测土壤总氮含量而表观去向试验仅检测土壤无机氮（铵态氮+硝态氮）含量。

7.3.4 ^{15}N 回收利用及去向

在土壤-作物系统中，施入土壤中的氮肥一般有三个基本去向：作物吸收、土壤残留和损失。王在序等（1984）应用 ^{15}N 稳定性同位素示踪法进行花生氮素化肥经济施用技术的盆栽研究表明，花生利用率为 45.9%～55.1%，土壤残留率为 14.8%～32.7%，损失率为 18.9%～35.5%。本试验结果表明，旱坡地花生的氮肥利用率为 34.42%～42.24%，0～40 cm 土层中的氮肥残留率为 31.91%～33.72%，氮肥损失率为 25.85%～31.86%。本试验的花生氮肥利用率、氮肥残留率和损失率与王在序等（1984）的研究结果虽有偏差但较为接近。

耕作方式是决定氮素在土壤中残留和损失的主要因素之一。在同一施肥条件下，少免耕处理能显著提高氮肥的利用率，比常规翻耕处理提高了近 8 个百分点。由土层 0～40 cm 中氮肥的回收率可知（表 7-14），在常规翻耕条件下，氮肥回收率为 68.14%，而其余 31.86% 的氮肥则通过各种途径损失掉；少免耕条件下，氮肥回收率则达 74.15%，而损失掉的氮肥比例较少，为 25.85%，比常规翻耕损失少 6 个百分点左右，说明常规翻耕由于耕作扰动土体疏松，则会导致更多的氮素因淋洗至更深的土壤层次或随水土流失迁移输出或以氨挥发/硝化反硝化而损失掉。

表 7-14 不同耕作措施下氮肥残留率、利用率及回收率

处理名称	氮肥残留率/%	氮肥利用率/%	氮肥回收率/%	氮肥损失率/%
CT	33.72	34.42	68.14	31.86
MT	31.91	42.24	74.15	25.85

7.3.5 氮素侵蚀和渗漏损失

从整个花生生长季地表径流、侵蚀泥沙和渗漏水中输出的总氮量可知（表 7-15），各处理随渗漏水输出的总氮量最大，占侵蚀和渗漏总输出量的 88.3%～90.9%；随侵蚀泥沙输出的总氮量次之，占 4.7%～6.3%；随地表径流输出的总氮量最少，仅占 4.4%～5.4%。总氮渗漏淋失最多，与渗漏水量占地表和地下总径流量的绝对比重（73.08%～73.99%）有关。这与前述不同坡度条件下总氮水体输出的试验结果（表 7-4）一致，但本试验结果中侵蚀和渗漏总氮输出量比不同坡度试验条件下总氮输出量明显偏低，主要是因为本试验期恰逢枯水年，试验期间降水量为 408.7 mm，比常年同期少 301.7 mm，导致侵蚀和渗漏显著偏低；而不同坡度试验为丰水年，侵蚀和渗漏较大，从而导致两次试验中侵蚀和渗漏总氮输出量相差较大。但无论何种降水年型、何种坡度、何种措施，红壤旱坡花生地总氮水体输出均以渗漏水为主要途径。

因本试验期间降水量较少，导致肥料氮随侵蚀和渗漏输出量极低，关于不同耕作方式下侵蚀和渗漏对 ^{15}N 损失贡献将在今后的研究中予以补充。

表 7-15 不同耕作措施下花生生长季产流产沙及其总氮流失情况

处理	侵蚀泥沙量/（kg/hm²）	泥沙流失总氮量/（kg/hm²）	地表径流量/m³	地表径流流失总氮量/（kg/hm²）	渗漏水量/m³	渗漏淋失总氮量/（kg/hm²）
CT	1323.62 ±159.03a	0.80 ±0.08a	0.04± 0.01b	0.68 ±0.14a	0.11 ±0.04a	11.18 ±4.27a
MT	1180.43 ±116.09a	0.65 ±0.06b	0.06± 0.01a	0.61 ±0.17a	0.16 ±0.05a	12.58 ±2.19a

7.4 讨　论

7.4.1 坡地农作系统氮素损失

在土壤-植物系统中，氮素易被植物吸收，也易通过侵蚀和渗漏等途径进入水体（Zheng et al.，2004；Baker and Laflen，1983），造成水体富营养化及地下水污染等环境问题（Matsushima et al.，2009；叶静等，2011），对土壤-植物系统的氮素水体损失研究已成为

热点。已有研究表明，土壤中渗漏淋失是肥料氮素损失的重要途径之一（Matsushima et al.，2009）：水田氮素渗漏等损失一般为 30%～70%，旱田氮素渗漏等损失一般为 20%～50%（朱兆良，2008）；黏土、黏壤土氮素淋失量分别为施氮量的 3.56%～16.81%（赖涛和李茶苟，1995）和 5.7%～9.6%（Zhou et al.，2006），砂壤土、砾质砂土氮素淋失量分别可达施氮量的 16.2%～39.0%（张思苏等，1988；Zhou et al.，2006）和 30%左右（王在序等，1984）。但这些研究主要集中在平地，对坡地的试验观测还很少（孙波等，2003），而且这些研究通常没有同时考虑氮素随侵蚀和渗漏的损失，这在全面认识农田氮素损失上存在不足。

降雨条件下，地表径流泥沙和渗漏是坡耕地氮素等养分运移损失的重要途径与载体。本试验供试土壤为黏壤土，试验结果表明，在花生整个生育期内，5°～10°红壤坡耕地随侵蚀和渗漏损失的肥料氮占总施氮量的 8.1%～12.7%（图 7-3），比 Zhou 等（2006）对黏壤土进行的试验结果 5.7%～9.6%的范围偏高，也比朱兆良（2008）在总结国内研究结果的基础上的 7%的估算值高。本试验研究对象为旱坡地，考虑了地表径流、侵蚀泥沙和渗漏水的共同影响，且渗漏水量能够全部收集到，这是造成本试验肥料氮侵蚀和渗漏损失率较前人研究结果偏高的重要原因。本试验条件下（表 7-7），虽然随地表径流泥沙流失的肥料氮（占总施氮量的 1.6%～2.1%）低于随渗漏淋失的肥料氮（占总施氮量的 6.5%～10.6%），但施肥导致的氮素水体损失对地表水有潜在威胁，对地下水威胁相对较小。因此，不仅要控制氮素随横向和侧向渗漏水的挟带输出，还要减少其被地表径流和侵蚀泥沙挟带输出。

7.4.2 植物氮素的吸收利用

从土壤、肥料中吸收氮是植物获取氮的主要途径之一，小麦（党廷辉等，2002）、水稻（周瑞庆等，1991）、烟草（韩锦峰等，1992）等作物一生吸收的氮素约 2/3 来自土壤氮，约 1/3 来自当季肥料氮，在高产量水平下，作物从肥料氮中吸收的氮量增加（巨晓棠等，2002）；花生、大豆等固氮作物由于根瘤菌固氮补充，从土壤和肥料中吸收的氮素小于小麦、水稻等非固氮作物的吸收量，但仍然是吸收的土壤氮多于吸收的肥料氮。例如，王在序等（1984）通过盆栽试验，得出花生植株体内总氮量中来自肥料的氮占 3.9%～13.0%，来自土壤的氮占 21.8%～61.2%，其他来自自身固氮。本试验发现，在 5°和 10°两种坡度条件下，花生植株吸收的土壤氮占比为 59.7%～61.6%（表 7-8）；在常规翻耕和少免耕措施下，花生植株吸收的土壤氮占比可达 62.7%～68.4%（表 7-12），可知花生植株吸收的氮素 60%以上来源于土壤，表明采取培肥地力措施，使土壤肥力维持在一个较高水平是至关重要的。

7.4.3 耕作方式对花生产量及氮肥去向的影响

耕作方式对农田作物产量具有显著影响。一般而言，翻耕措施能够显著影响土壤耕层构造、作物根系生长环境，使土壤疏松、通水以及透气性得到改善，从而有效促进作物的生长和产量的提高（李景等，2014； 石彦琴等，2010）；少免耕特别是长期少免耕（连续大于 10 年）提高了土壤容重，容易造成土壤板结等负面影响，导致作物减产（刘世平等，2006）。本节研究在常规施肥条件下，比较少免耕和常规翻耕对红壤旱坡地氮肥去向和花生产量的影响。结果表明，在同一施肥条件下，与常规翻耕处理相比，少免耕处理花生产量和植株吸氮量略有减少，但差异不显著（表 7-10）。究其原因，可能是少免耕减少了土壤扰动，维持了土壤环境的相对稳定，减缓了有机质、氮素等养分的损耗，有利于提高表层土壤养分的积累以供作物吸收（濮超等，2018），再加上本试验为第一年采取少免耕措施，土壤板结的负面影响相对较小。

耕作方式对农田氮肥去向也有较大影响。本节研究结果表明，在等氮量下，少免耕处理能提高氮肥的利用率，比常规翻耕处理提高了 7.82 个百分点，增加植株氮素来自 ^{15}N 肥料的百分比（NDFF）6.43 个百分点（表 7-12），同时，少免耕处理能降低氮肥的残留率，比常规翻耕处理降低了 1.81 个百分点（表 7-13），少免耕的氮肥损失率比常规翻耕低 6 个百分点左右（表 7-14）。可见，在花生种植过程中，采取少免耕可以提高氮肥利用效率、降低氮素损失。这可能是少免耕减少了土体扰动，导致较少的氮素因淋洗进入更深的土壤层次或随水土流失迁移输出；另外，少免耕更好地维持表层土壤环境相对稳定，降低了肥料与土壤脲酶的充分接触，同时减少了硝化-反硝化的底物（NH_3），从而减少了氮肥以氨挥发、N_2O、N_2 等形式损失。少免耕具有节本增效、环境友好的优势，是规模化农业生产可持续发展的必然趋势（谢宏峰等，2011）。红壤旱坡地上茬作物收获后，采取轻简化少免耕措施，或辅以其他配套措施，仍具有推广应用的可行性。

7.5 本章小结

本章利用 ^{15}N 稳定同位素示踪技术，研究了红壤旱坡花生地两种坡度条件（5°和 10°）、两种耕作措施（常规翻耕和少免耕）下氮素吸收、利用、残留、损失等去向与来源。结果表明：

（1）无论何种土体坡度、何种耕作措施，红壤旱坡花生地肥料氮利用率低于 43%，肥料氮残留率不超过 34%，其余肥料氮则通过侵蚀流失、渗漏淋失、气态挥发等途径损失，其中肥料氮侵蚀和渗漏损失率为 8.1%～12.7%。因此，采取有效措施减少坡耕地养分随侵蚀和渗漏损失、提高肥料利用率势在必行。

（2）红壤旱坡花生地随侵蚀和渗漏损失的氮素绝大部分来自土壤氮，如 5°和 10°条件下随渗漏水、地表径流泥沙损失的总氮量分别有 91.8%～97.3%和 87.1%～91.2%来自土壤氮；花生植株吸收的氮素 60%左右来源于土壤，表明采取培肥地力措施，使土壤肥力维持在一个较高水平是至关重要的。

（3）各生育期随侵蚀和渗漏损失的肥料氮总量随坡度增大而增加，故为减少坡耕地农作系统氮素水体损失，宜在合理坡度范围内开发利用红壤坡耕地资源；与常规翻耕相比，采取少免耕可以增加植株氮素来自肥料氮的比例，提高氮肥利用效率，降低肥料氮损失，但为减少土壤板结、作物减产等负面影响，宜优化技术内涵并配套辅助措施。

通过一个花生生长季的自然降雨试验，结合 ^{15}N 稳定同位素示踪技术，已初步得出侵蚀和渗漏对红壤坡耕地土壤-植物系统的氮素损失具有显著影响。但由于试验周期较短，同时土壤-植物系统氮素损失又受作物种类、土壤质地、气候条件、耕作管理等多种因素影响，因此，要揭示其规律还需要有更长时间的田间定位试验。

参 考 文 献

陈法扬. 1995. 不同坡度对土壤冲刷量影响的试验[J]. 中国水土保持, 2：18-19.

党廷辉，蔡贵信，郭胜利，等. 2002. 黄土旱塬黑垆土-冬小麦系统中尿素氮的去向及增产效果[J]. 土壤学报，39（2）：199-205.

董雯怡，聂立水，李吉跃，等. 2009. 应用 ^{15}N 示踪研究毛白杨苗木对不同形态氮素的吸收及分配[J]. 北京林业大学学报，31（4）：97-101.

方运霆，刘冬伟，朱飞飞，等. 2020. 氮稳定同位素技术在陆地生态系统氮循环研究中的应用[J]. 植物生态学报，44（4）：373-383.

房祥吉，姜远茂，彭福田，等. 2011. 不同沙土配比对盆栽平邑甜茶的生长及 ^{15}N 吸收、利用和损失的影响[J]. 水土保持学报，25（4）：131-134.

封幸兵，李佛琳，瞿兴，等. 2005. 烤烟对饼肥和秸秆肥中 ^{15}N 的吸收与利用[J]. 烟草科技，（7）：31-34.

韩锦峰，郭培国，黄元炯，等. 1992. 应用 ^{15}N 示踪法探讨烟草对氮素利用的研究[J]. 河南农业大学学报，（3）：224-227.

黄见良，邹应斌，彭少兵，等. 2004. 水稻对氮素的吸收、分配及其在组织中的挥发损失[J]. 植物营养与肥料学报，10（6）：579-583.

姜旭. 2013. 黑土农田生态系统氮循环的模拟和校验研究[D]. 长春：吉林农业大学.

巨晓棠，刘学军，邹国元，等. 2002. 冬小麦/夏玉米轮作体系中氮素的损失途径分析[J]. 中国农业科学，35（12）：1493-1499.

赖涛，李茶苟. 1995. 红壤旱地氮素平衡及去向研究[J]. 植物营养与肥料学报，1（1）：85-89.

李景，吴会军，武雪萍，等. 2014. 长期不同耕作措施对土壤团聚体特征及微生物多样性的影响[J]. 应用生态学报，25（8）：196-203.

李延菊. 2006. 设施栽培油桃对叶面施 ^{15}N 的吸收、分配和利用的研究[J]. 植物营养与肥料学报，（4）：678-683.

李玉中，祝廷成，李建东. 2002. ^{15}N 标记肥去向及平衡状况[J]. 中国草地，24（5）：15-17.

刘晗. 2005. 节水灌溉水稻水氮利用与肥料氮量平衡研究[D]. 武汉：华中农业大学.

刘焕鲜，李宁，盛建东. 2013. 稳定性 ^{15}N 示踪技术在农业氮肥利用中的应用[J]. 新疆农业科学，50（1）：124-131.

刘世平，聂新涛，张洪程，等. 2006. 稻麦两熟条件下不同土壤耕作方式与秸秆还田效用分析[J].农业工程学报，22（7）：48-51.

卢成，郑世宗，胡荣祥. 2014. 不同水肥模式下稻田氮渗漏和挥发损失的 ^{15}N 同位素示踪研究[J]. 灌溉排水学报，33（3）：107-109.

马兴华，于振文，梁晓芳，等. 2006. 施氮量和底追比例对小麦氮素利用和土壤硝态氮含量的影响[J]. 水土保持学报，20（5）：95-98.

彭佩钦，仇少君，刘强，等. 2009. 洞庭湖平原典型水稻土氮素固持动态及氮的残留形态[J]. 环境科学，（4）：1139-1145.

彭圆圆，李占斌，李鹏. 2012. 模拟降雨条件下丹江鹦鹉沟小流域坡面径流氮素流失特征[J]. 水土保持学报，26（2）：1-5.

濮超，刘鹏，阚正荣，等. 2018. 耕作方式及还田对华北平原土壤全氮及其组分的影响[J].农业工程学报，34（9）：160-166.

沈浦，王才斌，于天一，等. 2017. 免耕和翻耕下典型棕壤花生铁营养特性差异[J].核农学报，31（9）：1818-1826.
沈其荣，徐国华. 2001. 小麦和玉米叶面标记尿素态 ^{15}N 的吸收和运输[J]. 土壤学报，38（1）：65-74.
石彦琴，高旺盛，陈源泉，等. 2010. 耕层厚度对华北高产灌溉农田土壤有机碳储量的影响[J].农业工程学报，26（11）：85-90.
隋常玲，张民. 2014. ^{15}N 示踪控释氮肥的氮肥利用率及去向研究[J].西北农业学报，23（9）：120-127.
孙波，王兴祥，张桃林. 2003. 红壤养分淋失的影响因子[J]. 农业环境科学学报，22（3）：257-262.
孙虎，李尚霞，王月福，等. 2010. 施氮量对不同花生品种积累氮素来源和产量的影响[J]. 植物营养与肥料学报，16（1）：153-157.
汤文广，周璋，林明献，等. 2018. 热带森林土壤气态氮损失及其对水分添加的响应[J]. 生态学杂志，37（11）：56-61.
汪庆兵，张建锋，陈光才. 2013. 基于 ^{15}N 示踪技术的植物-土壤系统氮循环研究进展[J]. 热带亚热带植物学报，21（5）：479-488.
王晶晶. 2015. 土壤作物系统中水分及其氢氧稳定同位素的动态与农田耗水特征[D]. 北京：中国农业大学.
王静，郭熙盛，王允青，等. 2012. 稳定氮同位素示踪技术在农业面源污染研究中的应用[J]. 安徽农业科学，40（4）：2213-2215.
王巧兰，吴礼树，赵竹青. 2007. ^{15}N 示踪技术在植物 N 素营养研究中的应用及进展[J]. 华中农业大学学报，26（1）：127-132.
王万忠，焦菊英. 1996. 中国的土壤侵蚀因子定量评价研究[J]. 水土保持通报，16（5）：1-20.
王在序，张思苏，余美炎，等. 1984. 应用 ^{15}N 对花生氮素化肥经济施用技术的研究——第 I 报：吸收利用率、残留量及损失量[J]. 花生学报，（3）：4-6.
吴波，孙华明，刘建军. 2018. 湘西北丘岗地油菜花生免耕连作栽培技术[J].农业科技通讯，（1）：223-225.
吴洵. 1983. 关于用同位素 ^{15}N 研究茶园氮素平衡问题的结果（二）[J]. 土壤通报，3：42-43.
谢宏峰，迟玉成，许曼琳，等. 2011. 保护性耕作的优势及其在花生生产中的应用前景[J].湖北农业科学，50（20）：4109-4111.
续勇波，蔡祖聪. 2014. 亚热带土壤氮素反硝化气态产物研究[J]. 生态环境学报，23（6）：932-937.
叶静，俞巧钢，杨梢娜，等. 2011. 有机无机肥配施对杭嘉湖地区稻田氮素利用率及环境效应的影响[J]. 水土保持学报，25（3）：87-91.
余海英，彭文英，马秀，等. 2011. 免耕对北方旱作玉米土壤水分及物理性质的影响[J]. 应用生态学报，22（1）：103-108.
张婧，李虎，朱国梁，等. 2017. 控释肥施用对土壤 N_2O 排放的影响：以华北平原冬小麦/夏玉米轮作系统为例[J].生态学报，37（22）：7624-7635.
张思苏，余美炎，王在序，等. 1988. 应用 ^{15}N 示踪法研究花生对氮素的吸收利用[J]. 中国油料，（2）：52-55.
张宪奎，许靖华，卢秀琴，等. 1992. 黑龙江省土壤流失方程的研究[J]. 水土保持通报，12（4）：1-9.
张妍，李发东，时鹏，等. 2018. 华北平原玉米种植中施入氮肥的去向研究[J].水土保持学报，32（4）：210-215.
赵登超，姜远茂，彭福田，等. 2006. 不同施肥时期对冬枣 ^{15}N 贮藏及翌年分配利用的影响[J]. 中国农业科学，39（8）：1626-1631.
赵广才，张保明，王崇义. 1998. 应用 ^{15}N 研究小麦各部位氮素分配利用及施肥效应[J]. 作物学报，24（6）：854-858.
郑永飞，陈江峰. 2000. 稳定同位素地球化学[M]. 北京：科学出版社.
周林飞，郝利朋，孙中华. 2011. 辽宁浑河流域不同土地类型地表径流和壤中流氮、磷流失特征[J]. 生态环境学报，20（4）：737-742.
周丕生，裴蓓，史益敏，等. 2003. 应用核素 ^{15}N 研究郁金香氮素的累积与分配[J]. 上海交通大学学报：农业科学版，21（4）：309-312，330.

周瑞庆，陈开铁，李合松，等. 1991. 应用 ^{15}N 示踪技术研究水稻对氮素的吸收利用[J]. 湖南农学院学报，17（4）：665-669.

朱兆良. 2008. 中国土壤氮素研究[J]. 土壤学报，45（5）：778-783.

Baker J L, Laflen J M. 1983. Water quality consequences of conservation tillage[J]. Soil and Water Conservation, 38(3)：186-193.

Chaney K, Paulson G A. 1988. Field experiments comparing ammonium nitrate and urea top-dressing for winter cereals and grassland in the UK[J]. Journal of Agricultural Science, 110(2)：285-299.

Epstein H E, Burke I C,Mosier A R. 1988. Plant effects on spatial and temporal patterns of nitrogen cycling in shortgrass steppe[J]. Ecosystems, 1(4)：374-385.

Jenkinson D S，Poulton P R，Johnston A E，et al. 2004. Turnover of nitrogen-15-labeled fertilizer in old grassland[J]. Soil Science Society of America Journal, 68(3)：865-875.

Legg J O, Allison F E. 1959. Recovery of ^{15}N-tagged nitrogen from ammonium-fixing soils[J]. Soil Science Society of America Journal, 23：131-134.

Matsushima M, Sangsun L, Jinhyeob K. 2009. Interactive effects of synthetic nitrogen fertilizer and composted manure on ammonia volatilization from soils[J]. Plant and Soil, 325(1)：187-196.

Moraghan J T T J, Regoand R J, Buresh P L G, et al. 1984. Labeled nitrogen fertilizer research with urea in the semi-arid tropics：2 Field studies on a Vertisol[J]. Plant Soil, 80：21-23.

Stevens R J, Laughlin R J. 1989. A microplot study of the fate of ^{15}N-labelled ammonium nitrate and urea applied at two rates to ryegrass in spring[J]. Fertilizer Research, 20 (1)：33-39.

Torbert H A, Mulvaney R L, Vanden Heuveland R M, et al. 1992. Soil type and moisture regime effects on fertilizer efficiency calculation methods in a nitrogen-15 tracer study[J]. Agronomy Journal, 84：66-70.

Westerman R, Kurtz L T. 1974. Isotopic and nonisotopic estimations of fertilizer nitrogen uptake by sudangrass in field experiments[J]. Soil Science Society of America Journal, 38：107-109.

Yun S, Ro H. 2009. Natural ^{15}N abundance of plant and soil inorganic-N as evidence for over-fertilization with compost[J]. Soil Biology and Biochemistry, 41(7)：1541-1547.

Zanetti S, Nösberger J. 1997. Does nitrogen nutrition restrict the CO_2 response of fertile grassland lacking legumes [J] ? Oecologia, 112(1)：17-25.

Zheng F, Huang C, Norton L D. 2004. Effects of near-surface hydraulic gradients on nitrate and phosphorus losses in surface runoff[J]. Journal of Environmental Quality, 33(6)：2174-2182.

Zhou J B, Xi J G, Chen Z J, et al. 2006. Leaching and transformation of nitrogen fertilizers in soil after application of N with irrigation：A soil column method[J]. Pedosphere, 16(2)：245-252.

第8章

红壤坡耕地氮素侵蚀和渗漏损失协同调控关键技术

第 7 章的质量平衡分析和 ^{15}N 稳定同位素示踪结果表明，除 NH_3、N_2O 等气体损失外，侵蚀流失和渗漏淋失是坡耕地氮素损失的主要途径，容易导致地表水体富营养化及地下水污染。采取科学合理的调控措施，减少氮素侵蚀和渗漏损失，对维系南方红壤坡耕地的可持续利用、保障区域乃至全国粮油安全具有重要的现实意义。同时，通过对典型红壤坡耕地氮素损失规律的深入分析，基本明确了氮素损失的途径、形态和通量。在此基础上，针对氮素进入水体环境的重点途径、主要形态和关键时间节点，选择科学合理的耕作措施、施肥方式与治理技术，综合采用源头削减—过程阻控—末端治理相结合的手段，减少氮素随地表径流泥沙和壤中渗漏向水体的迁移，以期有效地防控红壤坡耕地氮素损失对临近河湖水体的污染。

8.1 施肥耕种源头削减关键技术研发

源头削减技术主要是通过优化施肥方式和种植制度等来进行坡耕地氮素损失的防控，主要包括化肥减量化技术、种植制度优化、土壤调理剂施用、节水灌溉技术、农药减量化与残留控制技术等。本节研究结合红壤坡耕地典型油料作物，重点研发化肥减量化技术、生物炭和保水剂联合施用技术、花生-油菜种植制度优化技术。

8.1.1 减氮调控施肥技术

《全国农业可持续发展规划（2015—2030 年）》提出“以减量施肥用药、红壤改良、水土流失治理为重点，发展生态农业、特色农业和高效农业”。在保证作物产量和品质的前提下，研究红壤坡耕地减量施肥技术对减少环境污染具有现实意义。

国内外学者围绕氮肥减施技术已经开展了大量研究，并取得了丰硕成果，但集中在对玉米、水稻、小麦等作物进行研究，对本身可以固氮的花生的相关研究还不够深入（赵亚南等，2017；袁光等，2019）。花生与根瘤菌共生，其氮素营养特性与其他作物不同（赵秀芬和房增国，2005），且现有研究多集中在减量施氮对花生产量、农艺性状及氮素积累量的影响方面（万书波等，2000；袁光等，2019；林小兵等，2020），不仅缺少对氮素随侵蚀和渗漏等损失途径的同步研究（环境影响），还缺少对土壤残留等整个花生生长季氮素平衡的研究（土壤肥力），而“减肥”需要综合考虑生产目标、环境影响及土壤肥力的协调（巨晓棠和张翀，2021）。此外，已有“减氮”试验大部分是在原来过量施氮的田块进行，由于残留肥料氮较高，有时还可能维持 1～3 季甚至 1～3 年（巨晓棠和张翀，2021）。为明确减氮施肥对花生生产目标、环境及土壤肥力的综合影响，本节研究在江西水土保持生态科技园新开垦的径流小区（坡度均为 8°）开展试验观测，探究花生种植过程中作物产量差异、氮素侵蚀和渗漏损失特征以及氮素表观平衡，为红壤坡耕地豆科油料经济作物的合理施肥提供理论依据。

1. 试验设计

参考当地高量施肥水平与田间管理实际，设置 5 种施氮水平处理（表 8-1）：100%施氮量（$N_{100\%}$，纯施氮 180 kg/hm^2）、减 1/6 施氮量（$N_{1/6}$，纯施氮 150 kg/hm^2）、减 1/3 施氮量（$N_{1/3}$，纯施氮 120 kg/hm^2）、减 1/2 施氮量（$N_{1/2}$，纯施氮 90 kg/hm^2）和不施氮（N_0），每个处理重复 3 次，随机区组排列；磷肥和钾肥按五氧化二磷 75 kg/hm^2、氧化钾 150 kg/hm^2 水平施用。所有肥料混匀后撒施在小区内再翻耕土壤，翻耕深度为 20 cm。花生品种为‘纯杂 1016’，采取穴播方式，按株距 15～17 cm、行距 30～33 cm、穴深 4～5 cm，每个小区种植花生 9 行、3 列共 27 穴，每穴定苗 2 株。花生于 2019 年 5 月 8 日播种、8 月 20 日收获。

表 8-1 减氮调控施肥技术试验设计

小区编号	处理标记	施肥方案	耕作方案
A1-A3	N_0	不施氮肥，但常量施用磷肥和钾肥	花生常规耕作，翻耕深度 20 cm
B1-B3	$N_{1/2}$	按纯氮 90kg/hm^2 水平施尿素，常量施用磷肥和钾肥	花生常规耕作，翻耕深度 20 cm
C1-C3	$N_{1/3}$	按纯氮 120kg/hm^2 水平施尿素，常量施用磷肥和钾肥	花生常规耕作，翻耕深度 20 cm
D1-D3	$N_{1/6}$	按纯氮 150kg/hm^2 水平施尿素，常量施用磷肥和钾肥	花生常规耕作，翻耕深度 20 cm
E1-E3	$N_{100\%}$	按纯氮 180kg/hm^2 水平施尿素，常量施用磷肥和钾肥	花生常规耕作，翻耕深度 20 cm

2. 测定指标

在花生整个生长期进行逐场次降雨条件下的地表径流量、侵蚀泥沙量以及 0～60 cm 壤中流量观测，并采集水样检测氮素含量；60 cm 以下（花生根系深度一般不足 30 cm，故 60 cm 以下可视为根层以下）深层渗漏量根据水量平衡原理计算。本试验中的渗漏量包括 0～60 cm 壤中流量和深层渗漏量两部分；花生收获时按实收统计花生产量及农艺性状，并按 0～5 cm、5～10 cm、10～15 cm、15～20 cm、20～30 cm、30～40 cm、40～60 cm、60～80 cm 和 80～100 cm 土层深度多点采集土壤样品，进行土壤铵态氮和硝态氮含量的测定；同时，取环刀样测定土壤容重。花生地氮素平衡等指标的计算参照相关文献郭守春（2013）和刘学军等（2001）。

1）对侵蚀与渗漏污染的影响

如图 8-1 所示，在本试验中，各处理渗漏 TN 平均浓度均在《地下水质量标准》（GB/T 14848—2017）III 类标准值（20 mg/L）以下，对地下水威胁不大；而各处理地表径流 TN 平均浓度均超过《地表水环境质量标准》（GB 3838—2002）IV 类水标准值（1.5 mg/L），其中 $N_{100\%}$处理地表径流 TN 平均浓度已超过地表水 V 类水标准值（2 mg/L），进入河湖水体后存在诱发富营养化的风险。因此，在红壤花生坡耕地可以采取增加土壤入渗而降低地表径流的措施，如破除土壤表面的硬壳、喷施一定计量的化学物质（如土壤改良剂）等（刘海军和康跃虎，2002）。如图 8-2 所示，氮素随地表径流泥沙输出通量不仅与 TN 浓度有关，还与产流产沙量有关。在本试验中，$N_{100\%}$处理 TN 地表径流泥沙流失量为 9.43 kg/hm^2，$N_{1/2}$ 处理 TN 地表径流泥沙流失量最小（7.15 kg/hm^2），N_0 处理 TN 地表径流泥沙流失量最大（12.26 kg/hm^2）。$N_{100\%}$和 $N_{1/2}$ 处理的 TN 地表径流泥沙流失量较小，可能与这两种处理花生植株生物量高（表 8-2）、植株长势良好（表 8-3），对地表径流泥沙挟带的氮素等养分拦截作用较强有关。因此，在红壤花生坡耕地还可以采取增加植被覆盖度的措施，如套种间种和营造植物篱等，达到减少地表径流及其输沙，从而减少氮素侵蚀流失的效果。

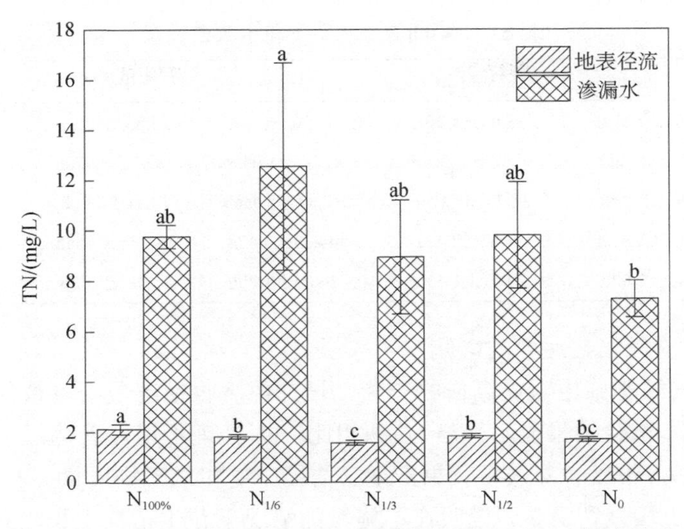

图 8-1　不同施氮水平下花生地地表径流和渗漏水 TN 输出浓度

$N_{100\%}$、$N_{1/6}$、$N_{1/3}$、$N_{1/2}$、N_0分别表示 100%施氮量、减 1/6 施氮量、减 1/3 施氮量、减 1/2 施氮量和不施氮处理。带误差线的柱状图表示平均值±标准差，处理之间不同字母表示差异显著，LSD 检验（P<0.05）。下同

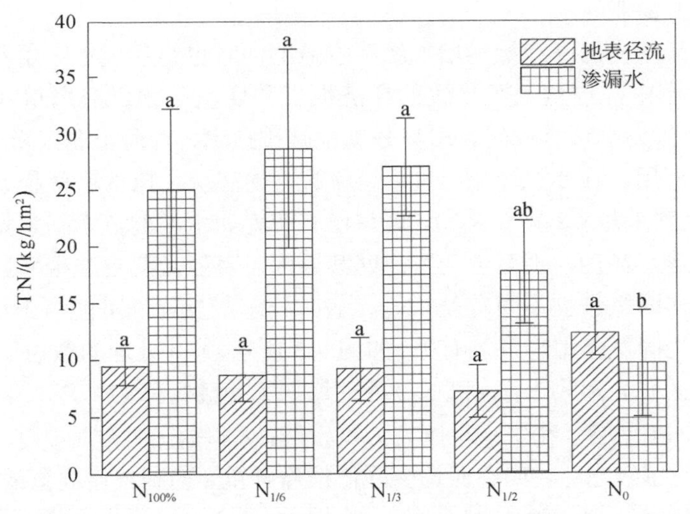

图 8-2　不同施氮水平下花生地氮素随地表径流和渗漏水的输出通量

图中地表径流 TN 输出通量包括地表径流水相和侵蚀泥沙相两部分

表 8-2　不同施氮水平下花生生物量及氮素积累量　（单位：kg/hm²）

处理	荚果产量	秸秆产量	总干物质量	植株氮素积累量
$N_{100\%}$	4526.42±1400.37a	3808.53±545.07a	8334.95±1902.73a	244.51±58.26a
$N_{1/6}$	3340.58±551.25ab	3074.85±241.46ab	6415.43±791.91ab	196.32±22.86ab
$N_{1/3}$	2663.97±830.51b	2942.73±686.53ab	5606.70±1475.97b	168.99±14.38b
$N_{1/2}$	3837.15±1037.67ab	3016.44±386.88ab	6853.59±1424.28ab	196.96±56.60ab
N_0	2661.39±397.73b	2478.38±463.93b	5139.77±830.04b	158.68±19.74b

注：表中数据为平均值±标准差；同列不同字母表示各处理之间差异显著，LSD 检验（P<0.05），下同。

表 8-3 不同施氮水平下花生农艺性状

处理	主茎长/cm	株高/cm	冠幅/cm	饱果数/个	原始分枝数/枝
$N_{100\%}$	25.60±3.53a	38.07±4.20a	44.90±1.57a	22.83±5.08a	10.03±0.57a
$N_{1/6}$	19.90±4.16ab	31.07±4.26ab	42.60±1.04ab	18.47±3.97ab	8.33±0.74ab
$N_{1/3}$	19.90±5.17ab	31.73±5.21ab	37.37±2.45ab	12.91±4.00b	6.93±2.05b
$N_{1/2}$	26.83±1.81a	39.57±3.12a	44.33±3.47a	18.77±4.65ab	8.70±0.35ab
N_0	17.43±2.02b	29.77±1.63b	36.02±1.70b	12.73±1.63b	6.80±0.66b

2）对花生产量与农艺性状的影响

世界范围内，氮肥施用对提高作物产量、增加经济收益起了不可替代的作用（巨晓棠和张翀，2021）。本试验结果显示，与 $N_{100\%}$相比，N_0 处理不仅显著降低了几乎所有的农艺性状指标（表 8-3），还显著降低了荚果产量、秸秆产量和总干物质量（表 8-2），同时 N_0 处理降低了 44.61%土壤残留氮量，说明在不施氮的情况下花生植株生长消耗了土壤氮，长期下去必然消耗地力、影响农作物产量和品质。这表明虽然根瘤菌固氮在满足花生氮素需求及提高产量方面有一定作用，但花生自身的固氮作用不能满足其高产对氮素营养的需求，所以仍需施用适量氮肥。

氮肥的大量投入在提高产量和增加经济收益的同时也给环境带来了不利的影响，特别在集约化农业生产中，过量氮肥导致的经济损失和环境问题日益严重（巨晓棠和张翀，2021）。减量施肥作为一项有效的农田养分原位减排技术，目前正在玉米、水稻、小麦等种植体系大力推广应用。在本试验中，$N_{1/2}$ 处理的花生产量、植株氮素积累量和农艺性状均优于 $N_{1/6}$、$N_{1/3}$ 处理（表 8-2 和表 8-3），这与已有研究如水稻的氮素积累量随着施氮量增加而增加（张桂莲等，2019）不完全一致。究其原因，可能是花生与根瘤菌共生，其氮素营养特性与水稻等非固氮作物不同有关。$N_{1/6}$、$N_{1/3}$ 处理产量降低可能与土壤中高铵态氮、硝态氮含量导致花生固氮作用降低等有关。如图 8-3 所示，$N_{1/3}$ 处理的铵态氮含量在 0～20 cm 土层（花生主根区）分别较 $N_{100\%}$和 $N_{1/2}$ 处理增加了 49.8%和 127.9%，且 $N_{1/6}$ 处理的硝态氮含量在 0～20 cm 土层（花生主根区）分别较 $N_{100\%}$和 $N_{1/2}$ 处理增加了 70.0%和 59.3%。已有研究发现，土壤铵态氮、硝态氮均会降低根瘤鲜重，抑制根瘤固氮酶活性（宋海星等，1997）。硝态氮可以作为重要的信号分子调控植物对氮素的响应、吸收、代谢相关基因的表达。土壤中高浓度的硝酸盐抑制了豆科植物与根瘤菌间的共生固氮作用，从而影响植物的生长和发育（罗振鹏和谢芳，2019）。

3）对氮素表观平衡的影响

氮平衡研究是评价生态系统中氮素循环和氮肥去向的有力工具，也是研究土壤氮素利用与损失的常用方法之一。表 8-4 列出了整个花生生长季的氮素平衡结果。如表 8-4 所示，本试验观测结果表明，肥料氮占氮素总输入的 29.7%～45.8%（不含 N_0 处理）；矿化氮和土壤起始氮占氮素输入的 49.8%～91.7%，说明该试验地有较强的供氮能力；肥料氮、矿化氮及土壤起始氮是红壤花生坡耕地氮素输入的主要途径（91.7%～95.1%）。在施氮处理的氮素输出项中，渗漏淋失的氮占总损失量的 28.6%～50.0%，侵蚀流失的氮占总损失量的 9.7%～20.5%，二者之和即水体损失的氮量（39.4%～70.5%）高于气体等其他表观损失的氮量（29.5%～60.6%），表明渗漏淋失和侵蚀流失是红壤花生坡耕地氮素损失的主要途径，与同类地区已有研究结果（何园球等，2002）一致。因此，采取有效措施减少红壤坡耕地氮素养分随侵蚀和渗漏的损失，提高肥料利用率势在必行。

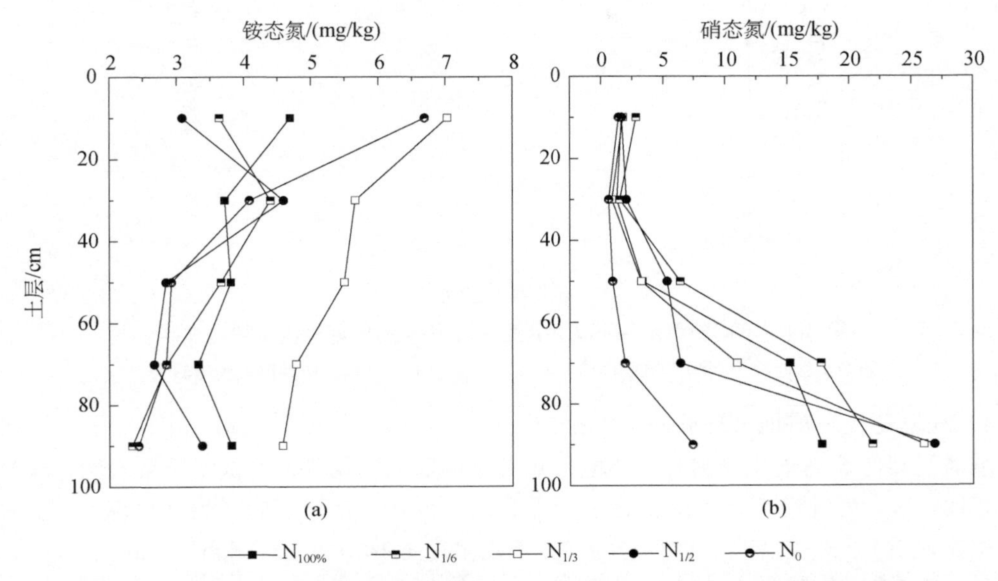

图 8-3 不同施氮水平下花生地铵态氮（a）和硝态氮（b）在土壤剖面中的分布

表 8-4 不同施氮水平下花生地整个生长季的氮素平衡 （单位：kg/hm²）

	项目	$N_{100\%}$	$N_{1/6}$	$N_{1/3}$	$N_{1/2}$	N_0
氮素输入	氮肥	180	150	120	90	0
	氮素矿化氮	136.40	136.40	136.40	136.40	136.40
	土壤起始氮	59.31	59.31	59.31	59.31	59.31
	降水氮	6.09	6.09	6.09	6.09	6.09
	种子氮	11.56	11.56	11.56	11.56	11.56
	总量	393.36	363.36	333.36	303.36	213.36
氮素输出	作物吸收	244.51	196.33	168.99	196.96	158.68
	土壤残留	73.50	77.78	70.38	71.44	32.85
	侵蚀流失	9.43	8.62	10.15	7.15	12.26
	渗漏淋失	23.50	28.65	26.85	17.49	9.57
	气体等其他损失	42.42	51.98	56.99	10.32	0
	总损失	75.35	89.25	93.99	34.96	21.83
	总量	393.36	363.36	333.36	303.36	213.36

对旱坡花生地氮素不同途径输出量（y）与施氮量（x）进行曲线拟合（图 8-4）。花生植株的吸氮量和侵蚀流失的氮素随着施氮量的增加呈先减小后增加的趋势，其回归方程分别为 y=0.0030x^2−0.1464x+162.12 (R^2=0.7323)和 y=0.0003x^2−0.065x+12.09（R^2=0.6435）。土壤残留的氮素和渗漏淋失的氮素随着施氮量的增加呈先增加后减小的趋势，其回归方程分别为 y=−0.0019x^2+0.5764x+33.049 (R^2=0.982)和 y=−0.0005x^2+0.1905x+8.9076（R^2=0.8265）。

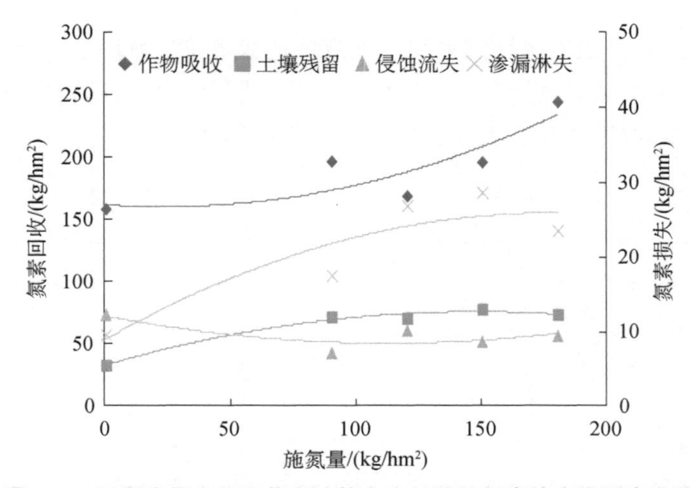

图 8-4 不同施氮水平下花生地整个生长季的氮素输出及拟合曲线

图中氮素回收分别为作物吸收和土壤残留，氮素损失分别为侵蚀流失和渗漏淋失

4）红壤花生坡耕地合理施氮量的确定

减氮需要综合考虑生产目标、环境影响及土壤肥力的协调。本试验结果表明，与 $N_{100\%}$ 处理相比，$N_{1/2}$ 处理没有显著降低花生产量和农艺性状（$P>0.05$）（生产目标）；与 $N_{100\%}$ 处理相比，$N_{1/2}$ 处理显著降低地表径流 TN 平均浓度（$P<0.05$），降幅达 14.0%；同时，$N_{1/2}$ 处理 TN 地表径流泥沙流失量和 TN 渗漏淋失量均最小（环境影响）。因此，推荐 $N_{1/2}$ 处理的 90 kg/hm^2 氮肥施用量为红壤花生坡耕地的合理施氮量。

花生可以与根瘤菌共生固氮，其与水稻、小麦、玉米等作物氮素营养特征不同，本试验结果表明花生地减氮施肥是必要的。合理施氮除了确定合理的施氮量（right amount）外，还包括其他三个方面，即正确的氮肥品种（right type）、正确的施氮时期（right time）和正确的施氮位置（right place）（简称“4R”）。在今后的研究中，综合考虑“4R”技术和提高花生与根瘤菌的固氮能力将是未来研究的重点内容。

8.1.2 生物炭与保水剂联合施用技术

生物炭是有机废弃物资源化利用的产物，在固碳减排、净化水质、环境修复方面具有巨大的潜力和发展空间，对生态环境可持续发展和资源循环利用具有重要的战略意义。尽管围绕生物炭对土壤理化性质、作物产量等影响方面开展了大量研究，但综合考虑生物炭对坡耕地产流产沙和养分流失影响的研究尚不多见，统筹考虑生物炭对红壤坡耕地作物产量、侵蚀产沙及养分流失影响的研究尚未见报道。因此，应用生物炭开展红壤坡耕地氮素流失防控前需要进行针对性的系统研究。

为此，本节研究在江西水土保持生态科技园，以花生-油菜轮作作为试验对象，基于带深层渗漏收集功能的实验土槽开展生物炭（BC）和新型亲水性聚氨酯材料（W-OH）对红壤坡耕地氮素损失影响的控制试验，共设置 7 个处理（表 8-5），每个处理重复 3 次，随机排列。试验于 2019 年 5 月～2020 年 4 月在自然降雨条件下开展，为期 1 年。试验期间，对实验土槽开展自然降雨条件下的产流产沙观测，同时收集径流泥沙样品检测氮素含量，作物收获时观测作物生长与产量状况。

表 8-5 生物炭与保水剂施用试验设计

处理	添加材料及用量	试验设施	种植制度
CK	0	具有地表径流、侧向壤中流和深层渗漏水收集功能的实验土槽，坡度 8°	花生-油菜
BC10	10 t/hm^2 BC		
BC20	20 t/hm^2 BC		
BC40	40 t/hm^2 BC		
BC80	80 t/hm^2 BC		
W-OH	30m^3/hm^2 W-OH（3%）		
W-OH + BC20	30m^3/hm^2 W-OH（3%）+20 t/hm^2 BC		

1. 对氮径流和渗漏的影响

1）氮素含量

试验观测期间，各径流组分 TN 含量如图 8-5 所示。施用生物炭对径流 TN 含量的影响以降低径流 TN 含量为主，少量施用生物炭（≤20 t/hm^2）导致总径流、深层渗漏 TN 含量分别减少了 19.6%～52.0%、15.6%～38.6%，而大量施用生物炭（≥40 t/hm^2）则导致总径流、深层渗漏 TN 含量分别增加了 7.4%～20.7%、28.2%～41.7%；无论用量多少，施用生物炭均导致侧向壤中流 TN 含量降低了 10.0%～27.1%、地表径流 TN 含量增加了 0.5%～220.7%。喷施 W-OH 对径流 TN 含量的影响以降低 TN 含量为主，喷施 W-OH 导致总径流、侧向壤中流、深层渗漏 TN 含量分别降低了 23.5%、16.0%、33.6%，地表径流 TN 含量增加了 107.9%；同步施用生物炭和 W-OH 后，总径流、侧向壤中流、深层渗漏 TN 含量分别降低了 9.7%、26.3%、21.7%，地表径流 TN 含量则增加了 105.9%。

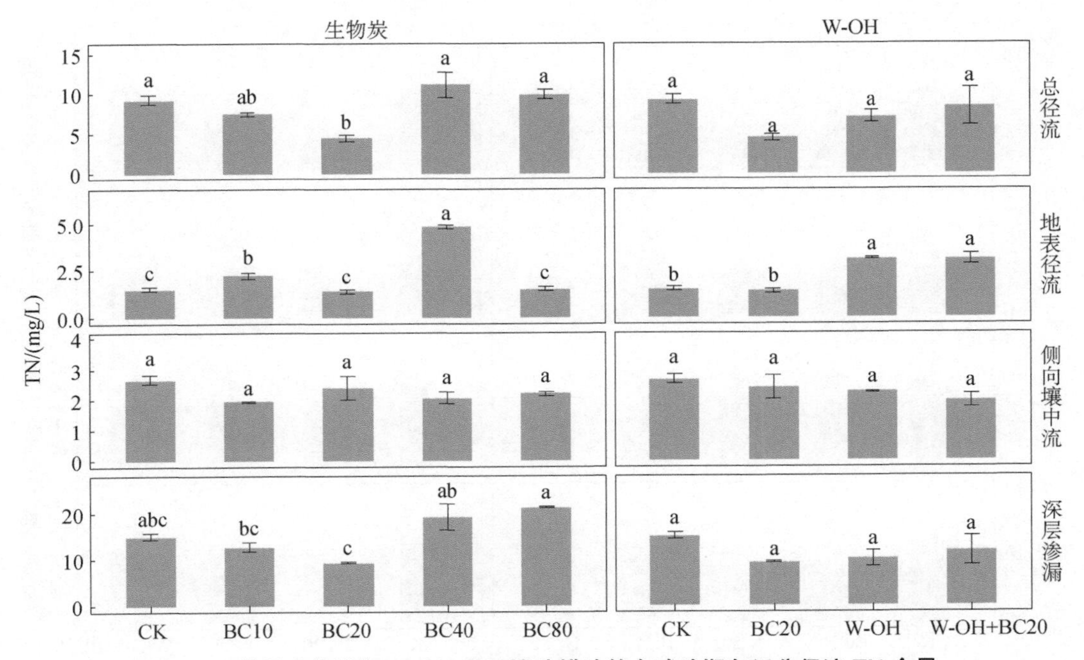

图 8-5 施用生物炭与 W-OH 后红壤坡耕地整个试验期各组分径流 TN 含量

进一步分析施用生物炭与 W-OH 对花生生长季与油菜生长季各径流组分 TN 含量的影响结果，如图 8-6 所示。总体而言，花生生长季，施用生物炭对径流 TN 含量的影响以增加 TN 含量为主，施用生物炭导致花生生长季总径流、地表径流、侧向壤中流、深层渗漏 TN 含量分别增加了 0.3%～59.2%、4.6%～324.6%、7.4%～22.5%、5.3%～63.4%；喷施 W-OH 对花生生长季径流 TN 含量的影响以降低 TN 含量为主，喷施 W-OH 导致花生生长季总径流、侧向壤中流、深层渗漏 TN 含量降低了 14.0%、8.1%、18.5%，地表径流 TN 含

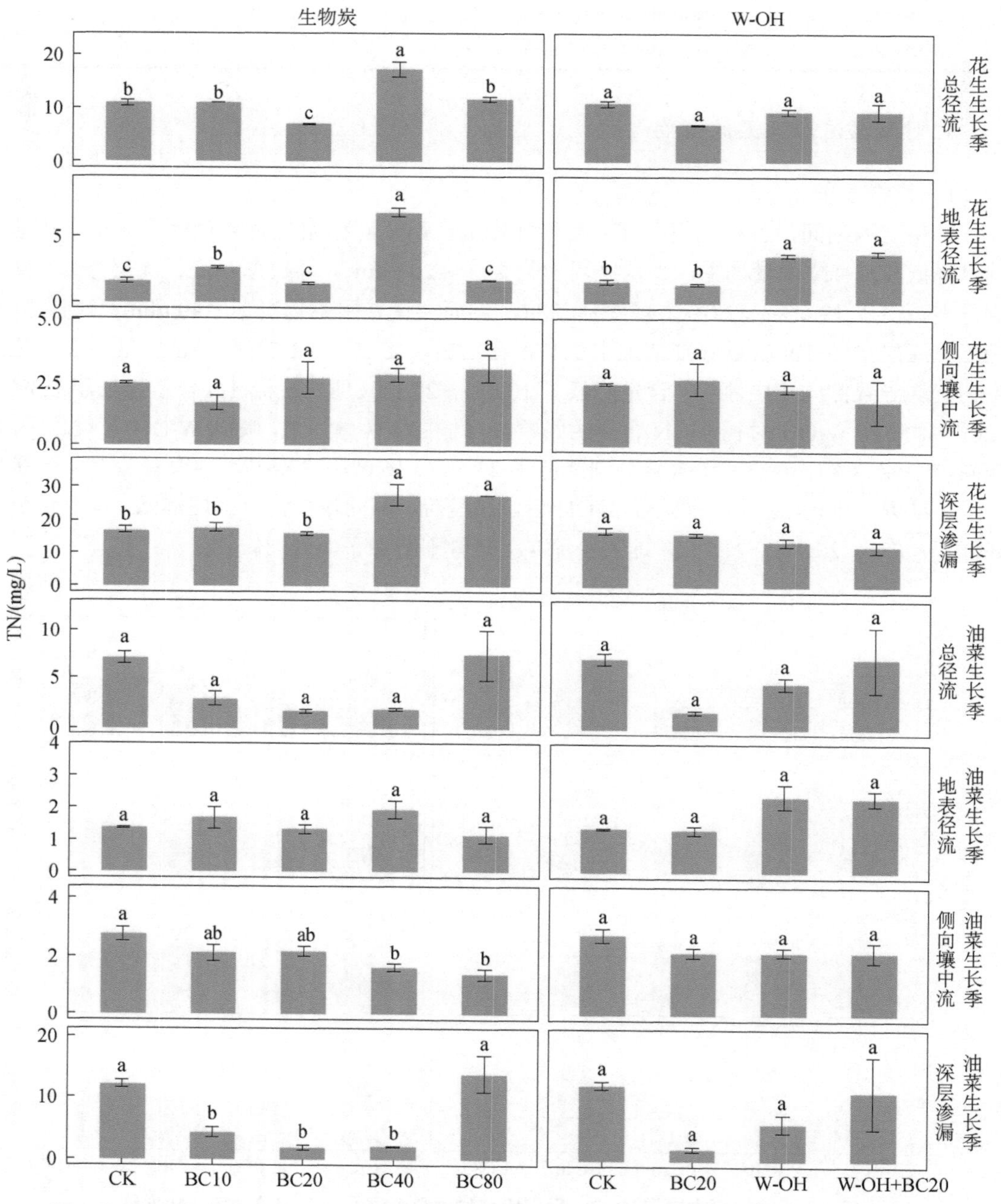

图 8-6 施用生物炭与 W-OH 后红壤坡耕地花生生长季与油菜生长季各组分径流 TN 含量

量增加了125.7%，同步施用生物炭和W-OH后，花生生长季总径流、侧向壤中流、深层渗漏TN含量降幅分别增至14.3%、29.1%、27.8%，地表径流TN含量增幅增至135.6%。而在油菜生长季，施用生物炭和喷施W-OH对径流TN含量的影响则以降低TN含量为主：施用生物炭导致油菜生长季总径流、侧向壤中流、深层渗漏TN含量分别降低了58.7%～76.2%、21.1%～49.7%、64.8%～84.9%，地表径流TN含量增加了22.7%～39.4%；喷施W-OH导致总径流、侧向壤中流、深层渗漏TN含量分别降低了35.4%、20.7%、50.4%，地表径流TN含量增加了73.3%。同步施用生物炭和W-OH后，油菜生长季总径流、侧向壤中流、深层渗漏TN含量降幅依次为0.6%、21.2%、8.8%，地表径流TN含量增加了69.5%。

总体而言，少量施用生物炭（≤20 t/hm^2）减少了红壤坡耕地径流TN含量，当生物炭施用量≥40 t/hm^{2}时，红壤坡耕地径流TN含量有所增加，喷施W-OH导致红壤坡耕地径流TN含量有所降低。施用生物炭对红壤坡耕地花生生长季径流TN含量的影响以增加TN含量为主，对油菜生长季径流TN含量的影响以降低TN含量为主。喷施W-OH能有效降低径流TN含量，同步施用生物炭后，效果有所减弱。

2）氮素输出量

试验观测期间，红壤坡耕地各径流组分TN输出量如图8-7所示。施用生物炭和喷施W-OH减少了径流TN输出量。施用生物炭导致总径流、深层渗漏TN输出量分别减少了20.8%～73.4%、23.2%～77.6%，地表径流、侧向壤中流TN输出量分别增加了10.1%～131.0%、9.7%～26.6%。喷施W-OH对红壤坡耕地径流TN输出量的影响以降低TN输出量为主，喷施W-OH导致总径流、深层渗漏TN输出量分别降低了39.4%、45.5%，地表径流、侧向壤中流TN输出量分别增加了33.5%、30.3%；同步施用生物炭后，总径流、深层渗漏TN输出量分别降低了32.2%、36.1%，地表径流、侧向壤中流TN输出量则分别增加了13.9%、13.7%。

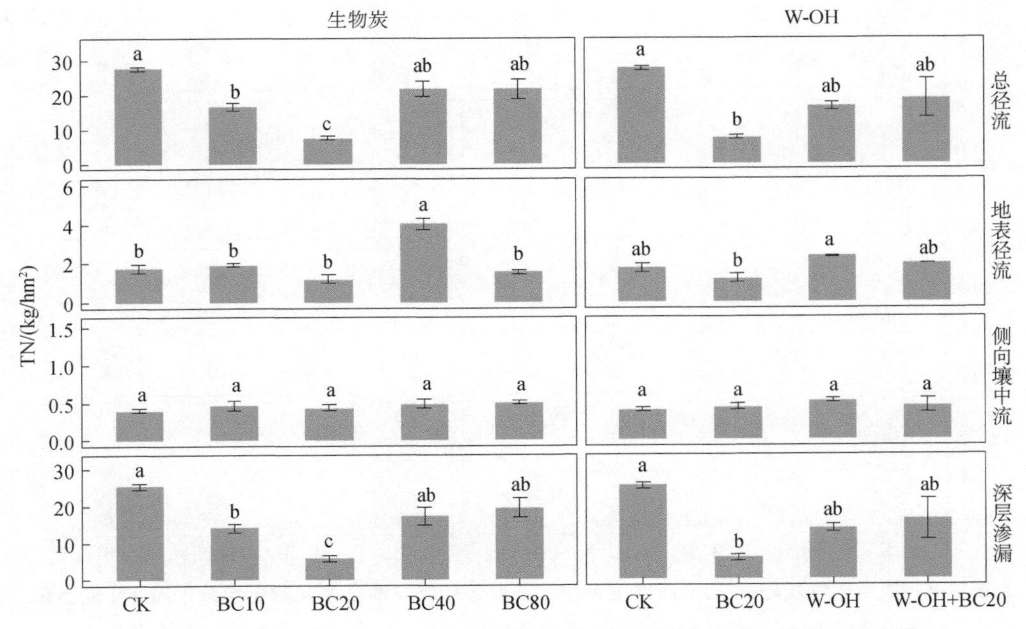

图8-7 施用生物炭与W-OH后红壤坡耕地整个试验期各组分径流TN输出量

施用生物炭与 W-OH 对花生生长季与油菜生长季各组分径流 TN 输出量影响结果如图 8-8 所示。总体而言，施用生物炭对红壤坡耕地花生生长季径流 TN 输出的影响以减少 TN 输出为主，施用生物炭导致红壤坡耕地花生生长季总径流、深层渗漏 TN 输出量分别减少了 19.9%～67.7%、4.2%～70.6%，地表径流、侧向壤中流 TN 输出量分别增加了 14.7%～229.5%、13.1%～114.5%。花生生长季，喷施 W-OH 对红壤坡耕地径流 TN 输出量的影响以减少 TN 输出量为主，喷施 W-OH 导致红壤坡耕地花生生长季总径流、深层渗漏 TN 输

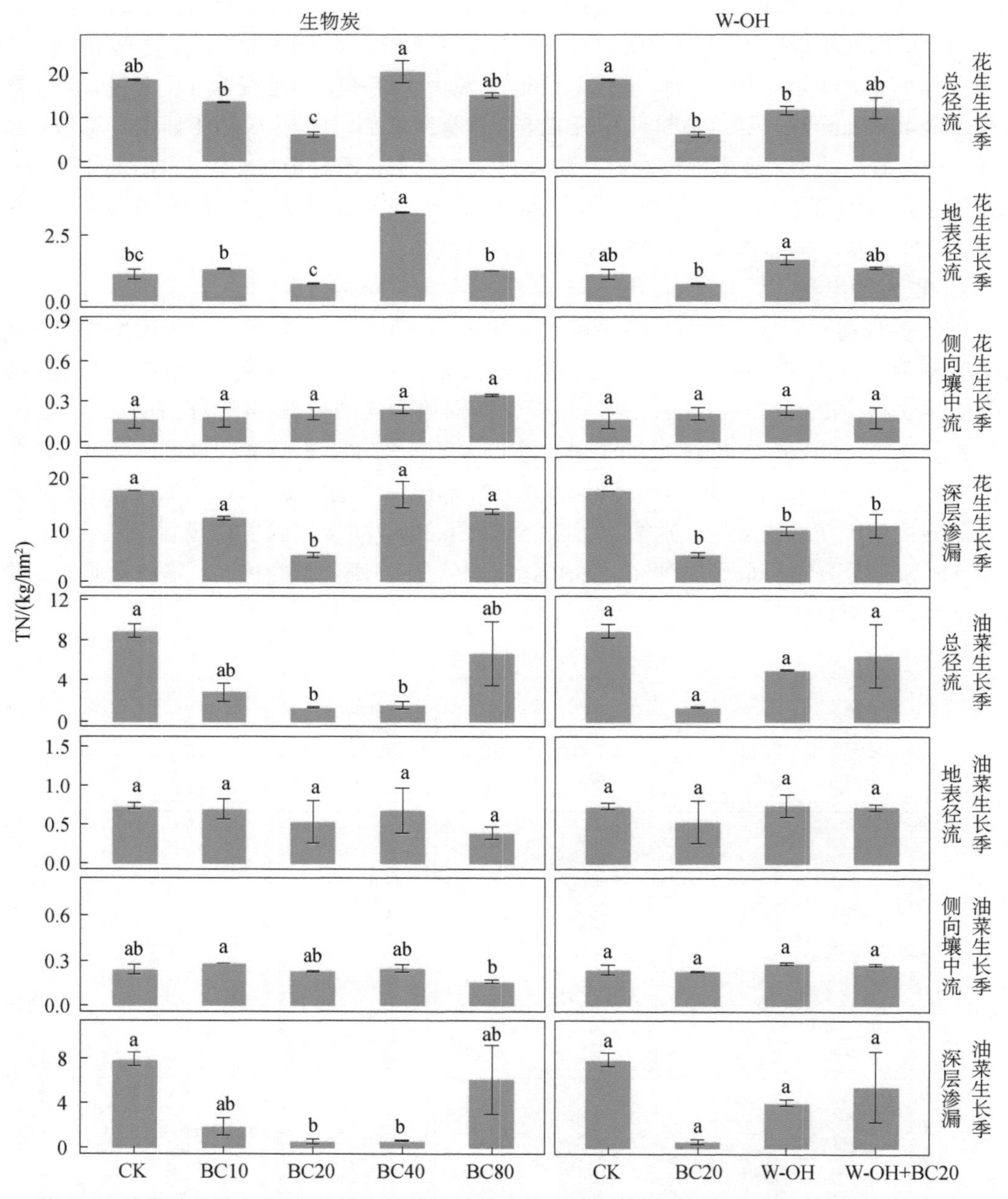

图 8-8 施用生物炭与 W-OH 后红壤坡耕地花生生长季与油菜生长季各组分径流 TN 输出量

出量分别减少了 37.6%、43.8%，地表径流、侧向壤中流 TN 输出量分别增加了 56.3%、46.4%，同步施用生物炭后，花生生长季总径流、深层渗漏 TN 输出量分别减少了 34.4%、38.3%，地表径流、侧向壤中流 TN 输出量分别增加了 24.9%、10.7%。而在油菜生长季，施用生物炭和喷施 W-OH 对径流 TN 输出量的影响也以减少 TN 输出量为主：施用生物炭导致油菜生长季总径流、地表径流、侧向壤中流、深层渗漏 TN 输出量分别减少了 25.4%～85.3%、6.0%～46.0%、3.8%～33.1%、23.3%～93.1%；喷施 W-OH 导致油菜季总径流、深层渗漏 TN 输出量分别减少了 43.2%、49.2%，地表径流、侧向壤中流 TN 输出量分别增加了 1.7%、19.4%，同步施用生物炭后，油菜季总径流、地表径流、深层渗漏 TN 输出量分别减少了 27.5%、1.6%、31.2%，侧向壤中流 TN 输出量增加了 15.8%。

总体而言，施用生物炭和喷施 W-OH 减少了红壤坡耕地径流 TN 输出量。施用生物炭对红壤坡耕地花生生长季和油菜生长季径流 TN 输出量的影响均以减少 TN 流失为主，但花生生长季地表径流和侧向壤中流 TN 流失有所增加。喷施 W-OH 能有效减少径流 TN 流失，但地表径流和侧向壤中流 TN 流失有所增加；同步施用生物炭对喷施 W-OH 后的效果没有明显影响。

2. 对作物生长及产量的影响

1）花生

不同生物炭施用量处理，花生收获后根、茎、叶和荚果的鲜重、干重如图 8-9 所示。可以看出，花生各部分鲜重和干重均随着施用生物炭量的增加先增大后减小，其中最适添加量为 20 t/hm^2。以荚果干重来反映的花生产量，表现为 CK＜BC80＜BC10＜BC40＜BC20，可以看出，单施用生物炭量为 20 t/hm^2 时，花生产量最大，比 CK 提高了 473.68%，BC10、BC40 和 BC80 处理花生产量分别比 CK 处理提高了 192.10%、11.86% 和 309.17%。

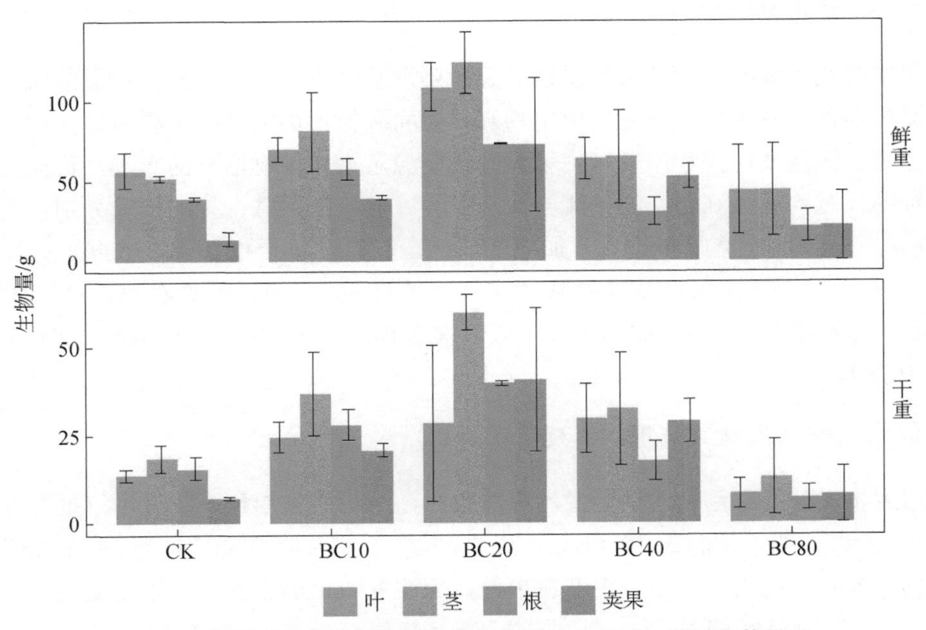

图 8-9 施用生物炭后红壤坡耕地花生根重、茎重、叶重和荚果重

2）油菜

不同生物炭施用量处理的油菜根鲜重、茎鲜重、根干重、茎干重、单株有效角果数和油菜籽重如图 8-10 所示。结果表明，尽管油菜根鲜重、茎鲜重、根干重、茎干重、单株有效角果数并非严格随着生物炭施入量的增加而增大，但总体上随着生物炭施用量的增加而呈上升趋势。从油菜籽重来看，BC10、BC20、BC40 和 BC80 分别为 18.67 g、25.78 g、27.24 g、28.28 g，分别比 CK 处理提高了 7.69%、45.40%、53.61%和 59.47%，随着生物炭施入量增加，油菜籽重逐渐增加。

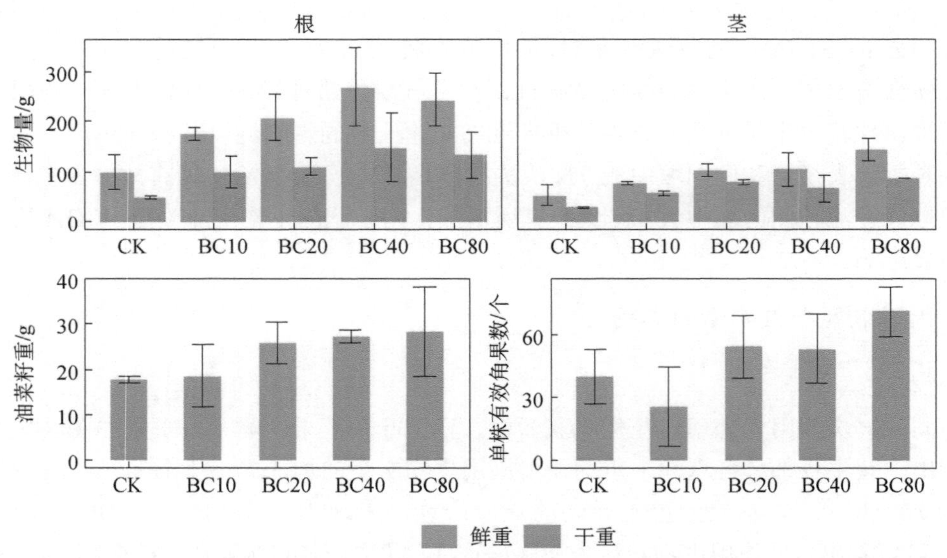

图 8-10 施用生物炭后红壤坡耕地油菜根和茎干/鲜重、单株有效角果数以及油菜籽重

3. 投入-产出分析

施用生物炭、W-OH 对红壤坡耕地面源污染削减的收益主要包括：径流削减、泥沙拦截与氮流失拦截。鉴于不减产是应用生物炭开展面源氮污染削减的重要前提，综合考虑径流泥沙流失、氮流失、作物产量对生物炭削减面源污染和作物增产的影响，将花生、油菜增产指标的权重均设为 0.25，将径流、泥沙流失、氮流失拦截指标的权重分别设为 0.05、0.15、0.30。对各项收益归一化后，加权获取综合收益，结合投入成本数据，计算单位投入收益，并基于单位投入收益进行降序排列，结果见表 8-6。不难看出，施用生物炭和 W-OH 后，各处理的单位投入收益由高到低依次为 BC20＞BC10＞W-OH＞W-OH + BC20＞BC40＞BC80。

4. 红壤坡耕地生物炭施用技术建议

应用生物炭开展红壤坡耕地面源污染防治时，生物炭施用量不宜过多，推荐施用量为 10～20 t/hm^2，一般不应超过 40 t/hm^2；保水剂以 3%左右的 W-OH 按照 30 m^3/hm^2 的用量施用为宜。同时，施用后发生降雨产流事件，应注意防止小流量、高浓度侧向壤中流的次生影响。

表 8-6 施用生物炭和 W-OH 后增产与面源污染削减效应及投入成本

处理	效应						投入成本/（万元/hm^2）	单位投入收益	排序
	花生增产	油菜增产	径流拦截	泥沙拦截	TN拦截	综合			
BC10	0.66	0.01	0.23	0.00	0.37	0.290	10	0.029	2
BC20	0.87	0.00	1.00	0.54	1.00	0.648	20	0.032	1
BC40	0.95	0.32	0.56	0.73	0.00	0.454	40	0.011	5
BC80	0.12	1.00	0.28	0.97	0.02	0.446	80	0.006	6
W-OH	0.00	0.04	0.00	0.90	0.35	0.250	11.7	0.021	3
W-OH+ BC20	1.00	0.13	0.19	1.00	0.22	0.506	31.7	0.016	4

注：表中花生增产、油菜增产、径流拦截、泥沙拦截、TN 拦截效应均为对应效应的归一化值，综合为各效应指标按照书中所述权重加权求和计算得到；投入成本为原始数据。

为了提高红壤坡耕地生物炭的面源污染防治效果，生物炭使用间隔以少于 1 年为宜，且尽量避免在高强度、长历时降雨期间或前期施用，结合区域降雨实际，与秋播作物基肥同步施用效果更佳。常规翻耕红壤坡耕地，一般在翻地施基肥时，同步撒施生物炭，并与翻耕的表土层均匀混合。少免耕坡耕地，可以在开沟或开穴时，同步撒施生物炭，并在覆土时与表土混合均匀。少量施用时，亦可于雨后均匀撒施在坡耕地表面。

8.1.3 种植制度优化技术

1. 对产流产沙的影响

人类的农耕活动，特别是不合理的开发利用会进一步加剧土壤侵蚀，从而增加坡耕地面源污染物的输出风险。优化种植制度是治理坡耕地水、土和养分流失的重要措施之一。本节研究在江西水土保持生态科技园，选择 10° 坡耕地设置不同种植制度的径流小区开展了长期定位观测，选择 2012～2018 年连续 7 年的观测数据进行分析，试验小区详见杨洁等（2017）。种植制度试验设计见表 8-7。

表 8-7 种植制度试验设计

处理	重复	描述
裸地对照	3	不种植农作物，作为对照
花生单作	3	4～8 月种植花生
油菜单作	3	10 月至次年 4 月种植油菜
花生-油菜轮作	3	4～8 月种植花生，10 月至次年 4 月种植油菜

不同种植制度下连续 7 年的定位观测分析见表 8-8。由表 8-8 可知，不同种植制度对地表径流深的影响差异明显，地表径流深从大到小依次为裸地对照＞油菜单作＞花生单作＞花生-油菜轮作。油菜单作的地表径流深接近裸地对照，与试验区降雨集中在花生生长季有关；花生单作比裸地对照减少地表径流深 38.9 mm，说明雨季种植花生可以减少地表径流，减流效益达 14.98%；花生-油菜轮作地表径流深比花生单作减少 9.9 mm，说明花生-油菜轮作方式比不轮作的花生地具有明显的减流效益，达 4.48%。

表 8-8 不同种植制度下产流产沙情况

处理	年均径流深/mm	减流率/%	土壤侵蚀模数/[t/（km^2·a）]	减蚀率/%
裸地对照	259.7	—	9078	—
花生单作	220.8	14.98	5769	36.45
油菜单作	259.2	0.18	7970	12.21
花生-油菜轮作	210.9	18.79	3163	65.16

由表 8-8 可知，不同种植制度对土壤侵蚀模数的影响差异明显，土壤侵蚀模数从大到小依次为裸地对照＞油菜单作＞花生单作＞花生-油菜轮作。油菜单作比裸地对照土壤侵蚀模数小 1108 t/（km^2·a），种植油菜可以显著减少土壤侵蚀量 12.21%，而花生单作比裸地对照土壤侵蚀模数减少 3309 t/（km^2·a），减蚀效益达 36.45%，说明种植农作物减沙效益显著，农作物的生长可以起到明显的减蚀作用；花生-油菜轮作比花生单作土壤侵蚀模数减少 2606 t/（km^2·a），减蚀效益达 45.17%，说明花生-油菜轮作比只种植一季花生的减蚀效益更加明显。

2. 对作物产量产值的影响

前述分析表明，不同种植制度对坡面产流产沙影响显著，增加复种指数可以明显减少水土流失，进而减少氮素等养分流失。江西油菜、花生、芝麻三大油料作物种植面积常年达 1200 万亩，总产达 120 万 t（肖国滨等，2020）。当前，种植油料作物的红壤旱地复种指数低，红壤旱地绝大部分是二年三茬“冬油菜—春花生—秋芝麻”或一年一茬“冬闲—春花生”“冬油菜—夏秋闲”，复种指数仅约 1.5，甚至只有 1.0。提高三大油料作物单产水平、增加耕地复种指数，提高现有耕地单位面积油料产量，是增加油料总供给的重要且现实途径。为此，在江西省红壤研究所试验基地进行了红壤坡耕地周年三茬油料作物种植的大田试验，对作物产量产值进行了监测分析。

试验结果（表 8-9）表明，红壤坡耕地周年三茬油料作物（油菜—花生—芝麻）种植模式在一个周年内，以一年一茬油料作物（油菜或花生或芝麻）种植模式为对照，虽然在单个油料作物产量上稍有减产，但能同时生产油菜、花生和芝麻 3 种油料作物，油料作物的总产量成倍或接近成倍增加；从产值上看，单个油料作物的产值稍有下降，但可以增加总产值 1.95 万～2.63 万元/hm^2（肖国滨等，2020）。可见，通过优化种植模式，可以将红壤坡耕地现有油料作物种植的复种指数 1.0 或 1.5 提高到 3.0，直接有效成倍或成双倍提高单位耕地面积的油料产量。

3. 红壤坡耕地种植制度优化建议

对于现有种植油料作物的红壤坡耕地，可采取周年三茬油料作物种植方法，提高复种指数，使其周年油料作物生产一茬或一茬半变为三茬。技术方案如下（肖国滨等，2020）：

（1）周年三茬油料作物种植模式的油料作物品种选择：经多年品种比较筛选，冬油菜—春花生—秋芝麻周年三茬油料作物丰产技术中油菜选用冬播全生育期＜185d、产量潜力＞100 kg/亩的品种，如可选用‘阳光 131’；花生选用春播全生育期＜115d、产量潜力＞200 kg/

亩的品种，如可选用‘粤油 256’；芝麻选用秋播全生育期<70d 的黑芝麻品种，如可选用‘赣芝 7 号’或‘金黄麻’。

表 8-9 不同种植模式下油料作物产量产值情况

周年模式		产量/（kg/hm^2）	市场价格/（元/kg）	产值/（万元/hm^2）		增值/（万元/hm^2）
				单种作物	小计	
周年三茬油料作物种植模式	油菜一	1500	6	0.90	3.98	2.63
	花生一	3000	5	1.50		2.10
	芝麻	1050	15	1.58		1.95
一年一茬油料作物种植模式（对照）	油菜	2250	6	1.35	1.35	—
	或花生	3750	5	1.88	1.88	
	或芝麻	1350	15	2.03	2.03	

（2）周年三茬油料作物种植模式的茬口衔接：秋芝麻茬后旋耕后连作接茬直播本年度冬油菜，油菜收获后耕耙连作接茬播种春花生，花生收获前 3～7d 套播黑芝麻，春花生与秋芝麻共生期 3～7d，以 5d 为佳。

（3）周年三茬油料作物种植模式的配套技术要点：花生套播芝麻时，在花生收获前 3～7d 免耕套播秋芝麻，开行直播，花生不能机收，只能人工拔收；油菜茬后播种花生时，机收油菜，粉碎油菜秸秆全量还田。

8.2 水土保持过程阻控关键技术研发

过程阻控技术主要是通过调整坡面耕作方式来进行坡耕地氮素损失的防控。一般而言，翻耕措施能够显著影响土壤耕层构造、作物根系生长环境，使土壤疏松、通水以及透气性得到改善，从而有效促进作物生长和产量提高（石彦琴等，2010；李景等，2014）；秸秆覆盖能显著减少坡耕地水肥流失，为作物生长提供有利条件（赵晓海等，2021）；而长期连续多年少免耕会提高土壤容重，易造成土壤板结等负面影响，导致作物减产（刘世平等，2006）。在江西水土保持生态科技园设置了不同措施处理，观察花生-油菜轮作周期氮素输出情况，研究不同水土保持过程阻控技术对红壤坡耕地氮素损失的防控效果。小区布置见表 8-10，详见杨洁等（2017）。

表 8-10 水土保持过程阻控技术试验设计

试验序号	处理名称	简写编号	说明
试验Ⅰ	常规耕作（对照）	CT	平耕，不起垄，花生-油菜轮作
	常规耕作+稻草覆盖	MT	平耕，不起垄，花生-油菜轮作，覆盖稻草 1 kg/m^2，花生出苗后覆盖，油菜季不覆盖
	常规耕作+植物篱	HT	平耕，不起垄，花生-油菜轮作，在距离坡顶 8 m 和 16.6 m 处各设一条黄花菜植物篱带，每条带 60 cm 宽
	轻简化免耕	NT	沟宽 20 cm，沟深 15 cm，垄高 10 cm，花生-油菜轮作；花生/直播油菜覆土厚 8 cm，距垄边 6 cm
试验Ⅱ	裸露对照	CK	无作物，定期人工清除杂草
	顺坡垄作	DT	顺坡起垄，花生-油菜轮作
	横坡垄作	CT	横坡起垄，花生-油菜轮作
	生态垄作	DT+HG	顺坡垄作，沿等高线间作黄花菜植物篱，花生-油菜轮作

8.2.1 秸秆覆盖技术

1. 对氮径流和渗漏的影响

2019～2021 年两轮作期，各种植季总的壤中流 TN 输出通量均十分低，仅占对应各种植季总径流 TN 输出通量的 0.11%～2.64%。由于壤中流对氮素随径流损失的贡献极低，故本节仅详细讨论各种植季氮素随地表径流和深层渗漏的损失变化情况。由图 8-11 可知，常规耕作花生生长季、休耕季、油菜生长季的地表径流量分别为 29.76 mm、16.61 mm、23.58 mm，而常规耕作+稻草覆盖的地表径流量分别为 21.39 mm、8.74 mm、14.93 mm，均小于常规耕作。常规耕作+稻草覆盖处理通过增加地表覆盖、延缓地表径流的形成并促进雨水下渗，在一定程度上降低了地表径流的输出量。相较于常规耕作处理，各种植季常规耕作+稻草覆盖处理地表径流减流率为 28.13%～47.38%。由图 8-11 可知，常规耕作+稻草覆盖的深层渗漏总量为 585.90 mm，而常规耕作深层渗漏总量为 532.83 mm，与常规耕作相比，常规耕作+稻草覆盖深层渗漏总量增加了 9.96%。这是因为稻草覆盖措施在减少坡耕地地表径流量的同时，也会促进雨水的下渗，故其深层渗漏总量大于常规耕作。

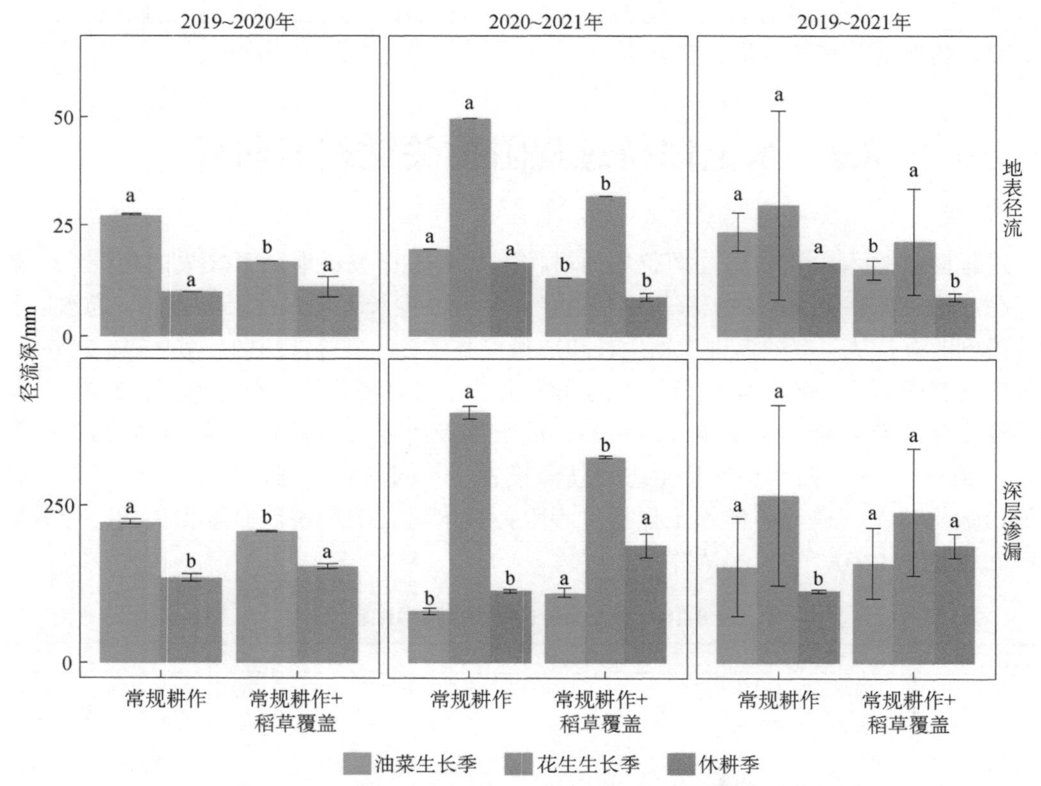

图 8-11　2019～2021 年常规耕作与常规耕作+稻草覆盖地表径流和深层渗漏输出量

不同字母的处理之间差异显著，相同字母的处理之间差异不显著；$P<0.05$，LSD 检验。下同

2019～2021 年两轮作期各种植季分层径流氮素输出通量如图 8-12 所示，由图 8-12 可知，常规耕作处理下两轮作期花生生长季地表径流 TN 输出通量分别为 0.60 kg/hm²、

1.89 kg/hm²；而常规耕作+稻草覆盖处理下，两轮作期花生生长季地表径流 TN 输出通量分别为 0.50 kg/hm²、1.69 kg/hm²，与常规耕作相比，常规耕作+稻草覆盖处理下地表径流 TN 输出通量分别降低了 16.67%、10.58%。两轮作期常规耕作处理油菜生长季地表径流 TN 输出通量分别为 0.560 kg/hm²、0.94 kg/hm²，常规耕作+稻草覆盖处理下两轮作期油菜生长季地表径流 TN 输出通量分别为 0.53 kg/hm²、0.60 kg/hm²，常规耕作+稻草覆盖处理下地表径流 TN 输出通量比常规耕作分别降低了 11.67%、36.17%。常规耕作+稻草覆盖会在一定程度上增加地表径流 TN 输出浓度，两轮作期各种植季地表径流 TN 输出浓度比常规耕作平均增加了 1.40%～40.17%，但各种植季地表径流产流量比常规耕作降低了 33.25%～47.35%，因此与常规耕作相比，常规耕作+稻草覆盖降低了地表径流 TN 输出通量。

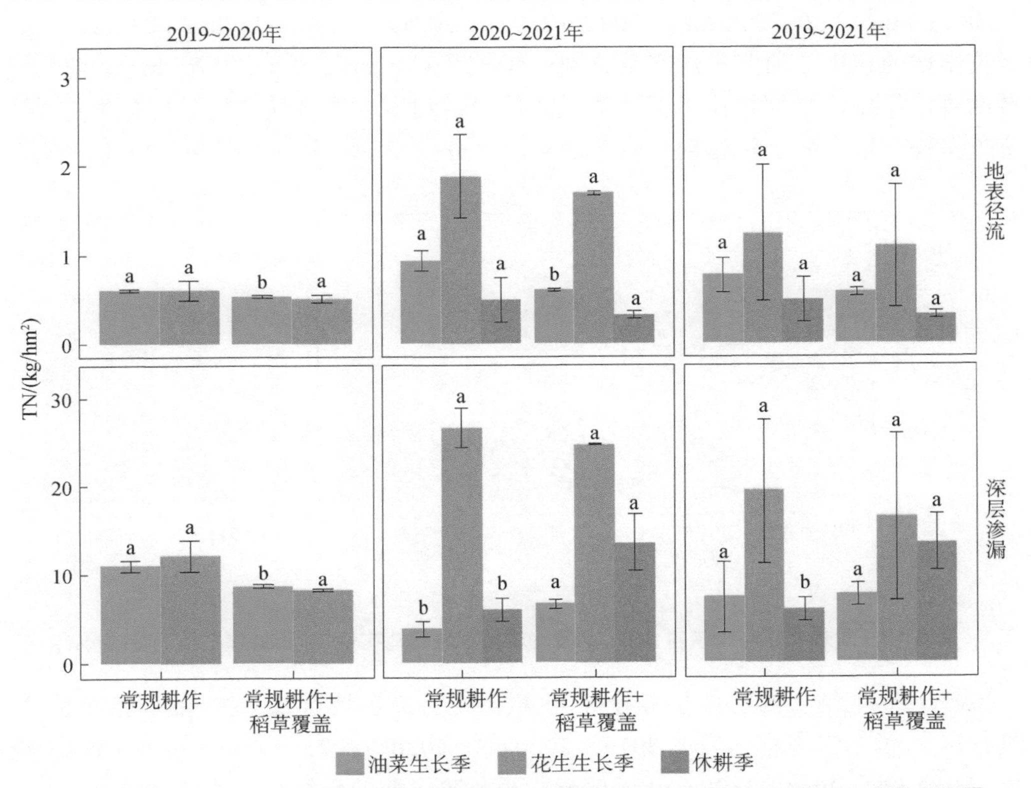

图 8-12　2019～2021 年常规耕作与常规耕作+稻草覆盖地表径流和深层渗漏 TN 输出通量

由图 8-12 可知，2019～2021 年常规耕作+稻草覆盖小区花生、油菜两个种植季深层渗漏 TN 输出通量之和为 24.11 kg/hm²，比常规耕作（26.78 kg/hm²）低了 2.67 kg/hm²。而对比 2019～2021 年常规耕作+稻草覆盖的深层渗漏 TN 输出平均浓度发现，常规耕作+稻草覆盖的平均浓度（7.17 mg/L）显著大于常规耕作的平均浓度（5.50 mg/L）；同时，2019～2021 年休耕季常规耕作+稻草覆盖深层渗漏总量为 186.56 mm，也显著高于常规耕作的 114.52 mm，在深层渗漏总量及其 TN 平均浓度的双重影响下，常规耕作+稻草覆盖处理休耕季深层渗漏的 TN 输出通量（13.47 kg/hm²）显著大于常规耕作处理（5.94 kg/hm²）。休耕季各小区无植被生长，不进行施肥处理，深层渗漏的 TN 输出来源为土壤中残留的氮素，但稻草覆盖处理的稻草腐解为土壤提供一定的氮素，同时稻草覆盖还增加了土壤孔隙度，促进了土壤中氮素的溶解与下渗。总体而言，稻草秸秆覆盖方式降低了地表径流量及其总氮输出通量，但促进了深层渗漏量及其 TN 输出通量，这与第 4 章的试验结果一致。

2. 对作物产量产值的影响

2019～2021 年常规耕作与常规耕作+稻草覆盖两种处理的红壤坡耕地花生-油菜轮作系统花生、油菜产量如图 8-13 所示。常规耕作处理 2019～2020 年花生-油菜轮作期花生、油菜产量分别为 3341.61 kg/hm^2、2338.38 kg/hm^2；2020～2021 年分别为 3592.00 kg/hm^2、2277.77 kg/hm^2；两个轮作期的花生、油菜平均产量分别为 3466.81 kg/hm^2、2308.08 kg/hm^2。常规耕作+稻草覆盖处理 2019～2020 年花生-油菜轮作期花生、油菜产量分别为 3400.38 kg/hm^2、2404.70 kg/hm^2；2020～2021 年分别为 3684.80 kg/hm^2、2327.41 kg/hm^2；两个轮作期的花生、油菜平均产量分别为 3542.59 kg/hm^2、2366.06 kg/hm^2。总体而言，与常规耕作相比，常规耕作＋稻草覆盖能在一定程度上提高红壤坡耕地花生-油菜轮作系统的作物产量，两个轮作期花生和油菜产量分别平均增加 2.19%和 2.51%。

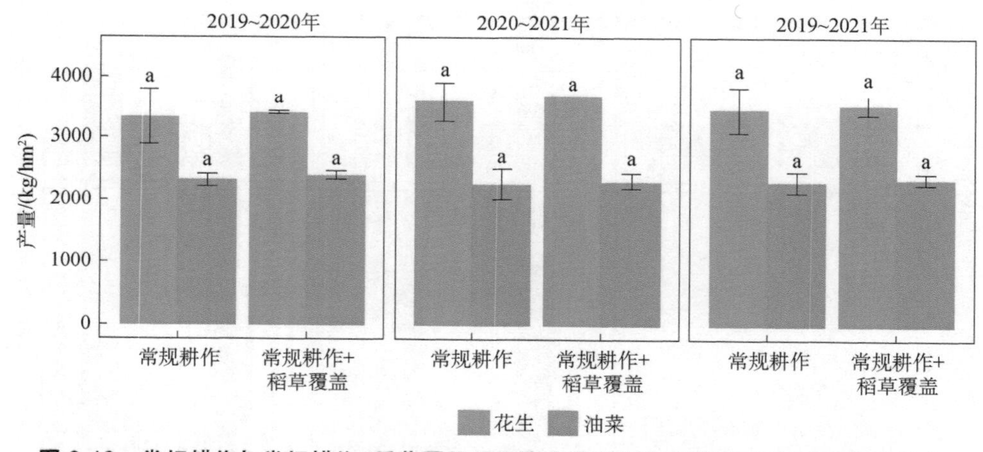

图 8-13 常规耕作与常规耕作+稻草覆盖对红壤坡耕地花生-油菜轮作系统产量的影响

2019～2021 年常规耕作和常规耕作+稻草覆盖红壤坡耕地花生-油菜轮作系统产值如图 8-14 所示。常规耕作处理 2019～2020 年、2020～2021 年花生-油菜轮作期产值分别为 33010.33 元/hm^2、33974.50 元/hm^2，两个轮作期的平均产值为 33492.42 元/hm^2。常规耕作+稻草覆盖处理 2019～2020 年、2020～2021 年花生-油菜轮作期产值分别为 33752.13 元/hm^2、34793.34 元/hm^2，两个轮作期的平均产值为 34272.74 元/hm^2。总体而言，与常规耕作相比，常规耕作+稻草覆盖能在一定程度上增加红壤坡耕地花生-油菜轮作系统的产值，两个轮作期平均增加 2.33%。

3. 红壤坡耕地秸秆覆盖技术建议

作为重要的水土保持措施之一，稻草秸秆覆盖一方面通过拦蓄降水、削减雨滴侵蚀动能、减少坡面冲刷等过程，减少了红壤坡耕地产流产沙和养分流失；另一方面，通过蓄水保墒、腐解增肥，促进作物生长、提高作物抗旱能力、增加作物产量和产值，是红壤坡耕地阻控土壤侵蚀和面源氮素流失、实现保产稳产的有效措施。

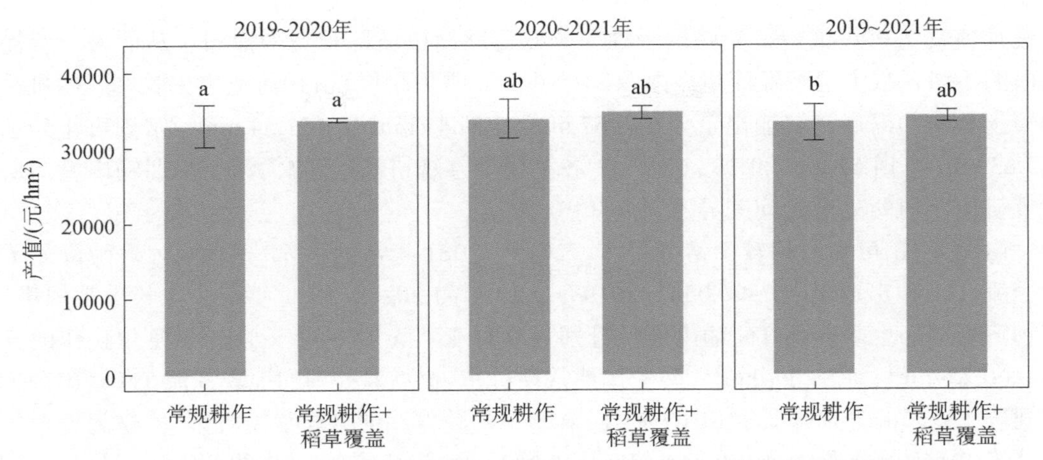

图 8-14 常规耕作与常规耕作+稻草覆盖对红壤坡耕地花生–油菜轮作系统产值的影响

8.2.2 植物篱间作技术

1. 对氮径流和渗漏的影响

2019～2021 年常规耕作和常规耕作+植物篱两种措施处理下地表径流与渗漏水输出情况如图 8-15 所示，各种植季常规耕作+植物篱地表产流显著低于常规耕作，减流效果较好，减流率为 63.20%～83.45%。这主要是因为常规耕作+植物篱措施截短了坡长，进而减缓了地表径流流速，促进了雨水的入渗，起到蓄水减流作用。除此之外，该试验小区因长时

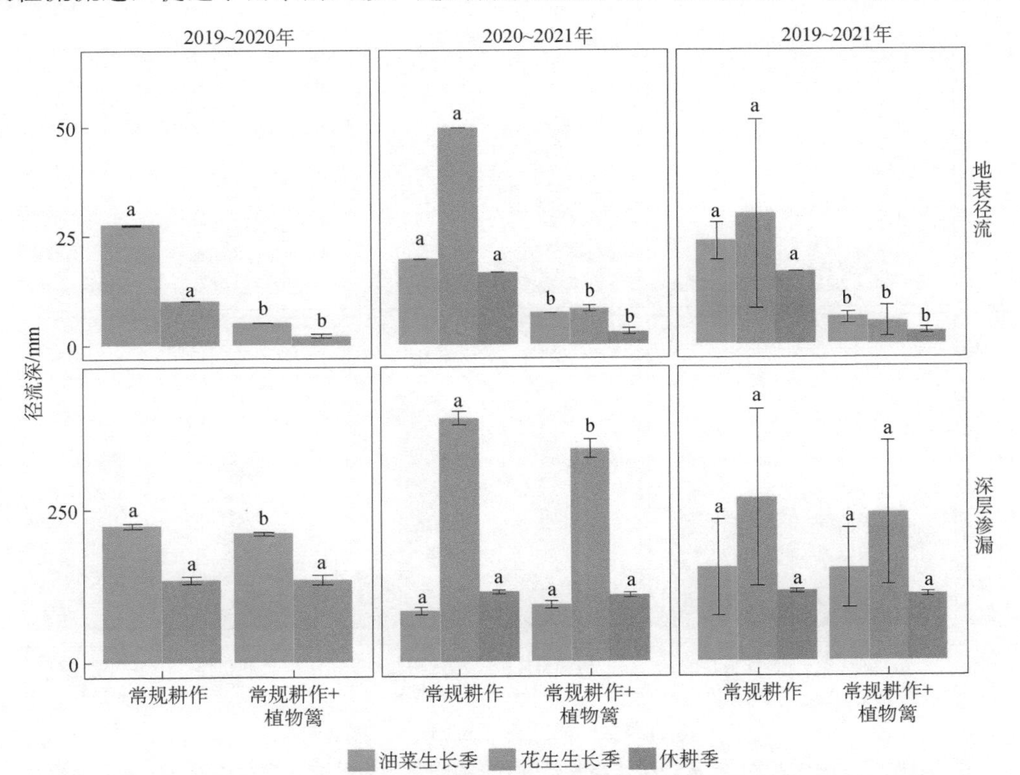

图 8-15 2019～2021 年常规耕作与常规耕作+植物篱地表径流与深层渗漏输出量

间进行植物篱耕作试验，受降雨侵蚀影响，已逐渐由坡地转变为梯田，从而进一步促进降雨的下渗，减少地表径流量。由图 8-15 可知，常规耕作+植物篱花生生长季、休耕季和油菜生长季的深层渗漏输出量为 240.67 mm、109.41 mm 和 151.54 mm，常规耕作分别为 265.63 mm、114.52 mm 和 152.68 mm，各种植期常规耕作+植物篱深层渗漏输出量均低于常规耕作，但两处理之间差异不大（$P>0.05$）。

由图 8-16 可知，相较于常规耕作，2019～2021 年常规耕作+植物篱显著地降低了地表径流 TN 输出通量（$P<0.05$）。2019～2020 年与 2020～2021 年花生生长季常规耕作+植物篱处理的地表径流 TN 输出通量分别为 0.11 kg/hm^2、0.32 kg/hm^2，常规耕作的分别为 0.60 kg/hm^2、1.89 kg/hm^2，两轮作期常规耕作+植物篱处理的地表径流 TN 输出通量较常规耕作处理的分别降低了 81.67%、83.07%；两轮作期油菜季常规耕作+植物篱处理的地表径流 TN 输出通量分别为 0.14 kg/hm^2、0.24 kg/hm^2，而常规耕作的分别为 0.60 kg/hm^2、0.94 kg/hm^2，常规耕作+植物篱处理的地表径流 TN 输出通量较常规耕作处理的分别降低了 76.67%、74.47%。2020～2021 年休耕季植物篱+常规耕作下地表径流 TN 输出通量为 0.07 kg/hm^2，显著低于相应时期常规耕作下地表径流的 TN 输出通量（0.49 kg/hm^2）。这与植物篱小区的坡长截短、坡面梯化、地表产流量减小有关。由图 8-16 可知，2019～2021 年各种植季深层渗漏的总氮输出通量与常规耕作虽有差异但并不显著（$P>0.05$）。综上，植物篱虽未降低其深层渗漏 TN 的输出通量，但显著降低了地表径流 TN 的输出通量。

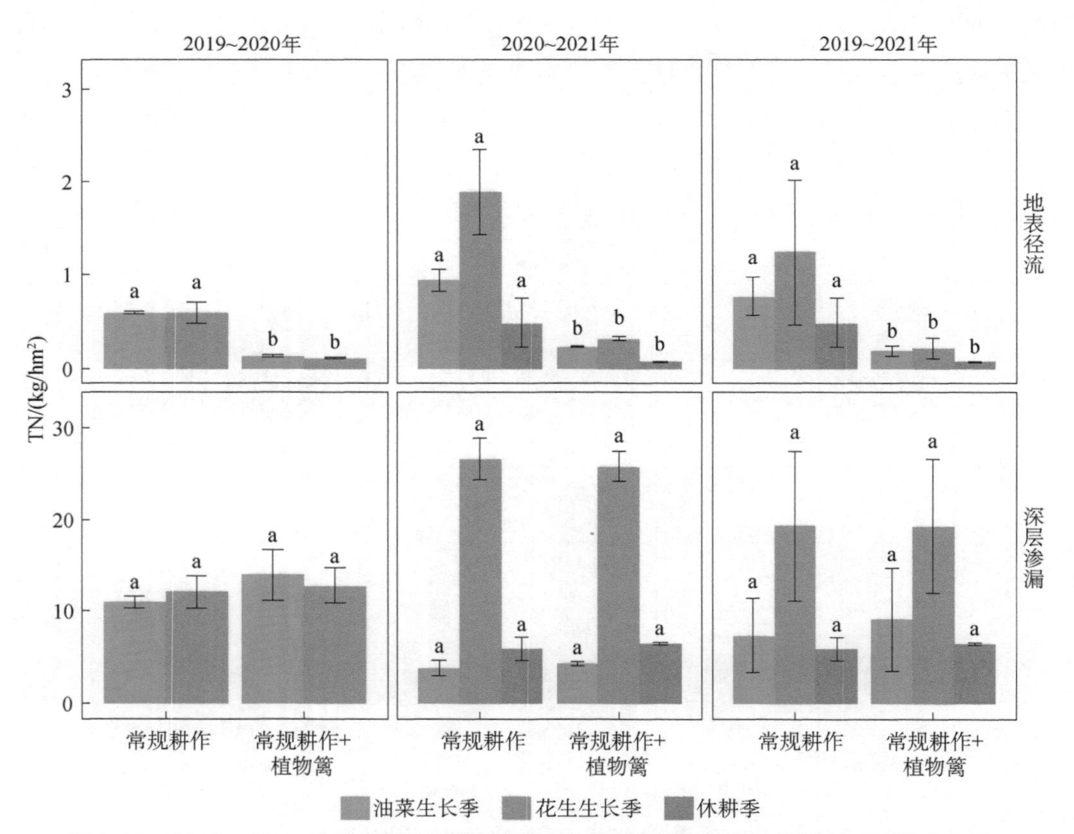

图 8-16　2019～2021 年常规耕作与常规耕作+植物篱地表径流和深层渗漏 TN 输出通量

2. 对作物产量产值的影响

2019～2021 年常规耕作和常规耕作+植物篱红壤坡耕地花生-油菜轮作系统花生、油菜产量如图 8-17 所示。常规耕作+植物篱处理 2019～2020 年花生-油菜轮作期花生、油菜产量分别为 3225.46 kg/hm^2、2231.70 kg/hm^2；2020～2021 年分别为 3307.20 kg/hm^2、2130.78 kg/hm^2；两个轮作期的花生、油菜平均产量分别为 3266.33 kg/hm^2、2181.24 kg/hm^2。总体而言，与常规耕作相比，采取常规耕作+植物篱在一定程度上降低了花生、油菜产量，两个轮作期花生平均减产 5.78%、油菜平均减产 5.50%，但两处理间的差异均不显著。

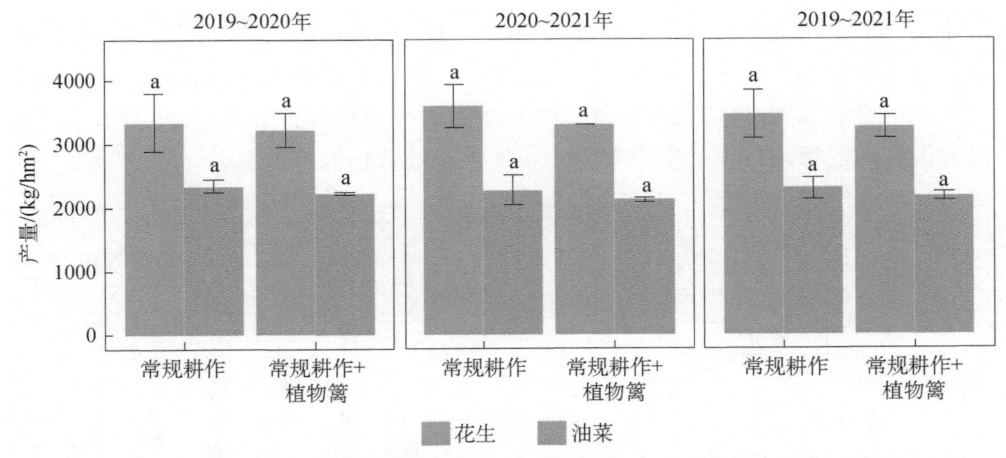

图 8-17 常规耕作与常规耕作+植物篱对红壤坡耕地花生-油菜轮作系统产量的影响

2019～2021 年常规耕作和常规耕作+植物篱红壤坡耕地花生-油菜轮作系统产值（含花生、油菜和篱笆植物——黄花菜）如图 8-18 所示。常规耕作+植物篱处理 2019～2020 年、2020～2021 年花生-油菜轮作期产值分别为 35951.06 元/hm^2、36874.19 元/hm^2，两个轮作期的平均产值为 36412.63 元/hm^2。总体而言，与常规耕作相比，采取常规耕作+植物篱显著增加了红壤坡耕地花生-油菜轮作系统产值，两个轮作期平均增加 8.72%。

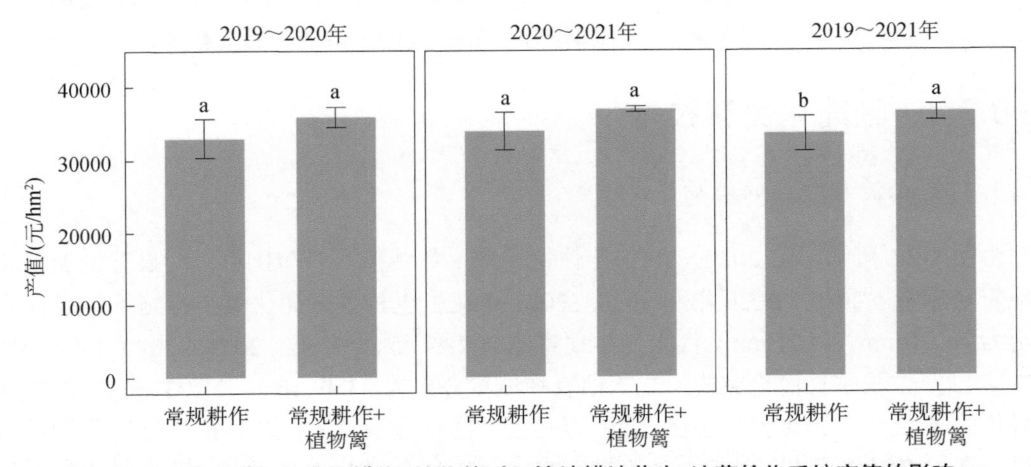

图 8-18 常规耕作与常规耕作+植物篱对红壤坡耕地花生-油菜轮作系统产值的影响

3. 红壤坡耕地植物篱间作技术建议

作为重要的过程阻控水土保持措施之一，黄花菜植物篱一方面通过减小坡面径流泥沙连通性、拦截坡面径流泥沙、减少坡面冲刷、吸收利用拦截养分等过程，减少了红壤坡耕地产流产沙和养分流失；另一方面，间作植物篱带虽然占用了作物种植面积，导致作物产量降低，但是，植物篱带采收的黄花菜具有较传统作物更高的销售价格，可产生较好的经济效益，导致常规耕作+植物篱的产值显著高于常规耕作，其在红壤坡耕地成为土壤侵蚀和面源氮素流失过程拦截阻控及农民稳产增收的有效措施。黄花菜植物篱整个生命周期对农作物总产值的影响随时间推移先增加后减小，呈显著的二次函数关系（图 8-19）。为此，在水土流失严重、耕地资源紧张的南方红壤区，建议选择经济价值高的植物篱品种如黄花菜，遵循其生命周期内的水土保持作用变化规律，进行合理种植（适宜篱间距、合理刈割还田、定期中耕等），并采取辅助措施（秸秆敷盖、少免耕等），才能在防治水土流失的同时，最大限度地发挥坡耕地的生产潜力，实现生态效益和经济效益。

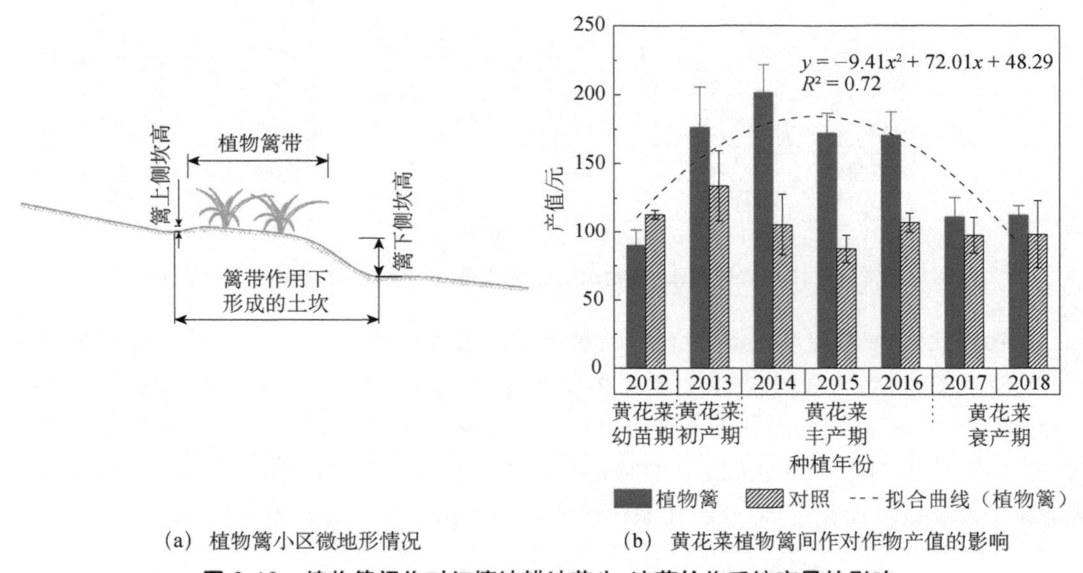

（a） 植物篱小区微地形情况

（b） 黄花菜植物篱间作对作物产值的影响

图 8-19　植物篱间作对红壤坡耕地花生-油菜轮作系统产量的影响

8.2.3　轻简化免耕技术

1. 对氮径流和渗漏的影响

由图 8-20 可知，除 2020～2021 年休耕季外，各种植季轻简化免耕均显著增加了坡耕地地表径流量。2019～2020 年和 2020～2021 年花生生长季轻简化免耕措施下地表径流量分别为 74.81 mm、60.21 mm，依次为常规耕作的 7.47 倍、1.22 倍。2019～2020 年和 2020～2021 年油菜生长季轻简化免耕措施下地表径流量分别为 33.49 mm、21.23 mm，依次为常规耕作的 1.22 倍、1.08 倍。由图 8-20 可知，不同措施条件下，各种植季轻简化免耕与常规耕作深层渗漏情况不同，但总体而言，2019～2021 年花生生长季、油菜生长季轻简化免耕在一定程度上降低了深层渗漏输出量，如2019～2021年轻简化免耕措施下花生生长季深层渗漏输出量为208.01 mm，常规耕作为265.63 mm，前者比后者降低了21.69%；轻简化免耕措施下油菜生长季深层渗漏输出量为126.66 mm，常规耕作为152.68 mm，前者比后者降低了17.04%。而2019～2021年休耕季轻简化免耕深层渗漏水显著高于常规耕作，因为轻简化免耕降低了土壤含水量，且存在沟垄微地形，有利于雨水的下渗。轻简化免耕对表层土壤扰动小，增加了地表径流的径流量，降低了雨水的渗漏量（除休耕季）。深层渗漏输出量在坡耕地径流中的占比极大，从而整体降低了坡地径流水的总输出量。轻简化免耕措施下，休耕季深层渗漏量易增加。

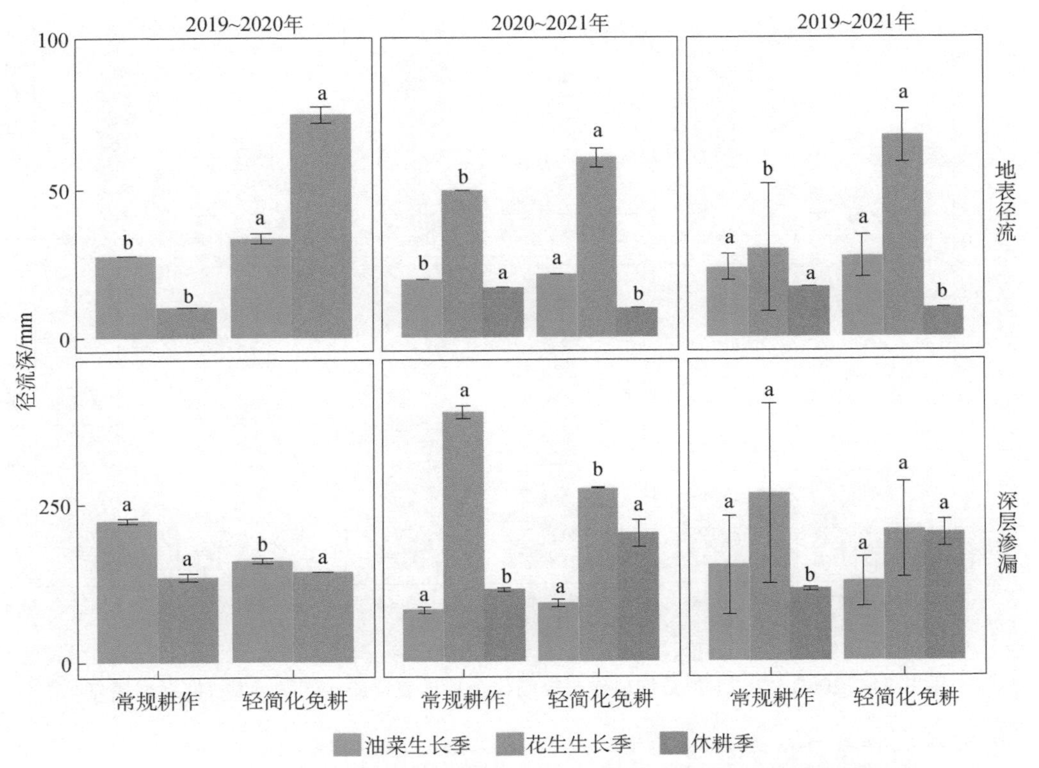

图8-20 2019～2021年常规耕作与轻简化免耕地表径流和深层渗漏输出量

由图8-21可知，2019～2021年轻简化免耕措施下花生生长季、油菜生长季地表径流TN输出通量分别为1.99 kg/hm^2、0.82 kg/hm^2，均高于常规耕作花生生长季、油菜生长季（1.24 kg/hm^2、0.77 kg/hm^2）的地表径流TN输出通量。2019～2021年休耕季轻简化免耕处理下地表径流的TN输出通量为0.20 kg/hm^2，较常规耕作的（0.49 kg/hm^2）降低了59.18%。这主要是因为花生生长季、油菜生长季轻简化免耕对小区的扰动小，地表土壤孔隙度小，易形成地表径流，撒施的肥料也易随地表径流流失，故花生生长季、油菜生长季的地表径流TN输出通量高于常规耕作；而进入休耕期后，各处理小区均无植被覆盖保护，但轻简化免耕小区存在沟垄微地形，容易促进水分的下渗，减少地表产流，从而降低该时期的地表径流TN输出通量。由图8-21可知，2020～2021年休耕季轻简化免耕措施下深层渗漏TN输出通量（20.57 kg/hm^2）显著高于常规耕作（5.94 kg/hm^2），因为花生生长季水分不易下渗，残留在轻简化免耕小区土壤剖面的氮素含量较高，所以当休耕季土壤深层渗漏量增大后，随雨水下渗的氮素增加。而轻简化免耕小区 2019～2021 年总深层渗漏 TN 输出通量 45.76 kg/hm^2，高于常规耕作小区同期总深层渗漏 TN 输出通量 32.72 kg/hm^2；但轻简化免耕和常规耕作除去各自休耕季 TN 输出通量后，其 TN 输出通量分别为 25.19 kg/hm^2 和 26.78 kg/hm^2。总体而言，轻简化免耕会增加地表径流量及其 TN 输出通量，以及休耕季深层渗漏 TN 输出通量。

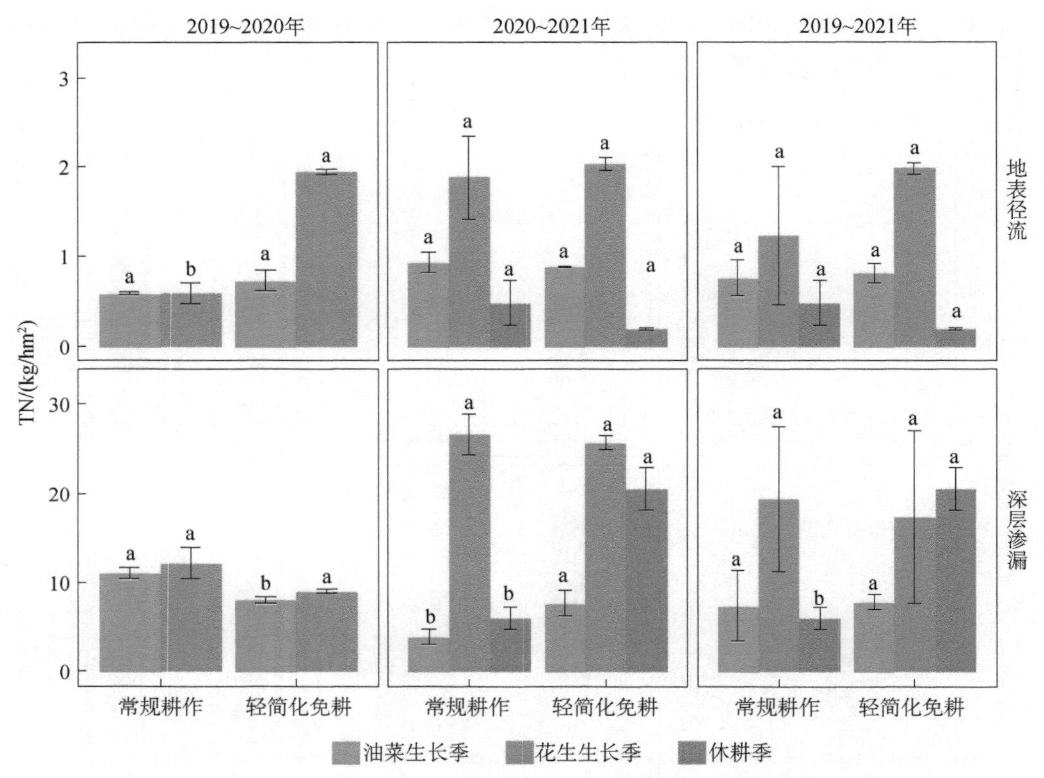

图 8-21　2019～2021 年常规耕作与轻简化免耕地表径流和深层渗漏 TN 输出通量

2. 对作物产量产值的影响

2019～2021 年常规耕作和轻简化免耕红壤坡耕地花生-油菜轮作系统的花生、油菜产量如图 8-22 所示。轻简化免耕处理 2019～2020 年花生、油菜产量分别为 2718.95 kg/hm^2、2274.95 kg/hm^2；2020～2021 年分别为 3237.00 kg/hm^2、2083.09 kg/hm^2；两个轮作期的花生、油菜平均产量分别为 2977.98 kg/hm^2、2179.02 kg/hm^2。总体而言，相比常规耕作，轻简化免耕虽在一定程度上降低了花生、油菜产量，但两处理间差异不显著（$P>0.05$）。

2019～2021 年常规耕作和轻简化免耕红壤坡耕地花生-油菜轮作系统的产值如图 8-23 所示。轻简化免耕处理 2019～2020 年、2020～2021 年花生-油菜轮作期产值分别为 29242.01 元/hm^2、30811.54 元/hm^2，两个轮作期的平均产值为 30026.78 元/hm^2。总体而言，相比常规耕作，轻简化免耕降低了红壤坡耕地花生-油菜轮作系统产值，但两处理间差异不显著。

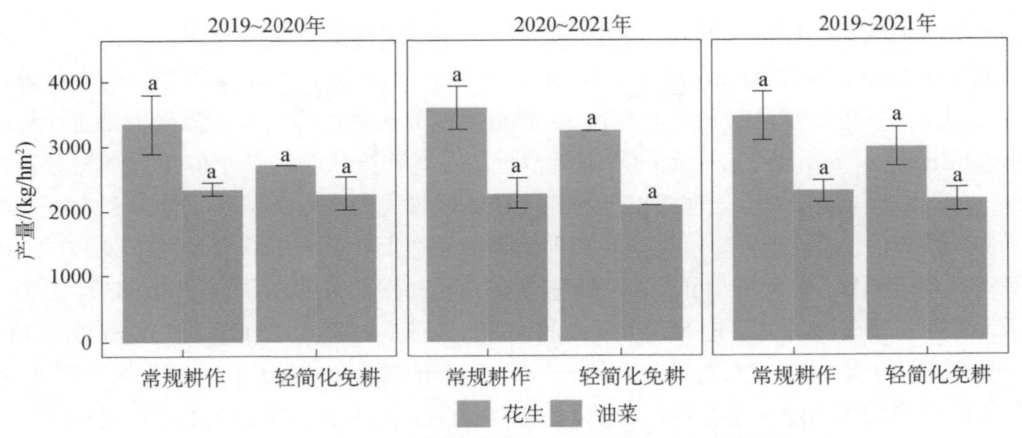

图 8-22 轻简化免耕对红壤坡耕地花生-油菜轮作系统产量的影响

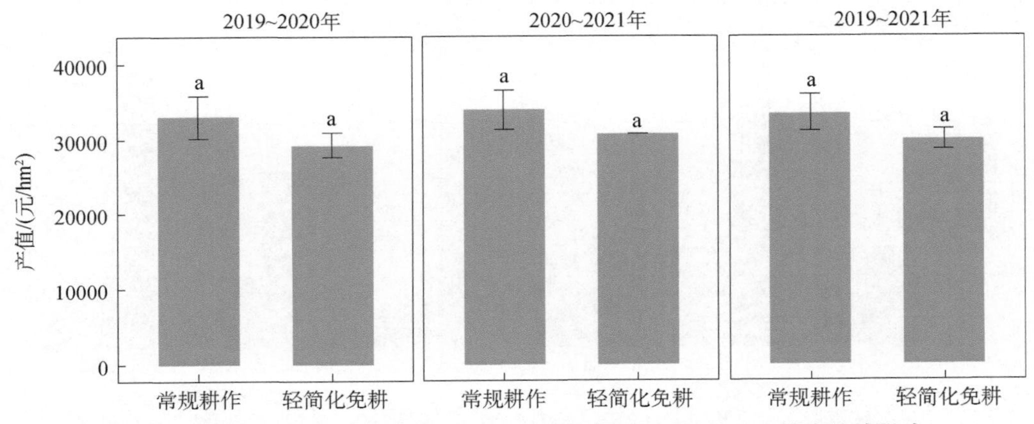

图 8-23 常规耕作与轻简化免耕对红壤坡耕地花生-油菜轮作系统产值的影响

3. 红壤坡耕地轻简化免耕技术建议

作为重要的水土保持措施之一，轻简化免耕一方面通过减少地表扰动降低坡耕地水土流失风险，另一方面减少了劳动力投入，降低了生产成本，但红壤容易板结，轻简化免耕减少了土壤翻动，长期实施容易导致土壤的透气性和孔隙度降低，阻碍作物根系生长和养分吸收，导致作物产量有所降低。

因此，红壤坡耕地花生-油菜轮作系统采用轻简化免耕开展水土流失及面源污染氮素流失阻控时，不宜长期持续免耕，可以在降雨稀少的油菜生长季深耕土壤，且在花生开花下针期通过中耕培土缓解轻简化免耕对产量的不利影响，从而协同实现红壤坡耕地的土壤侵蚀阻控、面源污染防治与作物稳产增收。

8.2.4 生态垄作技术

1. 对产流产沙的影响

上述耕作技术一般适用于小于15°的缓坡地。为探索较陡坡地的耕作技术，本节研究在江西水土保持生态科技园，设置不同垄作方式的试验小区开展了长期定位观测（措施处理详见表 8-10），本节选择 2012～2018 年连续 7 年的观测数据进行分析。

基于降水量、最大 30 min 雨强和降雨历时数据，将研究期降雨事件划分为 3 种降雨类型，分别为：降雨类型Ⅰ（长历时降雨）、降雨类型Ⅱ（普通降雨）和降雨类型Ⅲ（短时强降雨）（Zheng et al.，2021）。不同降雨类型下，各垄作方式连续 7 年的定位观测分析见图 8-24。如图 8-24 所示，CK 处理的年平均地表径流深表现为降雨类型Ⅱ＞Ⅲ＞Ⅰ（P＜0.05）。对于 DT 和 DT+HG 处理，降雨类型Ⅱ和Ⅲ比降雨类型Ⅰ产生更多的地表径流深（P＜0.05）。与降雨类型Ⅰ相比，降雨类型Ⅱ使 CT 处理产生的地表径流深显著增加（P＜0.05）。如图 8-24 所示，所有处理在降雨类型Ⅲ下具有最高的土壤流失量，年平均产沙量为 5.02～43.33 t/hm^2。四个处理在降雨类型Ⅰ下土壤流失量最低，年平均产沙量为 0.66～6.33 t/hm^2。在对照处理下，三种降雨类型的土壤流失量存在显著差异（P＜0.05）。在 DT、CT 和 DT+HG 处理中，降雨类型Ⅰ的土壤流失量与其他降雨类型有显著差异（P＜0.05）。

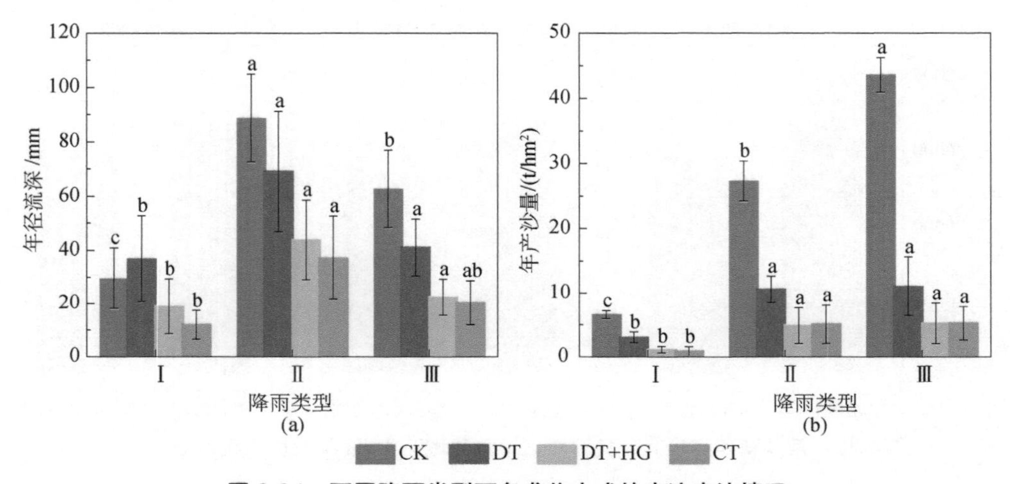

图 8-24　不同降雨类型下各垄作方式的产流产沙情况

降雨类型Ⅰ为长历时降雨、降雨类型Ⅱ为普通降雨、降雨类型Ⅲ为短时强降雨； CK、DT、DT+HG、CT 分别表示裸露对照、顺坡垄作、生态垄作和横坡垄作。下同

图 8-25 显示了地表径流深和土壤流失量的减少情况。总体而言，与对照相比，垄作处理显著减少了所有降雨事件的水土流失。然而，在三种降雨类型中，垄作措施的地表径流和侵蚀泥沙减少效果不同。对于所有垄作措施，降雨类型Ⅲ事件对地表径流深和土壤流失量的影响最大，其减流率和减蚀率分别为 34.7%～67.9%和 75.1%～88.5%；而降雨类型Ⅰ事件对地表径流和侵蚀产沙的减少影响最小，其减流率和减蚀率分别为−24.8%～60.3%和 56.6%～89.5%。值得注意的是，顺坡垄作处理的减流率和减蚀率在三种降雨类型下均最低，甚至对降雨类型Ⅰ下的径流减少产生负面影响（−24.8%），说明应更加注意持续时间长、强度低和降水量大的降雨事件对纯顺坡垄作坡耕地的影响。在不同降雨条件下，生态垄作和横坡垄作优于顺坡垄作方式。

2. 对作物产量产值的影响

表 8-11 为试验小区 2012～2018 年花生、油菜和间作的黄花菜 3 种农作物产量的实测

结果。从农作物年均产量来看，顺坡垄作小区每年的农作物产量最高，其次为横坡垄作，最后为生态垄作。生态垄作的产量最低，这主要是由于黄花菜篱占用土地面积，直接导致每个小区实际种植作物的面积减少。据 2014 年 7 月实测数据显示，每个生态垄作小区的黄花菜篱占地面积达 15.7%（平均篱宽 78.4 cm、长 5 m）。

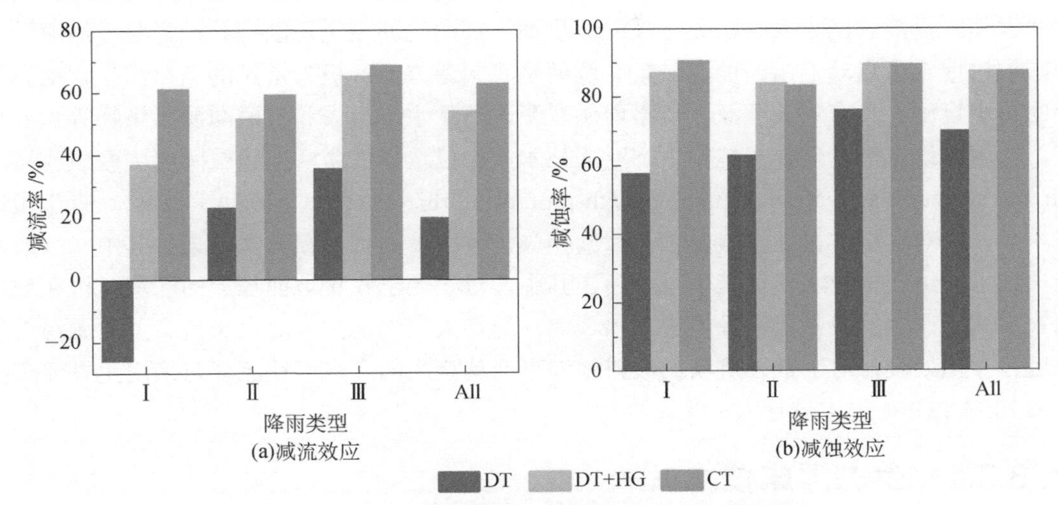

图 8-25 不同垄作方式不同降雨类型下减流减蚀情况

表 8-11 不同垄作技术下农作物产量、产值情况

年份	产量/kg			产值/元		
	DT+HG*	CT**	DT**	DT+HG*	CT**	DT**
2012	35.13	44.45	45.23	90.18	112.71	113.06
2013	36.20	36.25	44.67	176.72	108.75	134.00
2014	45.92	49.85	51.51	201.63	92.79	105.35
2015	29.40	35.97	33.30	172.32	89.15	87.34
2016	38.97	48.07	49.68	170.95	100.71	107.13
2017	38.13	37.54	45.29	111.56	79.36	97.40
2018	49.83	51.11	54.67	113.08	82.61	98.38
年均值	39.08	43.32	46.34	148.06	95.15	106.09

*包括花生、油菜和黄花菜 3 种农作物；**仅为花生和油菜 2 种农作物。

根据当地农作物市场价格计算每年三种农作物的总产值，结果见表 8-11。由表 8-11 可知，生态垄作小区农作物年产值为 90.18～201.63 元，平均年产值为 148.06 元；横坡垄作小区农作物年产值为 79.36～112.71 元，平均年产值为 95.15 元；而顺坡垄作小区农作物年产值为 87.34～134.00 元，平均年产值为 106.09 元。自 2013 年黄花菜可采收以来，生态垄作小区的农作物年产值是顺坡垄作小区的 1.15～1.97 倍，平均年增收 1.51 倍。

综上，从减流减蚀效益来看，生态垄作和横坡垄作在三种降雨类型下均优于顺坡垄作方式；从增产增收来看，生态垄作措施下单位面积农作物产量最低，但其单位面积农作物产值最大。由此可知，生态垄作措施的综合效益最优，值得在红壤丘陵区坡耕地推广和使用。

8.3 坑塘系统末端治理关键技术研发

坡耕地下部的坑塘系统是坡面流失氮素进入水体的主要通道。红壤丘陵区通常利用坑塘进行灌溉和水产养殖，这样既能有效调蓄降雨径流，提高径流利用效率，又能充分利用坑塘水体，提高农民收入。除此之外，坡耕地下部的坑塘系统还能有效地拦截径流泥沙，削减坡耕地农事活动输出的面源氮素。坑塘是我国南方地区极为常见的储存和拦蓄地表径流的蓄水设施，具有农业灌溉、调蓄雨洪资源、防止水土流失和拦截面源污染物等重要功能。坑塘系统末端治理技术包括生态浮床技术、原位选择性激活植物根际促生微生物技术（in situ selective activation of plant growth-promoting rhizobacteria，ISSA PGPR）、人工湿地技术等，针对红壤坡耕地氮素侵蚀和渗漏损失，可因地制宜，在其末端采用其中一项或两三项技术的组合进行水体氮素削减去除。其中，对于便于收集坡面径流的区域，可在坡耕地农事活动产生的挟带氮素径流进入水域前，选择人工湿地技术对水土流失型面源污染径流进行净化处理；对于进入坑塘的坡耕地农事活动产生的高浓度径流，可采用生态浮床技术或 ISSA PGPR 技术进行水体生态净化。

8.3.1 生态浮床技术

生态浮床（浮岛）是一种针对富营养化的水体，利用生态学原理，降解水中的化学需氧量（COD）、氮、磷等污染物的人工浮床。生态浮床运用无土栽培技术，以高分子材料为载体和基质，是采用现代农艺和生态工程措施综合集成的水面无土种植植物的设施。

1. 生态浮床系统的构造

生态浮床主要由浮床床体、种植篮、种植介质、连接扣、浮床框体等组成。①浮床床体是浮床植物的载体，可为整个浮床提供浮力，常用的是聚乙烯材质的塑料浮板。②种植篮用于承载浮床植物，底部多采用大开孔设计，以保证植物根系拥有足够的生长空间，其多采用 PP 材料制作而成。③种植介质主要用于固定浮床植物，同时可提供满足植物生长所需的水分和氧气，也可作为植物肥料载体。因此，介质材料一般需具备固定力强、透气性好、抗腐蚀、不污染水体、可重复利用等特点，以保证植物的正常生长。目前，常用的介质材料有陶粒、蛭石、珍珠岩等无机材料及环保海绵、椰子纤维等。④连接扣主要用于将浮床单元连接形成不同造型的浮床整体，多为高密度尼龙扎带或聚乙烯材料，具有一定韧性，可加大浮床稳固性。⑤浮床框体主要用于加固浮床，提高浮床的抗风浪能力，因此其要求具备坚固、抗风浪、抗日晒水蚀等特点，一般使用 PVC 管、PPR 管、不锈钢管等材料根据要求制作完成（孙真等，2018；郑立国等，2013）。

2. 浮床植物的选择

浮床植物应选择生态适应性广、根系发达、根茎繁殖能力强、不易感染病虫害的多年生水生植物，同时应具备一定的观赏性和一定的经济价值。目前，常用的浮床植物有美人蕉、鸢尾、黄菖蒲、再力花、千屈菜、芦苇、变叶芦竹、梭鱼草、水葱、香蒲、狐尾藻等（表 8-12）。

表 8-12　浮床植物种类及其生物学特性表

植物种类	科名	生境类型	花期	生态习性
美人蕉（*Canna indica*）	美人蕉科	喜温暖和充足的阳光，不耐寒，周年生长开花，适应性强	花期 3～12 月	多年生直立草本
鸢尾（*Iris tectorum*）	鸢尾科	喜阳、耐寒性强，也耐半阴	花期 4～5 月	多年生挺水植物
黄菖蒲（*Iris pseudacorus*）	鸢尾科	适应性强，喜光耐半阴、耐旱也耐湿	花期 5～6 月	多年生挺水植物
再力花（*Thalia dealbata*）	竹芋科	在微碱性的土壤中生长良好。好温暖水湿、阳光充足的气候环境，不耐寒，耐半阴，怕干旱	花期 7～10 月	多年生挺水植物
千屈菜（*Lythrum salicaria*）	千屈菜科	喜强光，耐寒性强，喜水湿、通风良好的环境，对土壤要求不高，耐盐碱，生于河岸、湖畔、溪沟边和潮湿草地	花期 6～10 月	多年生挺水植物
芦苇（*Phragmites australis*）	禾本科	生长于江河湖泽、池塘沟渠沿岸和低湿地，繁殖能力强	花期 8～12 月	多年生挺水植物
变叶芦竹（*Arundo donax* var. *versicolor*）	禾本科	喜光喜湿耐湿，较耐寒	观叶为主，花期 10 月	多年生挺水植物
梭鱼草（*Pontederia cordata*）	雨久花科	喜温暖湿润、光照充足的环境，不耐寒	花期 6～10 月	多年生挺水植物
水葱（*Schoenoplectus tabernaemontani*）	莎草科	耐寒，生长于湖边、水边或浅水塘、沼泽地或湿地草丛中	花期 6～9 月	多年生宿根挺水草本
香蒲（*Typha orientalis*）	香蒲科	喜高温多湿气候，生长适温为 15～30℃，越冬期间能耐-9℃低温	花期 6～8 月	多年生挺水植物
狐尾藻（*Myriophyllum verticillatum*）	小二仙草科	好温暖水湿、阳光充足的气候环境，不耐寒，生长极为旺盛	观叶为主	多年生沉水植物

资料来源：卢进登等，2005；熊琳沛和刘俊豪，2014；孙真等，2018。

3. 生态浮床技术的净化效果

生态浮床技术具有效率高、投资少、运转费用低、可实现原位修复和控制污染物等特点，既能高效去除多种污染物质，又能改善水体景观和水体生态功能。本节研究引入生态浮床技术进行氮污染水体修复试验，定期在浮床植物旁采集水样，以无植物区域水体为对照，检测其总氮和铵态氮含量，分析其对氮素污染水体修复的效果。项目组先后于 2019 年 11 月～2020 年 5 月进行了 6 次水样采集分析，结果如图 8-26 所示，浮床区域水体总氮、铵态氮含量均小于对照区域，说明生态浮床技术对氮素污染水体有良好的修复效果；从水质类别来看，浮床区域水体大多为Ⅲ类或Ⅱ类水，水质良好。

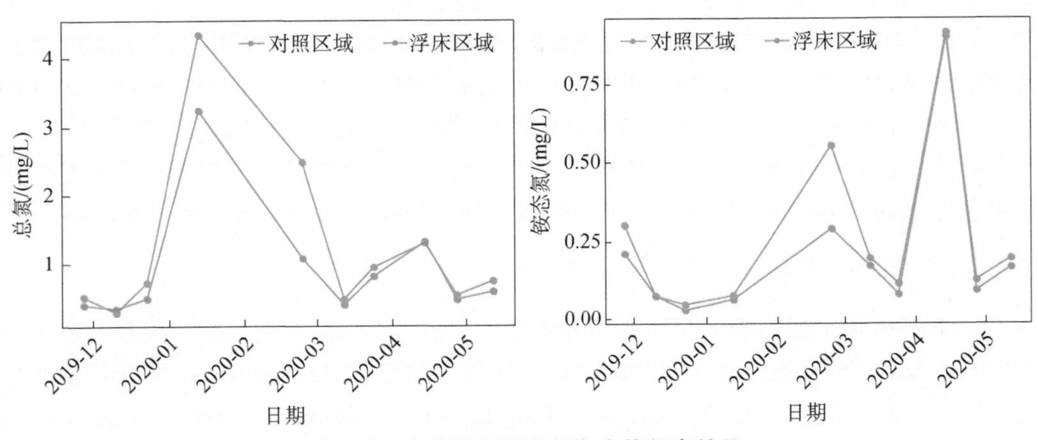

图 8-26　生态浮床技术修复水体氮素效果

8.3.2 ISSA PGPR 技术

ISSA PGPR 技术是把激活 PGPR 所需的各种营养物质（碳源、酶、微量元素及其他载体）通过微包覆技术制成颗粒均匀的生态修复剂投放在生态修复系统中，建立起“PGPR 选择性激活平台”，同时利用缓释技术把这些营养物质持续提供给水环境中的 PGPR 微生物，从而使得 PGPR 微生物被连续不断地激活并且快速繁殖的技术（庞金钊等，2003）。该技术可为这些微生物的生长、繁殖提供能量，从而加速水体中 PGPR 微生物的生长和繁殖，激活后水体中的 PGPR 微生物总数约为原来的 100 倍，其数量可达到 10^5～10^8 cfu/mL。这些大量繁殖的微生物将水体中的营养物质（如氮和磷等）转化成可被浮游微生物及水生植物吸收的营养物质，这些浮游微生物和水生植物又被当作鱼、虾等生物的食物，从而形成一个完整的食物链，进入一种生态的循环体系，使水质得到改善，从而达到治理目标，实现污染物的原位修复，达到提升水质的效果，重新恢复整个水体环境的生态平衡（图 8-27）。PGPR 生态修复系统是在遭受破坏的生态系统的基础上，通过在生态修复系统内激活水环境中土著的 PGPR 微生物，其大量繁殖后再随循环系统的水流进入水域，从而丰富水体的生物群落，促进生态系统的修复，并建立高效的食物链，改善水体的自净功能。

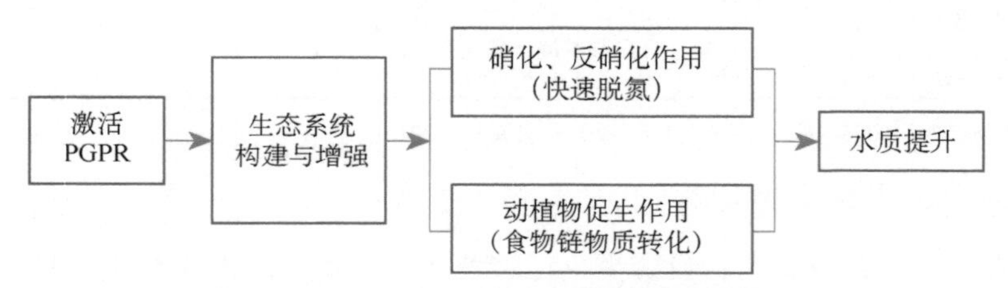

图 8-27 ISSA PGPR 水质提升技术路线图

资料来源：浙江阿凡柯达环保科技有限公司

1. ISSA PGPR 技术性能指标

（1）组成部分：该技术由生态修复剂和人工反应平台组成。生态修复剂是一种能够选择性激活 PGPR 的纳米级营养颗粒剂。人工反应平台由发泡浮箱、反应池、信息反馈装置等组成，可随水位涨落而浮动。

（2）技术原理：PGPR 是对植物生长有促进或对病原菌有拮抗作用的有益细菌的统称，具有降解污染物的作用，同时存在于水体和土壤环境中。该技术的核心是激活土著 PGPR 微生物，通过使对环境有益的微生物自身繁殖，对水体和土壤进行修复。

（3）特性：该技术无须前期大规模的土建工程，其处理维护费用较低，费用是传统的生态修复方法的一半；PGPR 微生物适应性强，效果显著；原位激活，无二次污染。

2. ISSA PGPR 技术应用范围及条件

ISSA PGPR 技术适用于黑臭河的生态修复，湖泊、水库的蓝藻治理，以及大江大河全流域生态恢复。本节引进的浙江阿凡柯达环保科技有限公司 ISSA PGPR 技术适用的边界条件为 COD_{Cr}＜400 mg/L，BOD_5/COD_{Cr}＞0.3 mg/L，氨氮＜50 mg/L，总磷＜5 mg/L，5＜pH＜10，−10℃＜温度＜50℃，水体流速＜0.3 m/s。

人工反应平台额定电压：220 V，额定功率：165 W，正常流量：4.8 m^3/h，工作压力：0.12 MPa，设备重量：60 kg，最大装料量：100 kg，最低工作水位：80 cm。

3. ISSA PGPR 技术的净化效果

已有研究表明，氨氮含量高达 12.4 mg/L 的劣Ⅴ类水体引进 PGPR 生态修复系统，经过 5 个月治理后，氨氮含量显著降低到 1.48 mg/L，达到Ⅳ类水质标准。该技术修复水体氮素污染有较好的效果，通过安装生态修复系统，来选择性激活 PGPR 中具有有氧反硝化作用的微生物。有氧反硝化细菌也是异养硝化菌，可在有氧的条件下，使硝化和反硝化作用同时进行。硝化作用的产物可直接作为反硝化作用的底物，这样便避免了硝酸、亚硝酸积累对硝化反应的抑制，加速了硝化-反硝化进程，从而能够达到快速降低水体中氨氮浓度的目的（张媛媛等，2022）。

本节研究在江西水土保持生态科技园的污染湖体引进了 ISSA PGPR 技术，并进行了水污染治理前后对比试验。经过治理，湖体水质有了明显提升，水体达到了良好的自净效果（图 8-28），亦表明 ISSA PGPR 技术具有较好的推广应用前景。

图 8-28 ISSA PGPR 技术的应用现场和修复效果

8.3.3 人工湿地技术

人工湿地是人为创造的一个适宜于水生植物或湿生植物生长的、根据自然湿地模拟的人工生态系统。湿地通过植物、填料及微生物的作用能够有效截留来自农田地表和地下径流的固体颗粒物、氮、磷和其他化学污染物，然后通过土壤吸附、植物吸收、微生物降解等一系列作用，降低进入地表水中的氨氮化合物的含量，降低面源污染风险。另外，湿地生态工程具有投资少、运行费用低、易于维护管理、运行比较稳定、处理效果好的特点（范钰，2017；谭琳和王乃嵩，2011）。

表面流湿地与自然湿地最为接近，因其造价低、人工投入少、操作简单等特点，在面源污染治理中得到广泛应用。人工湿地的显著特点之一是对有机污染物有较强的去除能力。废水中的不溶性有机物经过湿地的沉淀、过滤可以很快被截留下来，被微生物利用，可溶性有机物则通过植物根系生物膜的吸附、吸收及生物代谢降解过程而被分解。研究表明，在进水浓度较低的情况下，人工湿地对 BOD_5 的去除率可达 85%～95%，对

COD 的去除率可大于 80%（邹渝和李云祯，2017）。人工湿地对氮的去除主要是靠微生物的氨化、硝化和反硝化作用完成的；对磷的去除是通过植物的吸收、微生物的积累及湿地床的物理化学等几方面共同作用完成的。

本节研究引进了人工湿地技术，进行了污水处理试验（图 8-29）。人工湿地的进水是通过地埋式厌氧池、集水池、曝气塔处理后的出水，其通过管道送入湿地池底部，经人工湿地处理后流出。人工湿地采用二级湿地系统，规格为 6.5 m×2.5 m×1.2 m，在一级湿地系统中通过罗茨风机进行曝气，二级湿地中种植湿地植物。湿地中的填料为鹅卵石，粒径为 3～5 cm，厚度为 40 cm，湿地植物为水浮莲、浮萍等，其主要在二级湿地中，水力停留时间为 20 h。

图 8-29　人工湿地技术推广现场

氮是植物的必需元素，污水中的氮在湿地植物的吸收和同化作用下被合成有机成分，通过收割从系统中去除；湿地中某些细菌种类可以从污水中吸收超过其生长所需的氮，而微生物细胞积累的过量内含物，可通过对湿地床的定期更换而将其从系统中去除。湿地中土壤和填料在为植物和微生物提供生长介质的同时，还能通过离子交换、专性与非专性吸附、螯合和沉降反应等作用直接去除氮。检测结果发现，经过整个湿地系统的处理后，养殖混合污水中的氮素污染得到了较好的去除，NH_4^+-N 含量为 72 mg/L，去除率为 51.7%。

8.4　本 章 小 结

在对红壤坡耕地氮素损失过程规律研究的基础上，针对氮素流失的重点途径、主要形态和关键时间节点，开展了施肥耕种源头削减、水土保持过程阻控以及坑塘系统末端治理三类关键技术的研发，涉及减氮调控施肥技术、生物炭-保水剂联合施用技术、种植制度优化技术、秸秆覆盖技术、植物篱间作技术、轻简化免耕技术、生态垄作技术、生态浮床技术、ISSA PGPR 技术、人工湿地技术 10 项单项技术，以期有效地防控红壤坡耕地氮素水体损失及其对环境的影响。

参考文献

范钰. 2017. 人工湿地污水处理技术的应用研究[D]. 上海：上海师范大学.

郭守春. 2013. 保护地菜田氮素去向及氮素平衡研究[D]. 呼和浩特：内蒙古农业大学.

何园球，王兴祥，胡锋，等. 2002. 红壤丘岗区人工林土壤水分、养分流失动态研究[J]. 水土保持学报，16（4）：91-93.

巨晓棠，张翀. 2021. 论合理施氮的原则和指标[J]. 土壤学报，58（1）：1-13.

李景，吴会军，武雪萍，等. 2014. 长期不同耕作措施对土壤团聚体特征及微生物多样性的影响[J]. 应用生态学报，25（8）：196-203.

林小兵，周利军，黄尚书，等. 2020. 不同施氮量下南方红壤花生农艺性状、产量及土壤养分的变化[J]. 热带作物学报，41（6）：1076-1083.

刘海军，康跃虎. 2002. 喷灌动能对土壤入渗和地表径流影响的研究进展[J]. 灌溉排水，21（2）：71-74，79.

刘世平，聂新涛，张洪程，等. 2006. 稻麦两熟条件下不同土壤耕作方式与秸秆还田效用分析[J]. 农业工程学报，（7）：48-51.

刘学军，巨晓棠，潘家荣，等. 2001. 冬小麦-夏玉米轮作中的氮素平衡与损失途径[C]//中国土壤学会. 氮素循环与农业和环境学术讨论会论文集. 厦门：氮素循环与农业和环境学术讨论会.

卢进登，帅方敏，赵丽娅，等. 2005. 人工生物浮床技术治理富营养化水体的植物遴选[J]. 湖北大学学报：自然科学版，27（4）：3.

罗振鹏，谢芳. 2019. 硝酸盐调控豆科植物与根瘤菌共生固氮的机制研究[J]. 生物技术通报，35（10）：34-39.

庞金钊，杨宗政，曹式芳. 2003. 微生物制剂在城市湖泊水体生物修复中的作用[J]. 环境污染与防治，（5）：301-302，305.

石彦琴，高旺盛，陈源泉，等. 2010. 耕层厚度对华北高产灌溉农田土壤有机碳储量的影响[J]. 农业工程学报，26（11）：85-90.

宋海星，申斯乐，马淑英，等. 1997. 硝态氮和氨态氮对大豆根瘤固氮的影响[J]. 大豆科学，4：283-287.

孙真，陈涵肖，付尚礼，等. 2018. 生态浮岛处理微污染水体综述[J]. 环境工程，36（12）：10-15.

谭琳，王乃嵩. 2011. 人工湿地在小城镇环境保护中的应用[J]. 城市建设理论研究，（31）：1-5.

万书波，封海胜，左学青，等. 2000. 不同供氮水平花生的氮素利用效率[J]. 山东农业科学，（1）：31-33.

肖国滨，吴艳，肖富良，等. 2020. 红壤旱地周年三茬油作物种植方法：中国，ZL 201811538955.7[P].

熊琳沛，刘俊豪. 2014. 生态浮床植物选择分析[J]. 现代农业科技，（13）：2.

杨洁，等. 2017. 江西红壤坡耕地水土流失规律及防治技术研究[M]. 北京：科学出版社.

袁光，张冠初，丁红，等. 2019. 减施氮肥对旱地花生农艺性状及产量的影响[J]. 花生学报，48（3）：30-35.

张桂莲，赵瑞，刘逸童，等. 2019. 施氮量对优质稻产量和稻米品质及氮素利用效率的影响[J]. 湖南农业大学学报（自然科学版），45（3）：231-236.

张媛媛. 2022. 城区水系综合整治工程中 ISSA PGPR 生态修复技术应用效果分析[J]. 河南水利与南水北调，（2）：72-75.

赵晓海，唐尚柱，张学胜，等. 2021. 秸秆覆盖种植大球盖菇结合坡面改造对林坡地生态的保育效果[J]. 水土保持通报，41（2）：149-155.

赵秀芬，房增国. 2005. 大豆、花生固氮与施氮关系的研究进展[J]. 安徽农学通报，（3）：48-49.

赵亚南，宿敏敏，吕阳，等. 2017. 减量施肥下小麦产量，肥料利用率和土壤养分平衡[J]. 植物营养与肥料学报，23（4）：864-873.

赵亚南，徐霞，黄玉芳，等. 2018. 河南省小麦、玉米氮肥需求及节氮潜力[J]. 中国农业科学，51（14）：2747-2757.

郑立国，杨仁斌，王海萍，等. 2013. 组合型生态浮床对水体修复及植物氮磷吸收能力研究[J]. 环境工程学报，7（6）：2153-2159.

邹渝，李云祯. 2017. 不同类型人工湿地对生活污水的净化效果[J]. 江苏农业科学，45（7）：6.

Zheng H J, Nie X F, Liu Z, et al. 2021. Identifying optimal ridge practices under different rainfall types on runoff and soil loss from sloping farmland in a humid subtropical region of Southern China[J]. Agricultural Water Management, 255：107043.

第9章

鄱阳湖区坡耕地氮素侵蚀和渗漏损失防治示范

针对氮（含活性氮）随侵蚀和渗漏进入水体的重点途径、主要形态和关键时间节点，本书第 8 章介绍了减氮调控施肥技术、生物炭-保水剂联合施用技术、种植制度优化技术、秸秆覆盖技术、植物篱间作技术、轻简化免耕技术、生态垄作技术、生态浮床技术、ISSA PGPR 技术、人工湿地技术 10 项单项技术。本章按照源头削减—过程阻控—末端治理的技术路线，进一步提出科学施肥耕种确保源头削减、配套水保措施实现过程阻控和巧用坑塘系统完成末端治理的防治思路，并选择典型区域进行技术集成与示范推广。

9.1 防治思路

9.1.1 科学施肥耕种确保源头削减

1. 稳产增产下化肥减量施用

1）严格控制肥料用量

农民为了追求高产而过量施用氮肥的现象较为普遍，已初步证实，京津唐地区部分地下水或井水中硝酸盐含量超标与当地长期大量使用氮肥有密切关系。欧美等国家和地区的许多研究也发现，大量施氮和灌溉确实可引起地下水硝酸盐污染。巨晓棠等（2002）研究发现，低量施氮条件下，作物对氮素利用效率相对较高，土壤中残留 N_{min} 和表观损失的数量相对较低；当施氮量增至常规和高量水平后，作物吸氮量不再明显增加而土壤残留 N_{min} 和表观损失的数量急剧增加。

基于 ^{15}N 稳定同位素示踪法的两种坡度条件（5°和 10°）下整个生长季花生植株地上部对肥料氮利用率为 14.0%～15.4%、两种耕作处理（常规翻耕和少免耕）下整个生长季花生植株对肥料氮利用率为 34.42%～42.23%；基于质量平衡法的 8°常规翻耕下，整个生长季花生植株对肥料氮利用率为 25.19%～27.87%，表明绝大部分的氮肥通过径流泥沙流失、气态挥发损失或残留于土壤（其中随地表径流和泥沙侵蚀损失的氮肥占总施氮量的 8.1%～12.7%），意味着当前红壤花生坡耕地施肥水平高于作物实际需求，存在着较大的压缩空间。通过测土配方施肥技术，在科学了解土壤养分盈亏状况的基础上，结合作物生长对养分的实际需求，针对性地制定施肥方案，严格控制肥料用量，实现化肥减量增效与农田增产丰收，在满足作物生长需求的同时最大程度上减轻肥料养分流失对水环境的危害。

2）合理安排施肥时机

已有研究结果表明，施肥时间是氮素吸收利用的重要影响因子之一，如沈其荣和徐国华（2001）报道，对小麦、玉米在不同时期追施 ^{15}N 尿素，不仅可以改善所施肥料成分中相应元素的营养状况，而且能够促进植株对氮、磷的吸收和提高氮、磷转运到籽粒中去的比例。因此，可以通过合理安排施肥时机来降低肥料养分随侵蚀和渗漏损失的风险。前文研究表明，在尿素氮肥施用后的农田氧化亚氮（N_2O）排放、氨（NH_3）挥发、硝态氮和铵态氮淋洗（氮渗漏）和径流（氮径流）4 种损失途径中，基肥撒施后翻耕或肥料穴施以渗漏为主，追肥撒施以渗漏和径流为主；肥料氮分两次施入，避免了一次大量施入后遇到暴雨造成氮素的大量流失。降水强度对氮素淋失率存在影响，其小于土壤入渗率时，表土中的氮素将沉积于深层土壤（尤其是硝态氮），这些氮素在土壤发生侵蚀时，随水分下渗，并在土壤剖面滞留、扩散，除一部分被作物的根系吸收外，还有一部分则到达更深的层次，作物根系无法到达，最终随渗漏水排出，导致地下水源发生污染（张兴昌和邵明安，2000）。多数作物幼苗期距施基肥的时间间隔短，田间氮养分浓度高，而且作物幼苗期的叶面积指数小，植被覆盖率低，作物水土保持力较差，降雨对地表的作用力较大，从而导致径流和土壤侵蚀对污染物的挟带能力比较强。因此，施肥时应尽可能把握天气情况，尽量避免雨前或者灌溉前施肥，尤其要避免暴雨前施肥。同时，在不影响作物生长的前提下，合理安排施肥活动在作物生育期内的时间分配，坚持少量多次的原则，减少基肥施用量，后期通过追肥方式补充作物生长所需养分，尽量减少肥料施用时间分配不均导致的间歇性盈余和亏损并存的情况，从而有效降低肥料养分流失的风险。

3）科学选择肥料品种

植株对不同形式氮肥的吸收利用率不同。Stevens 和 Laughlin（1989）发现黑麦草（*Lolium perenne* L.）对 ^{15}N 标记的硝酸铵和尿素的平均利用率分别为 73.9%和 82.0%。Jenkinson 等（2004）研究添加标记氮素 19 年后的氮去向时发现，铵态氮的利用率（69.6%）要高于硝态氮（64.3%）。这不仅与植物本身对不同形态氮素的偏好、土壤理化性质及季节性变化有关，而且与肥料添加时间、添加方式也有密不可分的联系。

不同肥料品种的流失程度也有所不同。以氮肥为例，不同种类氮肥经过田间的各种途径作用，成为径流中氨氮的重要来源。不同肥料类型氮素的淋失率差异较大，碳铵、硫酸铵损失量明显较小，而尿素次之，损耗率最大的为硝酸钾（张庆利等，2001）。选择合适的肥料品种可有效减少各种损失，不同化肥品种在田间的流失顺序为：硝酸铵＞碳铵＞氯化铵＞氮肥+有机肥。在农业生产过程中，尤其在播种前施基肥或在作物幼苗时期追肥，应减少施用碳铵这类分解速度快的肥料，多施用有机肥。因为有机肥中的腐殖质可以提高土壤的保肥性能，还可以增强土壤微生物的数量和活力，利用土壤微生物先将肥料氮同化，然后再缓慢释放，提高氮肥的利用率，减少氮肥流失。本研究证实，普通尿素在足量的淋洗条件下十分容易损失掉，因此可以考虑采用控释肥料代替普通肥料，因为较大的包膜肥料颗粒在土壤的覆盖下不容易被水冲走和快速溶解（谭德水等，2011），还可以选择多种保护性措施，如带状生草覆盖、等高植物篱等减少水-土-养分流失。

4）准确把握施肥深度

针对不同肥料品种和施肥用途，准确把握施肥深度有助于提高肥料利用效率、减少坡面养分流失。氮素易随渗漏水分淋失，而表土层是侵蚀泥沙的主要来源。因此，施用氮含量较高的化肥作基肥时，既要避免埋深过大导致化肥氮素大量淋失，又不能埋深过小引起氮素随地表径流和侵蚀泥沙大量迁移；施用有机肥作基肥时，可以适当加大肥料埋深，以减少氮素随地表径流和侵蚀泥沙流失的风险；追加尿素等氮素化肥时，在雨后土壤表面撒施后适当覆土。配置滴灌系统的坡耕地，结合作物生长实际需求，随灌溉过程采用滴灌系统精准施用肥料，能够更加高效地利用肥料，最大限度地降低施肥活动对水环境产生的负面影响。

2. 使用生物炭减少氮素释放

鉴于传统速效化肥释放速度快、流失多等缺点，研发并生产生物炭与保水剂联合施用技术。作为一种新型环保材料，生物炭孔隙结构发达、比表面积巨大，具有高度生物化学稳定性和较强的吸附性能，通过改变土壤物理化学性质，改善土壤微生物环境，吸附固持土壤氮磷养分，不仅能够有效控制农田氮磷养分流失，降低水体富营养化风险，还能够显著增加土壤有效氮磷养分供给，提高养分利用效率，在改善土壤质量、提高作物产量等方面发挥重要作用。

不同生物炭的施用方式和配比，对不同土壤类型、不同农作物等产生的影响各异，应因地制宜，合理地进行生物炭的有效施用。本研究表明，应用生物炭开展红壤坡耕地面源污染防治时，生物炭施用量不宜过多，推荐施用量为10～20 t/hm^2，一般不应超过40 t/hm^2；保水剂施用水平为3%左右。同时，施用后发生降雨产流事件，应注意防止小流量、高浓度侧向壤中流的次生影响。

为了提高红壤坡耕地生物炭的面源污染防治效果，生物炭使用间隔以少于1年为宜，且尽量避免在高强度、长历时降雨期间或前期施用。结合区域降雨实际，与秋播作物基肥同步施用效果更佳。常规翻耕红壤坡耕地，一般在翻地施基肥时，同步撒施生物炭共同作为基肥，并与翻耕的表土层混合均匀。少免耕旱坡地，可以在开沟或开穴时，同步撒施生物炭，并在覆土时与表土混合均匀。少量施用时，亦可于雨后均匀撒施在坡耕地表面。

3. 优化种植制度提高复种指数

种植制度不同，化肥的投入量等也会不同，从而造成氮素流失情况不尽相同。本研究表明，与花生单作或油菜单作相比，红壤坡耕地花生-油菜轮作明显减少地表径流和土壤侵蚀量，进而减少氮素等养分流失；与一年一茬油料作物（油菜或花生或芝麻）种植模式为对照，周年三茬油料作物（油菜-花生-芝麻）种植模式在一个周年内，不仅能使油料作物产量成倍或接近成倍地增加，还可以增加产值1.95万～2.63万元/hm^2。可见，优化种植制度或种植模式，使红壤坡耕地现有油料作物种植的复种指数由1.0或1.5提高到3.0，不仅直接有效成倍或成双倍提高单位耕地面积的油料作物产量，还可以提高土壤抗蚀性能，减少氮素等养分流失。

9.1.2 配套水保措施实现过程阻控

1. 合理间种套作提高田间覆盖

植被可以增加地表覆盖、降低雨滴侵蚀动力、蓄水保土，对防治水土流失具有重要的作用。各项植被措施可从根本上改善生态环境，其因此成为研究热点，但目前治理实践中尚缺乏科学指导，存在较大的盲目性。梁娟珠等（2015）在福建省长汀县研究不同植被措施对坡面径流的影响，结果表明，植被能很好地调控坡面地表径流，但由于植被的结构、根系以及地表枯落物的差异，各种植被的保水效益存在差异。

前文研究表明，在花生幼苗期，受花生植株较小等影响，随地表径流、侵蚀泥沙和渗漏水损失的氮素占总施氮量的0.5%～1.1%；在花生花荚期，受降雨影响，随地表径流、侵蚀泥沙和渗漏水损失的氮素增加明显，累计肥料氮损失量占总施氮量的8.1%～12.6%；到花生成熟期，随地表径流、侵蚀泥沙和渗漏水损失的氮素增加缓慢，累计肥料氮损失量占总施氮量的8.1%～12.7%。由此可知，受肥料氮不断向土壤深层淋溶迁移和作物吸收利用的影响，花荚期肥料氮通过侵蚀和渗漏的损失量最大。因此，通过套种覆盖作物或间种田闲作物，增加红壤坡耕地植被覆盖度（尤其是作物轮作的间歇期和覆盖度较低的幼苗期），减少地表径流和侵蚀产沙；额外的覆盖或田闲作物对养分的吸收利用，提高了土壤养分循环利用效率，有效减少了土壤氮素（尤其是硝态氮）在土壤中的累积，有助于减少坡耕地肥料氮流失，降低河湖水体水质恶化风险。

2. 保护性耕作减少人为扰动

针对坡耕地，采用保护性耕作的土壤养分流失控制技术，如轻简化免耕技术、植物篱间作技术、生态垄作技术、秸秆覆盖技术等，可减少地表产流次数和径流量，进而减少氮素等养分流失。轻简化免耕是尽量减少翻耕次数或翻耕面积，这种方法对坡度较小的农田具有保持水土、改良土壤结构的功能，结合秸秆残茬覆盖效果更为明显。植物篱间作是在坡耕地上沿等高线，每隔一定坡间距，种植一行或多行的速生、萌生力强、经济价值较高的灌木、草本或灌草，两行植物篱间坡地种植农作物，形成农林、农牧复合生态系统。它不仅可以有效控制水土流失，使坡地逐渐梯化，而且可以改善土壤理化性质、增强土壤肥力、促进养分循环以及抑制杂草生长等，同时，其自身有一定的经济效益，对改善生态环境、实现坡耕地持续利用、增加农民收入具有重要意义。生态垄作技术是在坡面上沿等高线（或与等高线呈1%～2%的比降）开犁，形成较大的沟和垄，间隔一定距离沿等高线布设植物篱等草带，在垄面上栽种作物，起到减水减沙、防旱抗涝作用的一种耕作方式，可用于10°～20°坡耕地。生态垄作沟垄种植形成高凸的垄台和低凹的垄沟，改变了坡耕地小地形，每条沟垄都发挥就地拦蓄水土的作用，增加了降水入渗，同时沿等高线布设的植物篱又可起到对泥沙的机械阻滞、坡面梯化等作用。秸秆（残茬）覆盖是以农业副产物或绿肥为材料进行的地面覆盖，同地膜覆盖比较，秸秆覆盖具有成本低、就地取材、方法简单、易于大面积推广应用等优势，同时还解决了秸秆再利用的问题，防止由秸秆燃烧造成的资源浪费和环境污染。

3. 科学布设田间工程阻截氮素流失

降雨属于自然气象现象，不受人为控制，但可以通过一定的田间工程手段，减少径流挟带的氮素进入水体。在旱坡地和水体之间建立草地或林地绿化区、缓冲带等，可以有效隔离农田与水体，从而使土壤或作物更多地吸收污染物，同时降低径流流速，沉淀悬浮的污染物。植被缓冲带能控制水土流失、阻截污染物进入河流。不同类型的植被缓冲带对地表径流中农业面源污染有不同效率的阻截效果，1～6 m宽的植被过滤带可以阻截19.4%～42.9%来自地表径流的总氮（魏忠平等，2020）。有研究发现（Humberto et al.，2004），植物篱可有效截留来自农田地表径流中的氮和磷，有机氮、硝态氮、铵态氮和磷酸盐的截留效率分别为55%、27%、19%和37%。植被缓冲带对农业径流中污染物的截留效率受诸多因素影响，包括植被类型、缓冲带宽度、坡度以及水文地质条件等。坡地农田的水沟也可以有效控制地表径流，防止水土流失。整修田间水渠、建好农田灌排配套工程不仅可以减少农田氮对水体的污染，而且能明显提高水分和化肥利用率。本研究表明，无论何种降水年型、何种坡度、何种耕作措施，红壤花生坡耕地水体氮素输出均以渗漏为主要途径；施肥导致的活性氮水体损失对地表水威胁大于其对地下水威胁。因此，在雨量丰沛且渗漏发育的南方红壤坡耕地，适当减免在坡耕地上扰动，或进行田面改造（如修建水平梯田），可以减少氮素养分进入地表水，并增加氮素利用效率。

9.1.3 巧用坑塘系统完成末端治理

坡面下部的塘坝系统是红壤坡耕地坡面流失氮素进入水体的主要通道。红壤丘陵区通常利用塘坝进行灌溉和水产养殖，既能有效调蓄降雨径流，提高径流利用效率，又能充分利用塘坝水体，提高农民收入。除了以上功能之外，塘坝尤其是设置生态浮床后，还能有效拦截径流泥沙，削减旱坡地输出的氮污染，我国南方地区塘坝是极为常见的储存和拦蓄地表径流的蓄水设施，其具有农业灌溉、调蓄雨洪资源、防止水土流失及拦截面源污染物等重要功能（朱寿建，2020）。多塘系统对减轻农田流失氮等营养物质的效果十分理想，对过境营养物质的去除率可以达到 90%以上（毛战坡等，2004）。前文研究表明，红壤花生坡耕地氮素随各分层径流输出通量以溶解态为主（累计占 TN 流失量的 71.9%～92.9%）；壤中流和深层渗漏中溶解态氮以无机氮，尤其是硝态氮（NO_3^--N）为主，而地表径流中溶解态氮虽以硝态氮为主，但铵态氮（NH_4^+-N）有时也占有较大份额。因此，为了有效降低坡耕地氮流失对水环境的污染，可以在渗透性好的坡面中部开挖集水池，通过增加坡耕地坡面径流拦截量和增强物理沉降作用，实现坡耕地面源污染氮的高效去除；在坡脚宜构建水面较大的浅滩湿地，以延长径流氮素在湿地的滞留时间，同时结合 ISSA PGPR 技术促进生物/微生物活动，以增强旱坡地面源污染氮素（尤其是渗漏水中溶解态氮）的去除效果，实现对红壤坡耕地氮素面源污染物的末端治理。

9.2 示 范 推 广

江西省地处南方红壤丘陵区中心地带，其红壤坡耕地具有典型代表性。在江西省进行红壤坡耕地氮素侵蚀和渗漏损失协同调控技术集成与示范，可为红壤坡耕地氮素损失调控的水土保持措施提供技术支撑和典型示范，为江西省建设生态文明先行示范区和红壤丘陵区坡耕地农业健康可持续发展提供决策依据和理论支撑。近年来，依托国家水土保持生态科技示范园和国家坡耕地水土流失综合治理工程等项目的建设，在江西省德安县建立了 1 处集中示范区，并在江西省进贤县和丰城市等地建立了 5 处典型推广应用区，促进了研究成果向现实生产力的转化。

（1）示范区建设的指导思想：以科学发展观为指导，尊重自然、社会和经济发展规律，在红壤坡耕地氮素损失过程规律及影响机制研究的基础上，提出氮素侵蚀和渗漏损失协同调控关键技术，并建立技术集成与示范基地。

（2）建设目标：在项目实施中，逐步建立科学施肥耕种确保源头削减-配套水保措施实现过程阻控-巧用坑塘系统完成末端治理“三位一体”梯级协同调控技术集成示范推广基地共6处（表9-1），它们具有一定的规模，将成为推广示范样板。

（3）建设效果：结合国家水土保持重点建设工程、国家农业综合开发水土保持项目和国家坡耕地水土流失综合治理工程项目，通过对技术集成与创新应用，共建成示范推广区6处，推广应用面积共计30602.70亩。据统计，示范推广区新增利润7605.77万元。

项目实施后，示范推广区水土保持综合治理程度达到70%以上，植被覆盖率达到70%以上，减沙效率达到75%以上，水土流失和坡面氮素损失得到有效控制，土壤肥力明显提高，农业生产条件明显改善，土地生产力显著提高，推动和促进了农村产业结构的调整，带动农村经济健康发展和农民脱贫致富。

表9-1 红壤坡耕地水土保持调控氮素损失技术应用一览表

编号	所在地	示范技术	种植作物	应用面积/亩
1	德安县	施肥耕种源头削减技术（减氮调控施肥、生物炭与保水剂联合施用、种植制度优化）；水土保持过程阻控技术（稻草秸秆覆盖、黄花菜植物篱间作、轻简化免耕、生态垄作，以及坡面水系等田间工程）；坑塘系统末端治理技术（山塘+生态浮床、坑沟+ISSA PGPR、人工湿地）	油菜 花生 大豆	60.00
2	进贤县	施肥耕种源头削减技术（减氮调控施肥、周年三茬油料作物种植制度优化等）；水土保持过程阻控技术（稻草秸秆覆盖、香根草植物篱间作等）	花生 油菜	4000.00
3	丰城市	水土保持过程阻控技术（水平梯田、截排水沟、蓄水池、沉砂池等田间工程，地埂植物带等保护性耕作措施）；施肥耕种源头削减技术（有机无机配施的减氮调控施肥技术、花生或大豆与油菜轮作的种植制度优化技术）	花生 大豆 油菜	6667.05
4	樟树市	水土保持过程阻控技术（水平梯田、截排水沟、蓄水池、沉砂池等田间工程，地埂植物带等保护性耕作措施）；施肥耕种源头削减技术（减氮调控施肥技术、种植制度优化技术）	花生 油菜	13528.80
5	南昌县	施肥耕种源头削减技术（周年三茬油种植制度优化技术为主）	花生 油菜 芝麻	5600.00
6	宁都县	坑塘系统末端治理技术（生态浮床技术、人工湿地+氧化塘污水处理技术等）	—	764.85

9.2.1 德安县集中示范区

1. 示范区概况

德安县集中示范区依托江西水土保持生态科技园建设。该示范区位于江西省九江市德安县城郊，占地1200亩，距南昌市70 km、九江市50 km，交通便利。该示范区为集水土保持科研试验、推广示范、人才培养、科普教育和生态体验于一体的综合性科技示范园区，其将被打造成为国际先进、国内一流的水土保持科研创新基地，为我国南方红壤丘陵区的水土保持生态建设提供技术支撑和示范样板。

2. 示范区建设情况

该示范区主要开展了减氮调控施肥技术、生物炭与保水剂联合施用技术、种植制度优化技术、稻草秸秆覆盖技术、黄花菜植物篱间作技术、轻简化免耕技术、生态垄作技术、生态浮床技术、ISSA PGPR 技术、人工湿地技术 10 项单项技术示范（图 9-1）。

图 9-1 集中示范区全景

同时，针对实际的自然条件和生产目标，对以上单项技术进行了集成融合，构建了源头削减—过程阻控—末端治理“三位一体”梯级协同阻控技术模式，建成集中示范区。在该示范区内，依托坡耕地开发，主要开展了科学施肥耕种确保源头削减—配套水保措施实现过程阻控—巧用坑塘系统完成末端治理的“三位一体”梯级协同阻控技术集成与示范，占地约60亩。

在该示范区内，我们首先通过严格控制肥料用量、合理安排施肥时机、科学选用肥料品种、准确把握施肥深度等方式进行科学施肥管理，联合生物炭施用、种植制度优化等方式确保源头削减，然后通过合理套种间作提高田间覆盖（如花生常规耕作+间作黄花菜植物篱、花生-油菜轮作等）、实施保护性耕作（轻简化免耕、营建植物篱、生态垄作、秸秆覆盖等）、科学布设田间工程（如生态路沟、蓄水池等坡面水系工程等）阻截氮素流失等方式实现过程阻控，最后通过在坡面下部开挖坑塘、设置人工湿地、引入ISSA PGPR和生态浮床等技术完成末端治理，建成江西红壤坡耕地主要油料经济作物（花生、油菜、大豆）生态种植的示范基地，发挥良好的示范样板作用。

3. 示范效益

经过多年建设，目前已建成集科研与展示为一体的示范基地，面积达60亩。示范区建成后经济效益、生态效益和社会效益显著。每年可蓄水1.0万m^3，保土100 t，减少氮素流失0.11 t；2017～2021年四年来，集中示范区新增利润共计7.54万元，新增税收0.98万元，节支总额达0.53万元。例如，采取黄花菜植物篱间作的坡耕地与普通坡耕地相比，每年可减少地表径流量35%～66%、减少侵蚀泥沙量32%～87%、增加经济产值52%；每年保持了水土，直接减少了氮素等土壤养分的损失。

示范区内水土保持综合治理程度达到90%，水土流失基本得到控制；植被覆盖率平均达到80%，生态环境得到明显改善；减沙效率达到75%，土地生产力显著提高。此外，示范区社会效益显著，每年接待考察学习近千人次。

9.2.2 进贤县推广应用区

1. 推广应用区概况

进贤县推广应用区主要依托进贤县有枚种养专业合作社进行。推广应用区主要集中在罗溪镇，包含罗溪村、莲塘村、坝塘村、谭叶村、塔岗村、三房村、章岗村、西昌村、北边村、回峰村、南阳村11个建制村，土地总面积53.4 km^2。推广应用区属亚热带季风气候，天气温和，雨量充沛，日照充足，无霜期长。年均气温17.5℃，1月平均气温为5℃，7月平均气温为29℃，年均无霜期为282 d，平均日照时数为1900～2000 h。降水量为1587 mm，多雨年可达2326 mm，少雨年仅有1079 mm，降雨时间集中在4～7月，而初夏5～6月最多，12月最少，季节性干旱时有发生。

推广应用区地形为典型低丘（海拔25～30 m），土壤为第四纪红黏土母质发育的红壤，质地较黏重，肥力中等。土地开发利用程度高，耕地资源丰富，水土流失严重；林地所占比例低，且森林质量不高，效益低下。坡耕地分布面积较广，坡耕地的坡面完整，坡长在

50～230 m，坡度较缓，其中坡度10°以下的面积占坡耕地总面积80%以上。坡耕地常年种植的农作物有芝麻、甘薯、花生、大豆、油菜等。

2. 推广应用区建设情况

1）科学施肥耕种源头削减技术推广

源头削减技术是通过减少氮肥的施用或者优化施肥模式，从源头上减少氮素进入环境，是目前控制农业氮素面源污染最有效的技术手段。在科学了解土壤养分盈亏状况的基础上，结合作物生长对养分的实际需求，针对性地制定施肥方案，严格控制肥料用量，以有机无机肥料配施为核心减少化肥施用量。具体技术特点即①肥料种类：氮肥为尿素，磷肥为钙镁磷肥，钾肥为氯化钾，有机肥为鲜猪粪或腐熟的农家肥。②施肥量：纯氮8 kg/亩，P_2O_5 4 kg/亩，K_2O 8 kg/亩，鲜猪粪或农家肥用量500 kg/亩，或商品有机肥50 kg/亩。③施肥方式：有机肥和磷钾肥作基肥一次性施入，氮肥按6（7）：4（3）的比例分两次施入，分别为基肥、追肥，有机肥根据其腐熟程度或易腐烂程度在播种前2～7 d施入耕翻一次。④辅助措施：根据田间土壤酸化程度，配合施用生石灰50～100 kg/亩（杨洁等，2017）。该典型推广应用区面积为40亩（图9-2）。

图9-2 科学施肥源头削减技术推广应用区（有机无机肥料配施）

2）周年三茬油料作物种植制度优化技术推广

针对坡度在8°以下、立地条件较好且配套建设有一定浇灌条件的缓坡耕地，开展周年三茬油料作物种植，进行红壤坡耕地资源最大化有效利用，主要技术措施有：①油料作物品种选择，油菜选用冬播全生育期＜185 d、产量潜力＞100 kg/亩的品种，如'阳光131'，花生选用春播全生育期＜115 d、产量潜力＞200 kg/亩的品种，芝麻选用秋播全生育＜70 d的黑芝麻品种。②茬口衔接，上年度的秋芝麻收获后，旋耕连作接茬直播本年度冬油菜，油菜收获后耕耙连作接茬播种春花生，花生收获前3～7 d套播黑芝麻，春花生与秋芝麻共生期3～7 d。③轻简化施肥用量和次数，根据不同油料作物的肥料需求量，分两次精准施用。④轻简化施肥种类和方式，根据肥料种类特点，依据大田墒情、苗情及天气情况进行机械播种条施或撒施、基施或追施。⑤配套技术要点，一是花生套播芝麻，采取在花生收获前3～7 d套播芝麻，人工收获花生。二是油菜茬后播种花生，需要机收油菜并粉碎油菜秸秆全量还田（肖国滨等，2020）。该典型推广区面积为3800亩（图9-3）。

图 9-3 周年三茬油料作物种植制度优化技术推广应用（花生-芝麻-油菜周年轮作）

3）配套水保措施实现过程阻控技术推广

针对坡度为 8°～12°的缓坡红壤坡耕地水蚀与干旱并重、养分贫瘠等问题，以研发的红壤坡耕地水蚀阻控技术为核心，通过技术综合配置，构建了“保土、增加有机质、增加耕层土壤含水量”的“一保两增”的红壤坡耕地稻草秸秆覆盖+香根草植物篱技术体系。技术要点为：在坡耕地上每隔 8 m 种植 1 条香根草植物篱，每条植物篱带 2 行，株行距为 20 cm；篱间横坡垄作种植花生，种植密度为 40 cm×15 cm，每亩覆盖稻草 200 kg（杨洁等，2017）。该典型推广应用区面积为 160 亩（图 9-4）。

(a) 稻草秸秆覆盖

(b) 香根草植物篱

图 9-4 水土保持过程阻控技术推广应用

3. 推广效益评价

1）经济效益

红壤坡耕地科学施肥源头削减技术经济效益分为三个层次，单施有机肥以及有机肥和化肥配施的处理每公顷作物产值能达到 2 万元以上，年收益也表现为正值；单施化肥和高倍化肥处理每公顷作物产值在 1.5 万～1.68 万元，但年收益表现为负值；而不施肥处理产值不足 0.5 万元，年亏损 1.2 万元。通过实施有机无机肥料配施技术，每亩作物产值能达到 1300 元以上，与传统施肥方式相比，每亩增收超过 360 元；四年来推广应用区累计增收 5.76 万元（杨洁等，2017）。

周年三茬油料作物种植制度优化技术在一个周年内，以一年一茬油料作物（油菜或花生或芝麻）种植模式为对照，虽然在单个油料作物产量上稍有减产，但能同时生产油菜、花生和芝麻3种油料产品，油料产量成倍或接近成倍增加，从产值上看，单个油料作物的产值稍有下降，但三茬油料作物总体上可以增加产值1300～1750元/亩（肖国滨等，2020）。

水土保持过程阻控技术示范区因有稻草秸秆覆盖，所以可有效抑制杂草生长，与常规种植相比，每亩减少用工成本约50元，产值增加281元，实际每亩增收331元，累计增收21.18万元（杨洁等，2017）。

2）生态效益

阻控土壤侵蚀：该技术分别有效降低土壤径流和侵蚀量70.0%和97.2%，土壤有机质含量增加6.01%，改善了农地生态环境，提升了土壤地力，每年可增加蓄水4.0万m^3，保土400 t，减少氮素流失0.36 t。

提高资源利用率：该技术提高了秸秆资源的利用率，辅助能的转化效率提高39.2%，土壤抗旱能力延长7～8 d，增加水资源循环利用率；同时，稻草秸秆覆盖使氮、磷、钾养分循环利用率平均分别提高68.2%、68.0%、235.0%。

土壤改良效益：该技术可有效改善土壤结构，提高土壤肥力，提高肥料利用率，减少农业面源污染；同时，稻草秸秆覆盖可减少雨滴溅蚀，减少水土流失和养分损失。

3）社会效益

项目组联合合作社先后组织了20期技术培训，培训农民和农技人员达到500人次，使广大农民和农技员掌握了相关技术，建立了一支颇具规模的农民技术队伍，有效提升了农民科技素质。

9.2.3 丰城市推广应用区

1. 推广应用区概况

丰城市推广应用区主要依托丰城市湖塘项目区坡耕地水土流失综合治理工程项目进行。该推广应用区包含湖塘乡岭下村、虔溪村、堎上村、雄庄村、圳上村、六坊村、湖塘村、东荆村、矩塘村9个建制村，土地总面积46.39 km^2，其中耕地20.73 km^2，占44.69%；园地2.14 km^2，占4.61%；林地10.81 km^2，占23.30%；其他12.71 km^2，占27.40%。该推广应用区内地形地貌以低丘岗地为主，海拔25～63 m，相对高差38 m，地形起伏不大，丘顶圆润，坡度在5°～10°，坡长多在60～220 m；属亚热带季风气候区，气候温和，雨量充沛，四季分明，多年平均气温17.6℃，极端最低气温-14.3℃，极端最高气温39.7℃，多年平均降水量1677.5 mm，多年平均无霜期265天，实测最大风速22 m/s。

该推广应用区地带性土壤以红壤为主，成土母质以第四纪红黏土为主，多分布于丘陵和岗地，大都呈酸性，pH为5～6。有机质、氮素、钾素的含量高低不一，速效磷普遍缺乏，土体肥力较差。土地开发利用程度高，耕地资源丰富，水土流失严重；林地所占比例较高，但森林质量不高，效益低下。坡耕地分布面积较广，坡耕地的坡面完整，坡度较缓，其中坡度在5°～10°的面积占坡耕地面积的80%以上。坡耕地现种植的农作物有花生、大豆、油菜等，大面积坡耕地分布影响到当地种植业的发展，出现了“地越耕越瘦，肥越施越多”，增肥不增收的现象。

2. 建设内容

该推广应用区于 2017 年 11 月～2018 年 3 月以配套水保措施实现过程阻控技术（水平梯田、截排水沟、蓄水池、沉砂池等田间工程，地埂植物带等保护性耕作措施）为主，融合科学施肥耕种确保源头削减技术（有机无机配施的减氮调控施肥技术、花生或大豆与油菜轮作的种植制度优化技术），推广区面积达到 6667.05 亩（图 9-5）。主要技术规模包括新修水平梯田 6667.05 亩、地埂植物带 52.97 hm^2、截排水沟 33.98 km、蓄水池 1 座、沉砂池 171 口等。

坡耕地原貌 1

坡耕地原貌 2

坡耕地现状 1

坡耕地现状 2

图 9-5 丰城市推广应用区技术示范过程

3. 效益评价

通过配套以水平梯田为代表的水保措施实现坡面水土流失过程阻控，5°～8°的坡耕地基本得到治理，耕作面坡度降低到 5°以下，大大改变了径流形成的条件，避免了大面积坡面的汇流，有效拦蓄田面积水，减少土壤侵蚀。经测算，该推广应用区各项水土保持措施全面发挥效益后，每年可蓄水 133.52 万 m^3，保土 1.36 万 t，减少氮素流失 14.81 t。据统计测算，自技术应用推广以来，该推广应用区新增利润共计 493.36 万元，新增税收 64.14 万元，节支总额达 35.10 万元，经济效益显著。

坡改梯的建设从源头上减少了河流面源污染，保护了河流水质洁净，同时一定程度上减轻了下游农田水利工程的淹没和淤积，使水利设施更好地发挥效能。坡改梯能有效提高土壤有机质含量，改善土壤理化性质，进一步提高土壤通气、透水、保肥能力，是坡耕地从“三跑田”变为“三保田”的基础。该推广应用区通过示范生产实践，有效改善了基础生产条件，提高了土地生产力，调整了土地利用结构，保障了粮食产量，为推广应用区社会进步、农业可持续发展奠定了基础，减轻了推广应用区自然灾害的影响和对下游的威胁，保障了当地粮食产量；同时提高了劳动生产效率，为市场经济和第三产业发展提供了劳动力资源，吸收农村剩余劳动力210余人，从而有助于促进农民增收。

9.2.4 樟树市推广应用区

1. 推广区概况

樟树市推广应用区主要依托樟树市中洲乡吴城项目区坡耕地水土流失综合治理工程进行。该推广应用区地形地貌以低丘岗地为主，海拔38～68 m，相对高差30 m，地形起伏不大，丘顶圆润，坡度在5°～7°，坡长多在60～200 m；属亚热带湿润季风气候，四季分明、气候温和、雨量充沛、日照充裕、无霜期长；该推广应用区年平均气温17.7 ℃，多年平均降水量1540.3 mm，降水量年内分配极不均匀，4～6月降水量占全年的42%；无霜期273 d，多年平均日照1893.7 h，多年平均风速2.4 m/s。

该推广应用区包括中洲乡荷陂村、石头村、万塘村、车塘村、石桥村、来陂村、江平村、西塘村等。土地总面积44.15 km^2，其中耕地19.10 km^2，占43.26%；园地0.07 km^2，占0.16%；林地7.62 km^2，占17.26%；草地0.06 km^2，占0.14%；其他17.3 km^2，占39.18%。土地开发利用程度高，耕地资源丰富，水土流失严重；林地所占比例较高，但森林质量不高，效益低下。该推广应用区原有水土流失面积9.38 km^2，其中，轻度流失5.84 km^2、中度流失2.82 km^2、强烈流失0.66 km^2、极强烈流失0.06 km^2。

该推广应用区内总耕地面积28642亩，人均耕地面积1.94亩，坡耕地面积10739亩，占区内总耕地面积的37.5%，坡耕地分布面积较广，大面积坡耕地分布影响到当地种植业的发展。当地农民群众和乡领导迫切希望通过提高耕地生产力，调整农村产业结构，推动农村经济发展。

2. 建设内容

该推广应用区于2016年12月～2017年6月以配套水保措施实现过程阻控技术（水平梯田、截排水沟、蓄水池、沉砂池等田间工程，地埂植物带等保护性耕作措施）为主，融合科学施肥耕种确保源头削减技术（减氮调控施肥技术、种植制度优化技术），该推广应用区面积达到13528.80亩（图9-6）。主要技术及规模包括新修水平梯田13528.80亩、地埂植物带107.50 hm^2、截排水沟99.03 km（草沟55.74 km、U30沟43.29 km）、蓄水池2座、沉砂池41口等。

坡耕地原貌 1

坡耕地原貌 2

坡耕地现状 1

坡耕地现状 2

图 9-6 樟树市推广应用区技术示范过程

3. 效益评价

该推广应用区坡耕地治理度达到 72.71%，人为水土流失和耕地退化得到有效控制，农业生产条件明显改善，耕地综合生产能力明显提高，农村发展特色产业和农业现代化的基础条件更加稳固，人均增加基本农田 0.59 亩，人均收入有明显提高。各项措施全面发挥效益后，平均每年可新增利润 250.28 万元，新增税收 32.54 万元，节支 17.81 万元；每年可蓄水 270.62 万 m^3，保土 2.71 万 t，减少氮素损失 30.05 t，有效地减轻了土壤氮素等养分流失导致的面源污染。该推广应用区农村生态环境明显改善，农业综合生产能力明显提高，农村主导产业得到较好发展，粮食产量有较大提升，促进当地农村产业结构进一步优化，推进当地社会主义新农村建设。同时，该推广应用区劳动生产效率提高，吸收农村剩余劳动力 420 人。

9.2.5 南昌县推广应用区

1. 推广应用区概况

该推广应用区主要依托南昌县幽兰镇渡头村相飞家庭农场进行。幽兰镇是南昌县下辖的一个镇，位于南昌县东部、鄱阳湖畔、青岚湖西岸，面积 106 km^2，有 211 个自然村，是南昌东南郊的农业大镇，发展农业具有得天独厚的产业优势。全镇共有耕地面积 8.5 万亩，水产面积 2.7 万亩。改革开放以来，幽兰镇充分利用这一优势，成功打造了“灰、白、蓝、绿”四条农业特色产业带。

幽兰镇属亚热带湿润气候区，气候温和，雨量充沛，四季分明，多年平均气温为 17.7～18.5 ℃。该推广应用区地带性土壤以红壤为主，成土母质以第四纪红黏土为主，多分布于丘陵和岗地，大都呈酸性，pH 为 4.5～6。有机质、氮素、钾素的含量高低不一，速效磷普遍缺乏，土体肥力较差。土地开发利用程度高，耕地资源丰富。随着农业产业化进程加快推进，传统产业优势得到发挥，打造了都市农业基地，全镇成立了多家农民专业合作社，幽兰镇已然被打造成为南昌东南一带最大的集旅游、休闲度假为一体的旅游胜地。

2. 建设内容

结合幽兰镇农业产业优势以及科技需求，项目组于 2019 年开始在南昌县幽兰渡头相飞家庭农场主要进行了周年三茬油料作物种植制度优化技术推广，并辅以减氮调控施肥、秸秆覆盖、植物篱间作、轻简化免耕、生态垄作等技术，累计推广应用面积 5600 亩。

3. 效益评价

通过推广于生产实践，实现了红壤旱地周年作物覆盖，改善了红壤坡耕地生态环境，提高了农场土地利用率和生产力，有效减少了氮素等养分损失，改良了土壤生态环境，提高了油料作物生产技术水平和种植效益，促进了农民种植油料经济作物的积极性；同时，该技术推广应用提高了劳动生产效率，为市场经济和第三产业发展提供了劳动力资源，在促进农民增收、加快发展生态农业等方面具有一定的积极作用。

9.2.6 宁都县推广应用区

1. 推广应用区概况

宁都县推广应用区主要依托钩刀咀生态清洁小流域建设工程项目进行。钩刀咀生态清洁小流域位于江西省赣州市宁都县西北部，距县城 45 km，所处的小布镇是宁都县也是赣州市最早的建制乡之一。

钩刀咀生态清洁小流域主要涉及小布、大土楼和陂下 3 个建制村，属于低山丘陵地貌，土地总面积为 48.78 km^2，总人口 6385 人。小流域内原有水土流失面积 1048.08 hm^2，属中、轻度水土流失区。小流域自然环境较好，基础设施完善，拥有较为丰富的红色资源、古色文化和自然景观，是一处极佳的旅游观光和休闲养生之地，具备创建生态清洁小流域的良好基础。治理前，小流域水土流失面积占土地总面积的 21.48%，年土壤侵蚀模数为 1000 t/（km^2・a），年土壤侵蚀量达 4.89 万 t。

2. 建设内容

宁都县钩刀咀生态清洁小流域根据所处的区域及发展方向，其功能定位为“休闲旅游型生态清洁小流域”。坚持“养山保水、治坡节水、入村净水、发展宜水”治理新模式，从源头开始保护，促进绿色产业发展，改善农村人居环境，维护河流健康生命，创立以水土资源保护利用为基础的乡村生态旅游文化，打造山、水、田、林、路、村、人的生态清洁综合治理新格局。

该推广应用区于2018年开始，示范推广了坑塘系统末端治理技术。该推广应用面积共计50.99 hm^2，技术规模包括实施水土保持耕作措施30.83 hm^2；开挖沟渠5.01 km，沉砂池60口，蓄水池22座，修建田间道路21.34 km，封禁牌7个，宣传碑1个；完成河道护岸314 m、门塘护岸565 m，门塘及河道生态修复8500 m^2，门塘清淤900 m^3，低影响技术开发示范3420 m^2，污水处理设施1个（图9-7）。

生物浮岛

门塘

生态木桩+水生植物护岸

氧化塘

图9-7 宁都县推广应用区主要示范技术

3. 效益评价

该技术成果推广实施后，宁都县推广应用区水土流失综合治理程度达 95%以上，每年可减少土壤流失量 1.78 万 t，提高蓄水能力 81.92 万 m^3，减少氮素流失 17.69 t。农村生活污水和生活垃圾无害化处理率达到 100%，小流域出口水质达到Ⅱ类水，生态环境和农业生产条件得到明显改善；小流域经济迅速发展，基本实现了生产发展、生态宜居、生活富裕的目标。该技术成果的推广应用为宁都县生态清洁小流域建设提供了有力的技术支撑和示范样板。

9.3 本章小结

本章针对红壤坡耕地氮素随侵蚀和渗漏等途径损失的特征，在第 8 章提出的红壤坡耕地氮素侵蚀和渗漏损失协同调控关键技术的基础上，提出了源头削减—过程阻控—末端治理的防治思路，研发构建了“三位一体”梯级协同调控技术体系，有效防控了红壤旱坡花生地氮素养分损失对河湖水体的污染，较好地实现了生产目标、环境影响与土壤肥力相互协调，促进了红壤坡耕地水土流失与农业面源污染防治技术进步。

“三位一体”梯级协同调控技术体系结合国家坡耕地水土流失综合治理工程项目、国家农业综合开发水土保持项目及企业农林开发项目进行示范推广，已在鄱阳湖区典型坡耕地进行了成功推广应用，涉及德安、进贤、南昌、樟树、丰城、宁都等多个县（市），具有显著的生态、经济和社会效益。

参考文献

巨晓棠，潘家荣，刘学军，等. 2002. 高肥力土壤冬小麦生长季肥料氮的去向研究[J]. 核农学报，16（6）：397-402.

梁娟珠. 2015. 不同植被措施下红壤坡面径流变化特征[J]. 水土保持通报，35（6）：159-163.

毛战坡，彭文启，尹澄清，等. 2004. 非点源污染物在多水塘系统中的流失特征研究[J]. 农业环境科学学报，23（3）：530-535.

沈其荣，徐国华. 2001. 小麦和玉米叶面标记尿素态 ^{15}N 的吸收和运输[J]. 土壤学报，38（1）：65-74.

谭德水，江丽华，张骞，等. 2011. 不同施肥模式调控沿湖农田无机氮流失的原位研究——以南四湖过水区粮田为例[J]. 生态学报，31（22）：3488-3496.

魏忠平，朱永乐，汤家喜，等. 2020. 模拟黑麦草植被缓冲带对径流中氮，磷以及悬浮颗粒物的截留效果研究[J]. 沈阳农业大学学报，（3）：328-334.

肖国滨，吴艳，肖富良，等. 2020. 红壤旱地周年三茬油作物种植方法：中国，ZL 201811538955.7[P].

杨洁，等. 2017. 江西红壤坡耕地水土流失规律及防治技术研究[M]. 北京：科学出版社.

张庆利，张民，田维彬. 2001. 包膜控释和常用氮肥氮素淋溶特征及其对土水质量的影响[J]. 生态环境学报，10（2）：98-103.

张兴昌，邵明安. 2000. 坡地土壤氮素与降雨、径流的相互作用机理及模型[J]. 地理科学进展，19（2）：128-135.

朱寿建. 2020. 南方地区水源塘坝保护的植被措施综合评价[J]. 安徽农业科学，48（11）：100-103.

Humberto B C，Gantzer C J，Anderson S H，et al. 2004. Grass barrier and vegetative filter strip effectiveness in reducing runoff，sediment，nitrogen，and phosphorus loss[J]. Soil Science Society of America Journal，68（5）：1670-1678.

Jenkinson D S，Poulton P R，Johnston A E，et al. 2004. Turnover of nitrogen-15-labeled fertilizer in old grassland[J]. Soil Science Society of America Journal，68（3）：865-875.

Stevens R J，Laughlin R J A.1989. Microplot study of the fate of ^{15}N-labelled ammonium nitrate and urea applied at two rates to ryegrass in spring[J]. Fertilizer Research，20（1）：33-39.